"十四五"职业教育国家规划教材

高等职业教育课程改革项目研究成果系列教材

"互联网+"新形态教材

高频电子技术

（第3版）

主　编　张建国

副主编　林　蔚　沈炎松　吴艳红

　　　　霍英杰　张　磊　林隽生

参　编　沈梅香　黄燕琴

北京理工大学出版社

BEIJING INSTITUTE OF TECHNOLOGY PRESS

内 容 简 介

本书根据高职高专教育教学改革的要求和多年教学改革实践，采用校企合作方式编写，突出生产实践，其主要内容包括通信技术基本知识，高频小信号谐振放大器的应用，高频功率放大器的应用，正弦波振荡器的应用，振幅调制器、解调器及混频器的应用，角度调制器和解调器的应用，反馈控制电路的应用和数字调制等。在内容选取和安排上，编写时注意体现高职教育的特色，突出基本概念、基本理论和基本方法及基本技能，主要讲述分析和应用的方法，不追求系统性和完整性。为便于读者学习，着重讲清思路，介绍方法，每个项目都有小结、思考练习题，以帮助复习和巩固所学知识。为强化学生职业能力的培养和训练，在本书各项目都配备了相应的技能训练和技能综合训练。

本书可作为高等职业技术学院电子信息类专业的“高频电子技术”课程的教材，也可供从事电子技术工作的技术人员参考。

图书在版编目（CIP）数据

高频电子技术 / 张建国主编. -- 3 版. -- 北京 ：
北京理工大学出版社，2022.1（2024.1 重印）
ISBN 978-7-5763-1005-4

Ⅰ. ①高…　Ⅱ. ①张…　Ⅲ. ①高频-电子技术-高等职业教育-教材　Ⅳ. ①TN710.2

中国版本图书馆 CIP 数据核字（2022）第 029796 号

责任编辑：陈莉华　　**文案编辑**：陈莉华
责任校对：刘亚男　　**责任印制**：施胜娟

出版发行 / 北京理工大学出版社有限责任公司
社　　址 / 北京市丰台区四合庄路 6 号
邮　　编 / 100070
电　　话 /（010）68914026（教材售后服务热线）
（010）68944437（课件资源服务热线）
网　　址 / http://www.bitpress.com.cn

版 印 次 / 2024 年 1 月第 3 版第 3 次印刷
印　　刷 / 唐山富达印务有限公司
开　　本 / 787 mm × 1092 mm　1/16
印　　张 / 12.75
字　　数 / 300 千字
定　　价 / 38.00 元

前言 Preface

我国通信信息技术将要发展的方向，正如党的二十大报告指出的：推动战略性新兴产业融合集群发展，构建新一代信息技术、人工智能、生物技术、新能源、新材料、高端装备、绿色环保等一批新的增长引擎。对通信信息等产业的发展是：建设现代化产业体系。坚持把发展经济的着力点放在实体经济上，推进新型工业化，加快建设制造强国、质量强国、航天强国、交通强国、网络强国、数字中国。为了适应这种发展需要，适应高职高专教育教学的要求，更好地培养应用型、技能型高级电子技术人才，在多年教学改革与实践的基础上，以培养学生综合应用能力为出发点编写了本书。本书可作为高职高专电子类、通信类、无线电技术类专业的“高频电子技术”课程的教材，也可供从事电子技术工作的技术人员参考。

高频电子技术的研究对象是高频信号产生、发射、接收和处理的有关电路，主要解决无线电广播、电视和通信中发射与接收的有关技术问题。所以“高频电子技术”课程是高职高专电子信息类专业的一门主干专业基础课程，它涵盖了通信和电子电路的主要内容，在电子信息类专业中占有基础性的地位，同时也是一门工程性和实践性很强的专业基础课程，随着现代通信技术和无线电技术的发展，《高频电子技术》的教学内容不断充实、教学体系不断更新。目前高频电子技术理论仍在不断充实与发展，越来越多地应用到其他学科领域。

“高频电子技术”也是一门应用性很强的技术基础课程，主要任务是在传授有关高频电子技术基本知识的基础上，培训分析和应用高频电路的能力。本书根据高职高专学生的学习规律，在内容的编写上力求通俗易懂，在内容的处理上符合高职高专教学“以应用为目的，以必需、够用为度”的原则。

本书采用校企合作形式进行编写，共分 8 章。第 1 章主要介绍高频电子技术在无线电通信系统中的作用和地位，并简单介绍无线电信号的一些基础知识和基本概念。第 2～7 章分别介绍各种功能电路的应用，例如高频小信号谐振放大器的应用、高频功率放大器的应用、正弦波振荡器的应用、振幅调制器解调器及混频器的应用、角度调制器与解调器的应用、反馈控制电路的应用等。第 8 章主要介绍数字调制的三种调制方式，以及 ASK、FSK 和 PSK 的实现过程。在内容选取和安排上，编写时突出基本概念、基本理论和基本方法及基本技能，主要讲述分析和应用的方法，不追求系统性和完整性。为便于读者学习，着重讲清思路，介绍方法，每项目都有小结、思考练习题，以帮助复习和巩固所学知识。

“高频电子技术”是一门实践性很强的专业课，应加强课程的实验与实训。为强化学生职业能力的培养和训练，在本书项目都配备了相应的技能训练和技能综合实训内容。为加强学生的课程思政教育，在课程的内容及技能训练中加入了一些思政内容。本课程的参考学时数为90学时（含技能训练）。

本书由漳州职业技术学院张建国、林蔚、沈炎松、吴艳红、林隽生、沈梅香、黄燕琴等老师及漳州理工职业学院霍英杰老师共同编写；为加强校企合作，编写校企合作“双元”特色教材，福建广电网络集团股份有限公司漳州城区分公司张磊参与编写。张建国老师承担本书第1、2、3、8章的编写；林蔚老师承担本书第4章的编写；吴艳红老师承担本书第6章的编写；沈梅香老师承担本书第5章的编写；张磊老师承担本书第7章的编写。本书由张建国老师统编全稿，并由张建国老师担任主编，负责本书大纲的策划和编写内容的选定；林蔚、沈炎松、吴艳红、霍英杰、张磊、林隽生等老师担任副主编，参与本书大纲的策划，负责编写内容的审核和校对；黄燕琴参与本书图形的绘制，负责对编写内容进行校对。本书全体编者对关心、帮助本书编写、出版、发行的各位同志一并表示感谢。

由于电子技术发展迅速，编者水平有限，加之时间紧迫，书中难免有不妥之处，恳请广大读者批评指正。

编　者

目录 Contents

第1章 通信技术基本知识

学习目标

（1）了解通信技术的发展历程及我国通信技术的发展。

（2）理解通信系统的基本组成。

（3）掌握无线电波的传播方式和频段划分。

（4）理解本课程的特点。

能力目标

（1）能够说明通信系统的组成和无线电发送和接收的工作过程。

（2）能够叙述我国通信技术的发展过程。

1.1 通信技术的发展历程及我国通信技术的发展

1. 通信技术的发展历史

（1）19世纪中叶以后，随着电报、电话的发展，电磁波的发现，人类通信领域产生了根本性的巨大变革，实现了利用金属导线来传递信息，甚至通过电磁波来进行无线通信，使神话中的“顺风耳”“千里眼”变成了现实。

从此，人类的信息传递可以脱离常规的视听觉方式，用电信号作为新的载体，与此带来了一系列的技术革新，开始了人类通信的新时代。

（2）1837年，美国人塞缪乐·莫乐斯（Samuel Morse）成功地研制出世界上第一台电磁式电报机。他利用自己设计的电码，可将信息转换成一串或长或短的电脉冲传向目的地，再转换为原来的信息。

1844 年 5 月 24 日，莫乐斯在国会大厦联邦最高法院会议厅进行了“用莫尔斯电码”发出了人类历史上的第一份电报，从而实现了长途电报通信。

（3）1864 年，英国物理学家麦克斯韦（J. C. Maxwell）建立了一套电磁理论，预言了电磁波的存在，说明了电磁波与光具有相同的性质，两者都是以光速传播的。

（4）1875 年，苏格兰青年亚历山大 • 贝尔（A. G. Bell）发明了世界上第一台电话机，并于 1876 年申请了发明专利。1878 年在相距 300 千米的波士顿和纽约之间进行了首次长途电话试验，并获得了成功，后来就成立了著名的贝尔电话公司。

（5）1887 年，德国青年物理学家海因里斯 • 赫兹（H. R. Hertz）用电波环进行了一系列试验，发现了电磁波的存在，他用试验证明了麦克斯韦的电磁理论。这个试验轰动了整个科学界，成为近代科学技术史上的一个重要里程碑，导致了无线电的诞生和电子技术的发展。

（6）1896 年 3 月，俄国物理学家波波夫在莫斯科首次进行世界上第一次无线电电报的发射和接收试验。

（7）1901 年，英国科学家马可尼在英属牙买加的康沃尔建成 170 英尺（1 英尺=0.304 8 米）高的无线电波发射塔，在加拿大的纽芬兰用几只风筝将接收天线升到 400 英尺的高空，实现了无线电波横跨大西洋的壮举，为人类打开了无线电通信的大门，给人类的生活和社会生产的发展带来了深刻的影响。

高频电子技术源于无线电通信技术，它已被广泛地应用于经济、军事及日常生活的各个领域，人们每天通过看电视了解世界，通过手机联络朋友、完成自己的工作，这一切都建立在高频电子技术的基础之上。

电子通信技术已经发展了百年，其基本概念和原理变化不大，但其实现技术和电路经历了重大的变化。近年来，晶体管和线性集成电路简化了电子通信电路的设计，使其更加小型化，并改善了性能和可靠性，降低了总成本。越来越多的人需要相互通信，这一巨大的需求刺激着电子通信工业快速发展。

2. 世界移动通信发展史

移动通信可以说从无线电通信发明之日就产生了。1897 年，M • G • 马可尼所完成的无线通信试验就是在固定站与一艘拖船之间进行的，距离为 18 海里（1 海里=1.855 78 千米）。

现代移动通信技术的发展始于 20 世纪 20 年代，大致经历了五个发展阶段。

第一阶段从 20 世纪 20 年代至 40 年代，为早期发展阶段。在这期间，首先在短波几个频段上开发出专用移动通信系统，其代表是美国底特律市警察使用的车载无线电系统。该系统工作频率为 2 MHz，到 40 年代提高到 30～40 MHz，可以认为这个阶段是现代移动通信的起步阶段，特点是专用于系统开发，工作频率较低。

第二阶段从 20 世纪 40 年代中期至 60 年代初期。在此期间内，公用移动通信业务开始问世。1946 年，根据美国联邦通信委员会（FCC）的计划，贝尔系统在圣路易斯城建立了世界上第一个公用汽车电话网，称为“城市系统”。当时使用三个频道，间隔为 120 kHz，通信方式为单工，随后，西德（1950 年）、法国（1956 年）、英国（1959 年）等国相继研制了公用移动电话系统。美国贝尔实验室完成了人工交换系统的接续问题。这一阶段的特点是从专用移动网向公用移动网过渡，接续方式为人工，网络容量较小。

第三阶段从 20 世纪 60 年代中期至 70 年代中期。在此期间，美国推出了改进型移动电话系统（IMTS），使用 150 MHz 和 450 MHz 频段，采用大区制、中小容量，实现了无线频道自动选择并能够自动接续到公用电话网。德国也推出了具有相同技术水平的 B 网。可以说，这一阶段是移动通信系统改进与完善的阶段，其特点是采用大区制、中小容量，使用 450 MHz 频段，实现了自动选频与自动接续。

第四阶段从 20 世纪 70 年代中期至 80 年代中期，这是移动通信蓬勃发展时期。1978 年底，美国贝尔实验室研制成功先进移动电话系统（AMPS），建成了蜂窝状移动通信网，大大提高了系统容量。1983 年，首次在芝加哥投入商用。同年 12 月，在华盛顿也开始启用。之后，服务区域在美国逐渐扩大。到 1985 年 3 月已扩展到 47 个地区，约 10 万移动用户。其他工业化国家也相继开发出蜂窝式公用移动通信网。日本于 1979 年推出 800 MHz 汽车电话系统（HAMTS），在东京、神户等地投入商用。西德于 1984 年完成 C 网，频段为 450 MHz。英国在 1985 年开发出全地址通信系统（TACS），首先在伦敦投入使用，以后覆盖了全国，频段为 900 MHz。法国开发出 450 系统。加拿大推出 450 MHz 移动电话系统 MTS。瑞典等北欧四国于 1980 年开发出 NMT－450 移动通信网，并投入使用，频段为 450 MHz。

这一阶段的特点是蜂窝状移动通信网成为实用系统，并在世界各地迅速发展。移动通信大发展的原因，除了用户要求迅猛增加这一主要推动力之外，还有几方面技术进展所提供的条件。第一，微电子技术在这一时期得到长足发展，这使得通信设备的小型化、微型化有了可能性，各种轻便电台被不断地推出。第二，提出并形成了移动通信新体制。随着用户数量增加，大区制所能提供的容量很快饱和，这就必须探索新体制。在这方面最重要的突破是贝尔实验室在 20 世纪 70 年代提出的蜂窝网的概念。蜂窝网，即所谓小区制，由于实现了频率再用，大大提高了系统容量。可以说，蜂窝概念真正解决了公用移动通信系统要求容量大与频率资源有限的矛盾。第三，随着大规模集成电路的发展而出现的微处理器技术日趋成熟以及计算机技术的迅猛发展，从而为大型通信网的管理与控制提供了技术手段。

第五阶段从 20 世纪 80 年代中期开始，这是数字移动通信系统的发展和成熟时期。

以 AMPS 和 TACS 为代表的第一代蜂窝移动通信网是模拟系统。模拟蜂窝网虽然取得了很大成功，但也暴露了一些问题。例如，频谱利用率低，移动设备复杂，费用较贵，业务种类受限制以及通话易被窃听等，最主要的问题是其容量已不能满足日益增长的移动用户需求。解决这些问题的方法是开发新一代数字蜂窝移动通信系统。数字无线传输的频谱利用率高，可大大提高系统容量。另外，数字网能提供语音、数据多种业务服务，并与 ISDN 等兼容。实际上，早在 20 世纪 70 年代末期，当模拟蜂窝系统还处于开发阶段时，一些发达国家就接手数字蜂窝移动通信系统的研究。到 80 年代中期，欧洲首先推出了泛欧数字移动通信网（GSM）的体系。随后，美国和日本也制定了各自的数字移动通信体制。泛欧网 GSM 已于 1991 年 7 月开始投入商用，1995 年已覆盖欧洲主要城市、机场和公路。

与其他现代技术的发展一样，移动通信技术的发展也呈现加快趋势，当数字蜂窝网刚刚进入实用阶段，正方兴未艾之时，关于未来移动通信的讨论已如火如荼地展开。各种方案纷纷出台，其中最热门的是所谓个人移动通信网。关于这种系统的概念和结构，各家解释并未一致。但有一点是肯定的，即未来移动通信系统将提供全球性优质服务，真正实现在任何时间、任何地点、向任何人提供通信服务这一移动通信的最高目标。

3. 我国通信技术的发展

70 多年来，中国通信业经历自力更生、艰苦奋斗、合资合作、自主创新的发展过程，从手摇电话、万门数字程控交换机到移动通信设备制造，中国通信业快速发展不仅让通信便利惠及国人，而且还走出国门、服务世界。

改革开放以来，我国通信网络规模容量成倍扩增，如今已建成包括光纤、数字微波、卫星、程控交换、移动通信、数据通信等覆盖全国、通达世界的公用电信网，建立了全球最大规模 4G 商用网络。

国家统计局数据显示，到 2017 年末，我国固定长途电话交换机容量达到 602.6 万路端，是 1978 年的 3 235 倍；移动电话交换机容量由 1990 年的 5.1 万户猛增至 2017 年的 242 185.8 万户，年均增速高达 49%；光纤宽带接入用户总数达 2.94 亿户。

近年来，我国通信技术高速发展，在固网通信和移动通信等领域不断创新，很多技术实现从空白到领先的跨越式发展。在移动通信领域，我国经历了 1G 空白、2G 跟随、3G 突破、4G 同步、5G 引领的崛起历程。中国自主研发的 4G 技术标准 TD–LTE 被国际电联确定为 4G 国际标准之一，5G 时代无论是标准制定还是实验进程我国都走在世界前列。

目前，我国通信业以创新驱动 5G 发展，突破关键核心技术，加快开展技术试验，取得了令人瞩目的阶段性成果。据了解，我国 5G 技术研发试验分为关键技术试验、技术方案测试和系统测试三个阶段。目前，第二阶段测试中面向 5G 新空口的无线技术测试已顺利完成。测试结果表明，利用现有 5G 新空口的关键技术和方案设计，可全面满足国际电信联盟所确定的峰值速率、时延、用户连接能力、流量密度等性能指标需求。2017 年底前完成网络部分的测试。第三阶段试验于 2017 年底、2018 年初启动，遵循 5G 统一的国际标准，并基于面向商用的硬件平台，开展相关互联互通测试，项目已在 2018 年底完成。

不仅是 5G，近年来，我国通信产业依托大国市场优势，坚持创新驱动，实现了跨越式发展。TD–LTE 成为国际 4G 主流标准，目前全球已有 56 个国家部署了 98 个 TD–LTE 网络。5G 标准研究进入世界领先行列，2020 年正式商用。通信设备、终端产品实现从中低端迈向中高端水平。华为、VIVO、OPPO 的终端出货量进入全球前 5，带动我国手机基带芯片实现 25%的占有率和 28 nm 工艺的量产。

展望未来，我们坚信，随着全面深化改革的推进，中国通信业必将迎来更加光明的前景，大踏步向着“网络强国”目标昂首迈进。

1.2 通信与通信系统技术

高频电子技术是通信系统，特别是无线通信系统的技术基础，高频电路是无线通信设备的重要组成部分。通信的主要任务是传递信息，即将经过处理的信息从一个地方传递到另一个地方。

在各种信息传输技术中，无线电通信是最方便的。高频电子技术就是研究解决无线电通信、广播和电视中有关技术问题的学科。

高频电子技术的研究对象主要是无线电发送与接收设备的有关电路的原理、组成与功能，了解通信的发展历程和我国通信业现状与发展趋势。

无线电的发明起源于电磁学的发展。19 世纪 60 年代，麦克斯韦总结库仑、安培、法拉第等人的研究工作之后，提出了电磁波的概念。1887 年，赫兹成功地在导线中激起高频电流，在导线周围测出电磁场，验证了电磁场的存在。1896 年 3 月，俄国物理学家波波夫在莫斯科首次进行世界上第一次无线电电报的发射和接收试验。1901 年，意大利科学家马可尼首次完成了横渡大西洋的无线电通信。此后无线电电子技术获得迅速发展，其应用领域也不断扩大，直至现在信息传输和处理仍是其主要的应用领域。

现代通信系统包括电缆通信系统、微波通信系统、卫星通信系统和无线电通信系统以及光纤通信系统。

对信息传输的要求主要是提高可靠性和有效性。通信的目的是为了更有效、更可靠地传递信息，所以实用通信系统的实现需依靠三个方面的技术支持。第一，能将声音、文字、图像和数据等含有信息的具体表现形式与电信号进行相互转换的传感技术；第二，能对电信号进行加密、交换等处理的电信号处理技术；第三，能对电信号（或光信号）进行有效变换并切实传输的信息传送技术。

1.2.1　通信系统的基本组成

通信系统的基本组成框图如图 1–1 所示。它由输入/输出变换器、发送与接收设备以及信道组成。输入变换器将要传递的声音或图像消息变换为电信号，该电信号包含了原始消息的全部信息（允许存在一定的误差或者说信息损失），称为基带信号。输入变换器的输出作为通信系统的信号源。

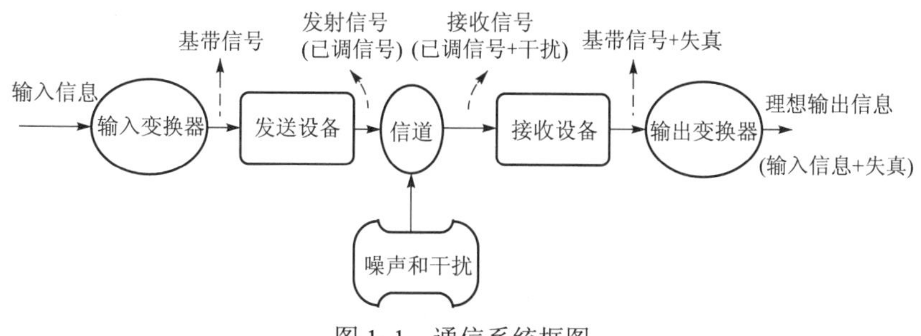

图 1–1　通信系统框图

图 1–1 中的发送设备和接收设备是直接为远距离信号传输提供技术支持的设备，基带信号是需要传送的信息信号，信道是信号传输的物理通路。基带信号可以是通过电话机、电报机、话筒或摄像机等物体前端的“输入变换器”得到的输出电信号，也可以是数字终端或其他电子设备输出的电信号。

通信系统中的信道是信号传输的通道，也就是传输介质，不同的信道有不同的传输特性。为了适应信道对要传输信号的要求，就必须将已获取的基带信号再做变换，这就是发送变换设备的功用。发送设备将基带信号经过调制等处理，并使其具有足够的发射功率，再送入信道，实现信号的有效传输。常见的信道通常有光信道和电磁信道两类。人们通常将电磁信道分为无线信道和有线信道两类。无线信道是指无明显边界的电波传播空间，如无线通信的空间信号通路。有线信道是针对边界明显、空间范围相对较窄的信号传播通路，如有线通信用的架空明线、同轴电缆、视频电缆和波导管等。

1.2.2 无线电的发送与接收设备

通信系统的核心部分是发送设备和接收设备。不同通信系统的发送设备和接收设备的组成不完全相同，但基本结构有相似之处。人们经常见到的通信系统有广播通信系统和移动通信系统，它们都是无线通信系统。从发送设备到接收设备之间的无线电波的传播属于模拟通信系统，其组成结构基本相同。下面以无线广播系统为例来说明发送设备和接收设备的基本组成和工作原理。

1. 无线电调幅广播发送设备

图 1–2 所示为无线电调幅广播发送设备组成框图，图中画出了各部分输出电压的波形。

振荡器产生等幅的高频正弦信号，经过倍频器后将振荡器产生的高频信号频率成整数倍升高，即成为高频载波频率信号；调制放大器是由低频电压和功率放大级组成，用来放大话筒所产生的微弱信号，即基带信号，并送入调制器。然后，振幅调制器将输入的高频载波信号和低频调制信号变换成高频已调信号，即高频载波频率信号被基带信号调制。最后再经功率放大器放大，获得足够的发射功率，作为射频信号发送到空间。载波频率在适合无线信道传播的频率范围。

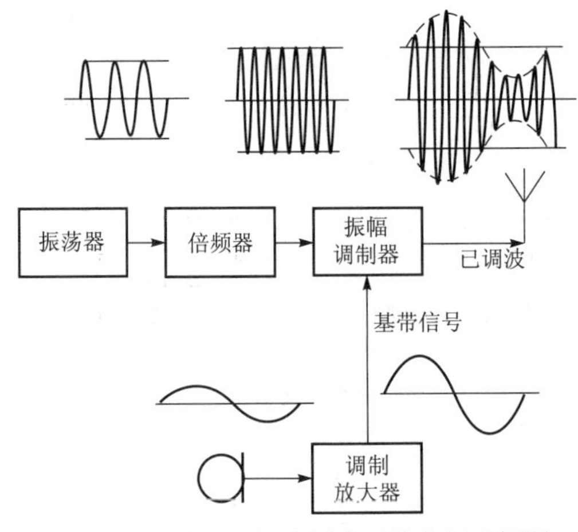

图 1–2 无线电调幅广播发送设备组成框图

2. 无线电调幅广播接收设备

图 1–3 所示为超外差式调幅接收机组成框图，图中画出了各部分输出电压的波形。

超外差式调幅接收机的第一级是高频放大器。由于由发送设备发出的信号经过长距离的传播，产生很大的衰减，能量受到很大的损失，同时还受到传输过程中来自各方面的干扰和噪声。当到达接收设备时信号是很微弱的，因而需要经过放大器的放大，并且高频放大器的窄带特性可同时滤除一部分带外的噪声和干扰。高频放大器的输出是载频为 f_c 的已调信号，经过混频器与本机振荡器提供的频率为 f_L 的信号混频，产生频率为 f_I 的中频信号。中频信号经中频放大器放大后送到解调器，恢复原基带信号，再经低频放大器放大后输出。

高频放大器、中频放大器都是小信号谐振放大器，功率放大器是谐振功率放大器，调制器和解调器进行幅度调制、角度调制和它们的解调。上述电路以及振荡器、混频器都是本课程所讨论的重点。

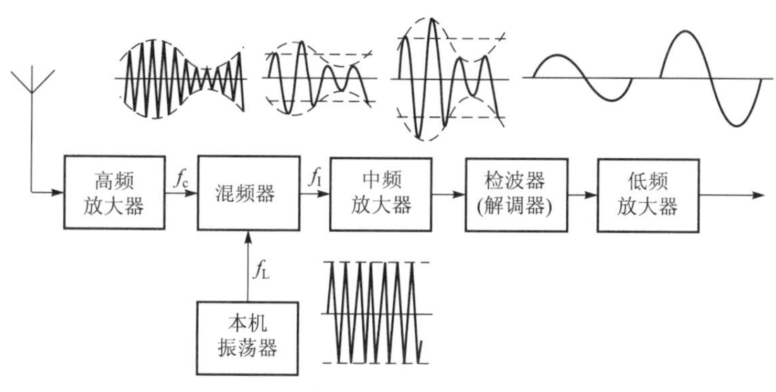

图 1–3　超外差式调幅接收机组成框图

1.3　无线电波的传播方式和频段划分

无线通信系统使用的频率范围很宽阔，从几十千赫兹到几十兆赫兹。习惯上按电磁波的频率范围划分为若干个区段，称为频段或波段。无线电波在空间传播的速度 $c=3\times10^8$ m/s，则高频信号的频率 f 与其波长 λ 的关系为

$$\lambda=\frac{c}{f}$$

式中，f 的单位为 Hz；λ 的单位为 m。

1.3.1　无线电波的传播方式

传播特性指的是无线电信号的传播方式、传播距离、传播特点等。无线电信号的传播特性主要根据其所处的频段或波段来区分。

电磁波从发射天线辐射出去后，不仅电波的能量会扩散，接收机只能收到其中极小的一部分，而且在传播过程中电波的能量会被地面、建筑物或高空的电离层吸收或反射，或者在大气层中产生折射或散射等现象，从而造成到达接收机时的强度大大衰减。根据无线电波在传播过程中所发生的现象，电波的传播方式主要有直射（视距）传播、绕射（地波）传播、折射和反射（天波）传播及散射传播等，如图 1–4 所示。决定传播方式和传播特点的关键因素是无线电信号的频率。

1. 地波传播（绕射波）

特点：波长越长，传播损耗越小。主要用于中、长波无线电通信和导航，如收音机接收的广播电台中波信号。

2. 视距传播（直射波）

特点：收、发信需要高架（高度比波长大得多）。主要用于超短波、微波波段的通信和电视广播，如卫星通信采用视距传播。

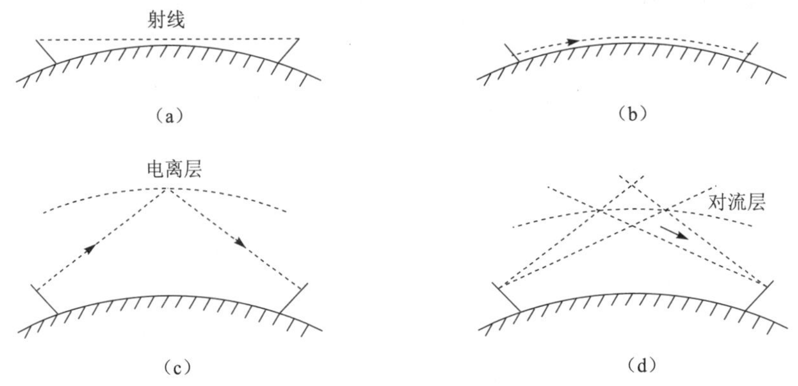

图 1–4　无线电波的主要传播方式

（a）直射传播；（b）地波传播；（c）天波传播；（d）散射传播

3. 天波传播（也称电离层传播（反射波））

特点：损耗小，传播距离远；因电离层状态不断变化使天波传播不稳定；因要满足从电离层返回地面的条件，工作频率受到限制。主要用于短波、中波的远距离通信和广播，如收音机接收的广播电台短波信号或军用短波电台。

1.3.2　频段划分

无线电波段可以按频率划分，也可以按波长划分。表 1–1 列出了按波长划分的波段名称、相应的波段范围及相应的频段名称。不过，波段的划分是粗糙的，各波段之间并没有明显的分界线，所以在各波段之间的衔接处无线电波的特性也无明显差异。

表 1–1　波段的划分

波段名称		波段范围	频率范围	频段名称
超长波		100～10 km	3～30 kHz	甚低频 VLF
长波		10～1 km	30～300 kHz	低频 LF
中波		1000～200 m	0.3～1.5 MHz	中频 MF
短波		200～10 m	1.5～30 MHz	高频 HF
超短波（米波）		10～1 m	30～300 MHz	甚高频 VHF
微波	分类波	100～10 cm	0.3～3 GHz	特高频 UHF
	厘米波	10～1 cm	3～30 GHz	超高频 SHF
	毫米波	10～1 mm	30～300 GHz	极高频 EHF
	亚毫米波	1～0.1 mm	300～3 000 GHz	超极高频

1.3.3　调制特性

无线电传播一般都要采用高频（射频）的另一个原因就是高频适于天线辐射和无线传播。只有当天线的尺寸为可以与信号波长相比拟时，天线的辐射效率才会较高，从而以较小的信号功率传播较远的距离，接收天线也才能有效地接收信号。

调制就是用调制信号去控制高频载波的参数，使载波信号的某一个或几个参数（振幅、频率或相位）按照调制信号的规律变化。

根据载波受调制参数的不同，调制可分为三种基本方式，即振幅调制（调幅）、频率调制（调频）、相位调制（调相），分别用 AM、FM、PM 表示，还可以采用组合调制方式。

1.4　本课程的内容

1. 本课程的特点

高频电子技术是低频电子技术（模拟电子技术）的后续课程。从它处理的信号频率角度来说，发送和接收的信号都是高频信号。这是相对于需要传送信息的音频信号和视频信号来说的。称这些音频信号和视频信号为基带信号。基带信号的基本特点是其信号频谱是宽带的，即该信号频谱范围的上限频率和下限频率的差（即信号带宽），与其下限频率的比远大于 1。宽带信号包含大量低频信号的能量。

为了远距离地传送信号和接收信号就需要调制，这是一种频率变换。无线电波的发送设备和接收设备就是进行这种频率变换的设备。因此，在这些设备中，必定包含非线性的器件。本教材阐述的各部分高频电子电路，除高频小信号谐振放大器外，都是非线性电路。相对于线性电子电路的分析方法来说，非线性电子电路的分析方法更加复杂，求解也困难得多。

2. 学习本课程的方法

（1）在学习本课程时，要抓住各种电路之间的共性，洞悉各种功能之间的内在联系，而不要局限于掌握一个个具体的电路及其工作原理。

（2）学习时要注意“分立为基础，集成为重点，分立为集成服务”的原则。

（3）重视实训环节，坚持理论联系实际，在实践中积累丰富的经验和技能。

（4）要有发展的观念。随着需求的变化和技术的发展，电子元器件、集成电路、设计与仿真软件、制造工艺等各方面都有长足的发展，发射机和接收机的技术体制和实现方式也有很大变化。因此，在学习本课程时必须要随时关注相关发展，及时应用新技术、新器件、新方法。

1.5　技能训练 1：函数信号发生实训

1. 实训目的

（1）了解单片集成函数信号发生器 ICL8038 的功能及特点。

（2）掌握 ICL8038 的应用方法。

（3）通过实训操作培养学生一丝不苟的工匠精神，实训数据分析及实训报告撰写培养学生严谨求实的科学精神。

2. 实训内容

（1）高频实训箱的正确使用。

（2）输出正弦波的调整。

（3）输出三角波的观察。

（4）输出方波的观察。

（5）三种波段参数的比较。

3. 实训预习要求

参阅相关资料中有关 ICL8038 的内容介绍。

4. 实训知识

ICL8038 是单片集成函数信号发生器，其内部框图如图 1–5 所示。它由恒流源 I_2 和 I_1、电压比较器 A 和 B、触发器、缓冲器和三角波变正弦波电路等组成。

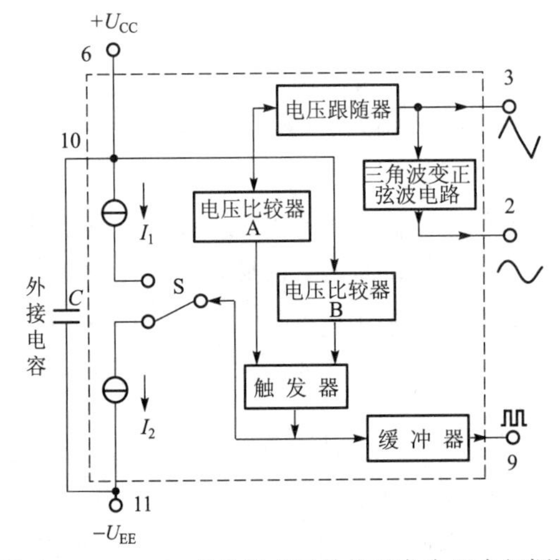

图 1–5　ICL8038 单片集成函数信号发生器内部框图

外接电容 C 可由两个恒流源充电和放电，电压比较器 A、B 的阈值分别为总电源电压（指 $U_{CC}+U_{EE}$）的 2/3 和 1/3。恒流源 I_2 和 I_1 的大小可通过外接电阻调节，但必须满足 $I_2>I_1$。当触发器的输出为低电平时，恒流源 I_2 断开，恒流源 I_1 给 C 充电，它的两端电压 u_C 随时间线性上升，当达到电源电压的 2/3 时，电压比较器 A 的输出电压发生跳变，使触发器输出由低电平变为高电平，恒流源 I_2 接通，由于 $I_2>I_1$（设 $I_2=2I_1$），I_2 将加到 C 上进行反充电，相当于 C 由一个净电流 I 放电，C 两端的电压 u_C 又转为直线下降。当它下降到电源电压的 1/3 时，电压比较器 B 输出电压便发生跳变，使触发器的输出由高电平跳变为原来的低电平，恒流源 I_2 断开，I_1 再给 C 充电，……如此周而复始，产生振荡。若调整电路，使 $I_2=2I_1$，则触发器输出为方波，经反相缓冲器由引脚 9 输出方波信号。C 上的电压 u_C 上升与下降时间相等（呈三角形）时，经电压跟随器从引脚 3 输出三角波信号。将三角波变为正弦波是经过了一个非线性网络（正弦波变换器）而得以实现的，在这个非线性网络中，当三角波电位向两端顶点摆动时，网络提供的交流通路阻抗会减小，这样就使三角波的两端变为平滑的正弦波，从引脚 2 输出。

（1）ICL8038 引脚功能图，如图 1–6 所示。

供电电压为单电源或双电源：单电源为 10～30 V；双电源为±5～±15 V。

（2）实训电路原理图，如图 1–7 所示。

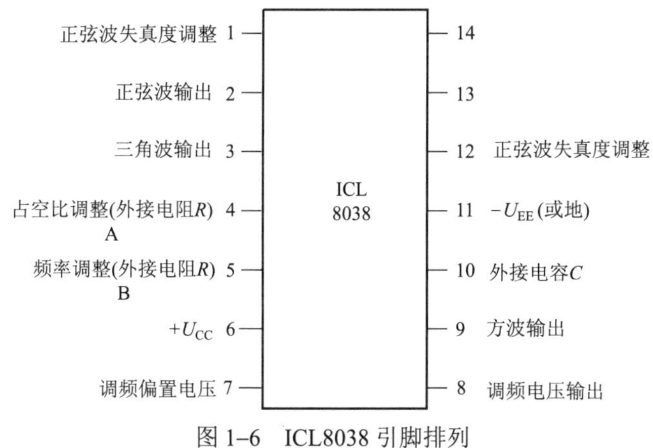

图 1-6　ICL8038 引脚排列

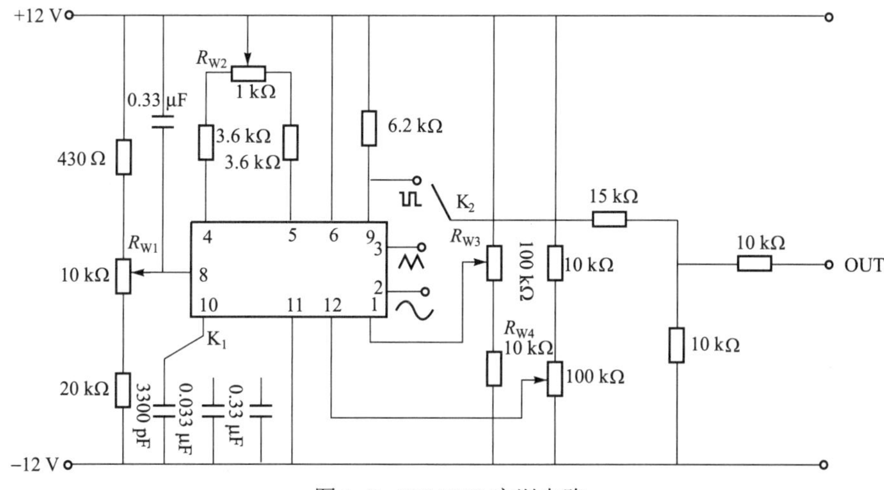

图 1-7　ICL8038 实训电路

其中 K_1 为输出频段选择波段开关，K_2 为输出信号选择开关，电位器 R_{W1} 为输出频率细调电位器，电位器 R_{W2} 调节方波占空比，电位器 R_{W3}、R_{W4} 调节正弦波的非线性失真。

（3）实际电路分析。ICL8038 的实际电路与图 1-7 基本相同，只是在输出部分增加了一块 LF353 双运放，作为波形放大与阻抗变换，如图 1-8 所示。根据所选的电路元器件值，本电路的输出频率范围为 10 Hz～11 kHz；幅度调节范围：正弦波为 0～12 V、三角波为 0～20 V、方波为 0～22 V。若要得到更高的频率，可适当改变三挡电容的值。

5. 实训仪器与设备

（1）TKGPZ-1 型高频电子线路综合实训箱。

（2）双踪示波器。

（3）频率计。

（4）交流毫伏表。

6. 实训内容与步骤

在实训箱上找到本次实训所用的单元电路，并与电路原理图相对照，了解各个切换开关的功能与使用。然后按前述的实训步骤开启相应的电源开关。

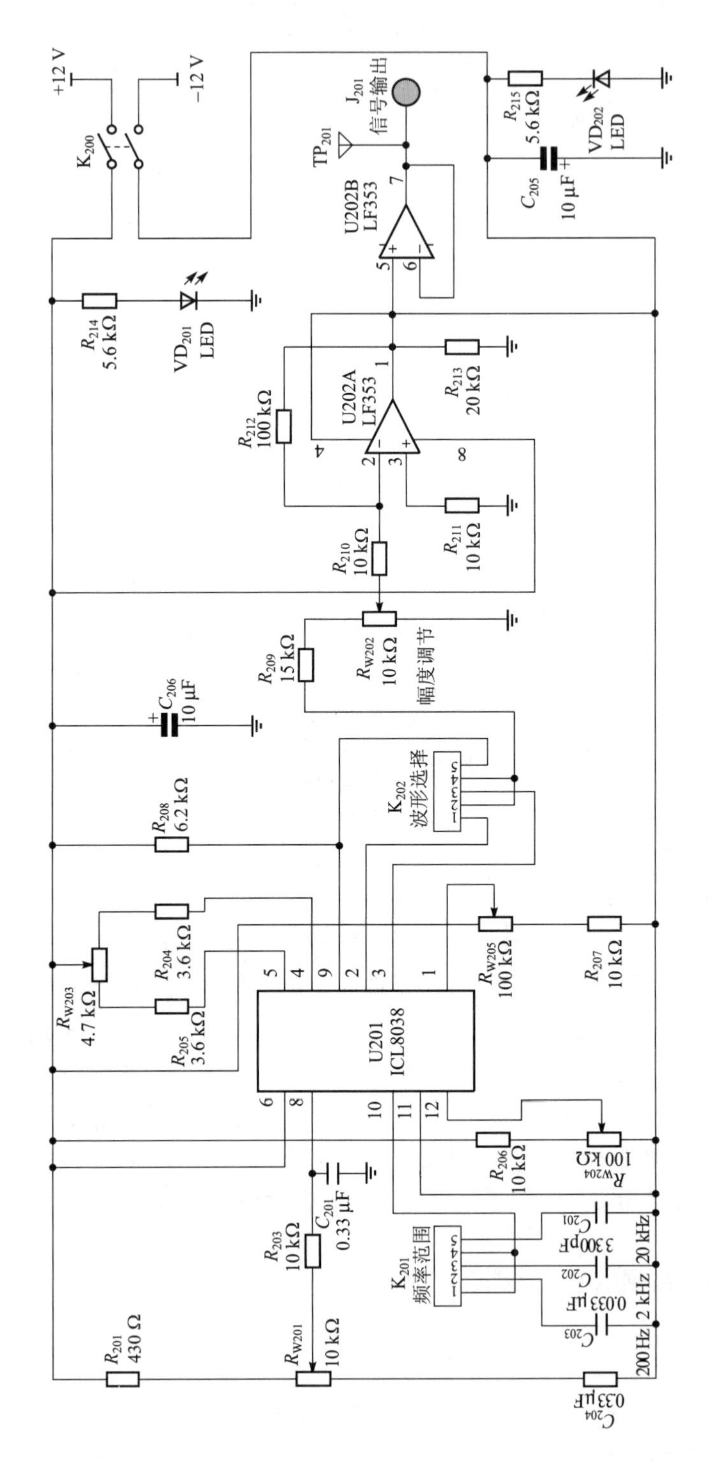

图 1－8　函数信号发生实训电路原理图

1）输出正弦波的调整与测量

（1）取某一频段的正弦波输出，用示波器观测输出端（TP_{201}）的波形。通过反复调节电位器 R_{W2}、R_{W3}、R_{W4}，使输出正弦波的失真为最小。

（2）用频率计和交流毫伏表分别测量三个频段的频率调节范围和各频段的输出频响特性 $U=f(f)$，将数据填入表 1–2 中。

表 1–2　数据记录表

频率 f/Hz										
电压 U/V										

① 从最低频段开始，调节频率细调电位器 R_{W1}，测定本频段的频率调节范围和输出电压（在最高与最低频率之间选取若干点）。

② 切换到中间频段，重复①的步骤。

③ 切换到最高频段，重复①的步骤。

2）观察输出的三角波信号

通过调节频率和幅度，观测输出的波形。

3）观察输出的方波信号

（1）通过调节频率和幅度，观测输出的波形。

（2）通过调节 R_{W2}，可以改变输出方波的占空比。

7. 实训注意事项

（1）正弦波的波形调整是一项较细致的实训步骤，往往需要反复多次调整相关的电位器，以获得一个失真度最小的正弦波形。

（2）经实训 3）的第（2）项步骤后，要想重新恢复正弦波输出，则必须重新调整电位器 R_{W2}。

8. 预习思考题

（1）如果采用单电源或不对称的双电源供电，对输出有何影响？

（2）本电路输出的最高频率与最低频率受哪些因素的影响？

（3）要想同时输出三种不同波形的信号，是否可能？如何实现？

（4）在实训的实际电路中后两级的运放有何作用？去除它行吗？

9. 实训报告

（1）作出各频段的频响特性曲线图。

（2）回答预习中的思考题。

本章小结

（1）用电信号（或光信号）传输信息的系统称为通信系统，它由信源，输入输出变换器，发送与接收设备和信道组成。根据信道不同，可分为有线通信系统和无线通信系统。

（2）为了改善系统性能，实现信号的有效传输及信道复用，通信系统中广泛采用调制技术。调制即用待传输的基带信号去改变高频载波信号的某一参数的过程。用基带信号去改变高频信号的幅度，称为调幅。基带信号也称为调制信号，未调制的高频信号称为载波信号，经调制后的高频信号称为已调信号。已调信号均占据一定的频带宽度。

（3）通信设备中除了低频放大电路外，其他主要是处理高频信号的电路，有高频电压和功率放大电路、振荡电路以及调制、解调、混频、倍频电路等。

思考与练习题

1.1　画出无线通信收发信机的原理框图，并说出各部分的功用。

1.2　无线通信为什么要用高频信号？“高频”信号指的是什么？

1.3　无线通信为什么要进行调制？如何进行调制？

1.4　无线电信号的频段或波段是如何划分的？各个频段的传播特性和应用情况如何？

高频小信号谐振放大器的应用

学习目标

（1）掌握高频小信号调谐放大器的工作特点、幅频特性以及增益计算方法。

（2）理解各种高频小信号放大器的分析方法。

（3）了解放大器的噪声特点及抑制方法。

能力目标

（1）能够正确分析通信系统高频小信号调谐放大器的幅频特性以及增益计算。

（2）能够计算高频小信号调谐放大器的噪声及抑制方法。

2.1 概　　述

在无线通信中，发射与接收的信号应当适合于空间传输。所以，被通信设备处理和传输的信号是经过调制处理过的高频信号，这种信号具有窄带特性。而且，通过长距离的通信传输，信号受到衰减和干扰，到达接收设备的信号是非常弱的高频窄带信号，在做进一步处理之前，应当经过放大和限制干扰的处理。这就需要通过高频小信号放大器来完成。这种小信号放大器是一种谐振放大器。混频器输出端也接有这种小信号放大器，作为中频放大器对已调信号进行放大。

高频小信号放大器被广泛用于广播、电视、通信、测量仪器等设备中。高频小信号放大器可分为两类：一类是以谐振回路为负载的谐振放大器；另一类是以滤波器为负载的集中选频放大器。它们的主要功能都是从接收的众多电信号中选出有用信号并加以放大，同时对无用信号、干扰信号、噪声信号进行抑制，以提高接收信号的质量和抗干扰能力。

谐振放大器常由晶体管等放大器件与 LC 并联谐振回路或耦合谐振回路构成。它可分为调谐放大器和频带放大器，前者的谐振回路需调谐于需要放大的外来信号的频率上，后者谐振回路的谐振频率固定不变。集中选频放大器把放大和选频两种功能分开，放大作用由多级非谐振宽频带放大器承担，选频作用由 LC 带通滤波器、晶体滤波器、陶瓷滤波器和声表面波滤波器等承担。目前广泛采用集中宽频带放大器。

高频小信号放大器主要性能指标有谐振增益、通频带、选择性及噪声系数等。

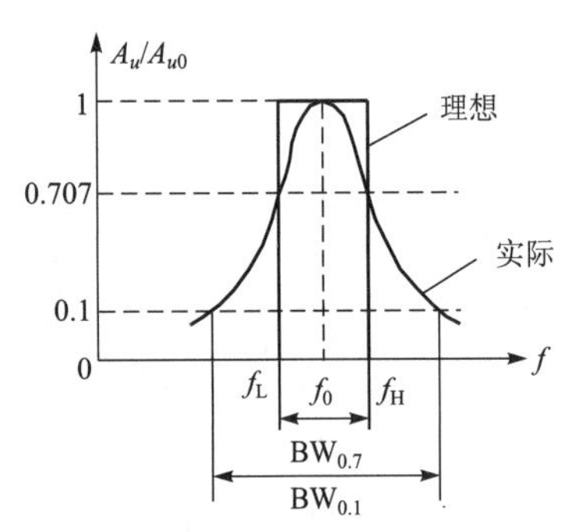

图 2–1　谐振放大器的幅频特性曲线

1. 谐振增益

放大器的谐振增益是指放大器在谐振频率上的电压增益，记为 A_{u0}，其值可用分贝（dB）表示。放大器的增益具有与谐振回路相似的谐振特性，如图 2–1 所示。图中 f_0 表示放大器的中心谐振频率，A_u/A_{u0} 表示相对电压增益。当输入信号的频率恰好等于 f_0 时，放大器的增益最大。

2. 通频带

通频带是指信号频率偏离放大器的谐振频率 f_0 时，放大器的电压增益 A_u 下降到谐振电压增益 A_{u0} 的 $1/\sqrt{2} \approx 0.707$ 时，所对应的频率范围，一般用 $BW_{0.7}$ 表示，如图 2–1 所示。

$$BW_{0.7} = f_H - f_L \tag{2–1}$$

3. 选择性

选择性是指谐振放大器从输入信号中选出有用信号成分并加以放大，而将无用的干扰信号加以有效抑制的能力。为了准确地衡量小信号谐振放大器的选择性，通常选用“抑制比”和“矩形系数”两个技术指标。

（1）抑制比。抑制比可定义为：谐振增益 A_{u0} 与通频带以外某一特定频率上的电压增益 A_u 的比，用 d（dB）表示，记为

$$d(\mathrm{dB}) = 20\lg\left(\frac{A_{u0}}{A_u}\right) \tag{2–2}$$

（2）矩形系数。假设谐振放大器是理想放大器，其特性曲线是图 2–1 所示的理想矩形。该图表明在通频带内放大器的电压增益保持不变，而在通频带外电压增益为零。若干扰信号频率在放大器的频带之外，那么它将被全部抑制。实际谐振放大器的特性曲线如图 2–1 所示的钟形曲线所示。为了评价实际放大器的谐振曲线与理想曲线的接近程度，引入矩形系数，定义为

$$K_{0.1} = \frac{BW_{0.1}}{BW_{0.7}} \tag{2–3}$$

式中，$BW_{0.7}$ 是放大器的通频带；$BW_{0.1}$ 是相对电压增益值下降到 0.1 时的频带宽度。$K_{0.1}$ 值越小越好，在接近 1 时，说明放大器的谐振特性曲线就越接近于理想曲线，放大器的选择性就越好。

4. 噪声系数

放大器的噪声系数是指输入端的信噪比 P_i/P_{ni} 与输出端的信噪比 P_o/P_{no} 两者的比值，即

$$F=\frac{\left(\frac{S}{N}\right)_{i}}{\left(\frac{S}{N}\right)_{o}}=\frac{\frac{P_{i}}{P_{ni}}}{\frac{P_{o}}{P_{no}}}$$

$$(N_F)_{dB}=10\lg\left(\frac{\frac{P_{i}}{P_{ni}}}{\frac{P_{o}}{P_{no}}}\right) \tag{2-4}$$

式中，P_i 为放大器输入端的信号功率；P_{ni} 为放大器输入端的噪声功率；P_o 为放大器输出端的信号功率；P_{no} 为放大器输出端的噪声功率。

若放大器是一个理想的无噪声线性网络，那么，噪声系数

$$(N_F)_{dB}=10\lg\left(\frac{\frac{P_{i}}{P_{ni}}}{\frac{P_{o}}{P_{no}}}\right)=10\lg 1=0\text{（dB）}$$

2.2　小信号选频放大器

小信号谐振放大器类型很多，按调谐回路区分，有单调谐回路放大器、双调谐回路放大器和参差调谐回路放大器。按晶体管连接方法区分，有共基极、共发射极和共集电极放大器等。本节讨论一种常用的调谐放大器——共发射极单调谐放大器。

2.2.1　谐振回路

LC 谐振回路是高频电路里最常用的无源网络，利用 *LC* 谐振回路的幅频特性和相频特性，不仅可以进行选频，即从输入信号中选择出有用频率分量而抑制掉无用频率分量或噪声（如在选频放大器和正弦波振荡器中），而且还可以进行信号的频幅转换和频相转换（如在斜率鉴频和相位鉴频电路里）。另外，用 *L*、*C* 组件还可以组成各种形式的阻抗变换电路和匹配电路。所以，*LC* 谐振回路虽然结构简单，但是在高频电路里却是不可缺少的重要组成部分，在本书所介绍的各种功能的高频电路单元里几乎都离不开它。*LC* 谐振回路分为并联谐振回路和串联谐振回路两种形式，其中并联网络在实际电路中用途更广，且二者之间具有一定的对偶关系，所以只要理解并联回路，则串联谐振回路的特性用对偶方法就可以得到。

1. 并联谐振回路的选频特性

信号源与电感线圈和电容器并联组成的电路，叫作 *LC* 并联回路，如图 2–2 所示。图中与电感线圈 *L* 串联的电阻 *R* 代表线圈的损耗，电容 *C* 的损耗不考虑。

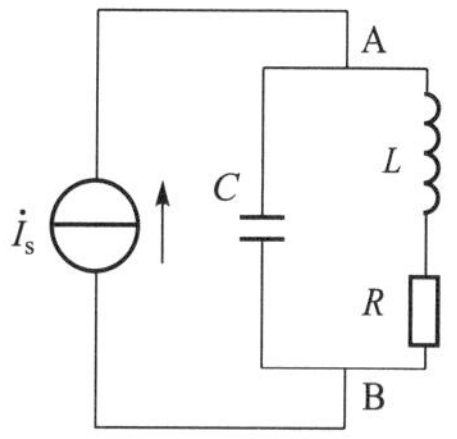

$\dot{I}_s$ 为信号电流源。为了分析方便，在分析电路时也暂时不考虑信号源内阻的影响。

A
L
C
i_s
R
B

图 2–2　*LC* 并联回路

1）并联谐振回路阻抗的频率特性

如图2–2所示，并联谐振回路阻抗表达式为

$$Z=\frac{Z_1Z_2}{Z_1+Z_2} \tag{2–5}$$

$$Z_1=R+\mathrm{j}\omega L,\ Z_2=\frac{1}{\mathrm{j}\omega C} \tag{2–6}$$

$$Z\approx\frac{L/C}{R+\mathrm{j}\left(\omega L-\dfrac{1}{\omega C}\right)}=\frac{1}{\dfrac{CR}{L}+\mathrm{j}\left(\omega C-\dfrac{1}{\omega L}\right)} \tag{2–7}$$

$$|Z|=\frac{1}{\sqrt{\left(\dfrac{CR}{L}\right)^2+\left(\omega C-\dfrac{1}{\omega L}\right)^2}} \tag{2–8}$$

$$\varphi=-\arctan\frac{\omega C-\dfrac{1}{\omega L}}{\dfrac{CR}{L}} \tag{2–9}$$

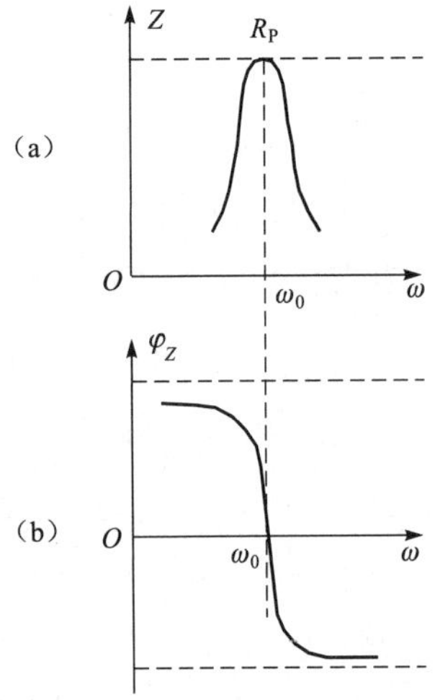

图2–3　并联谐振回路的特性曲线
（a）幅频特性；（b）相频特性

根据式（2–8）和式（2–9）可作出并联谐振回路阻抗的幅频特性和相频特性曲线，如图2–3所示。下面讨论并联回路阻抗的频率特性。

当回路谐振时，即$\omega=\omega_0$时，$\omega_0L-1/(\omega_0C)=0$。并联谐振回路的阻抗为一纯电阻，数值可达到最大值$|Z|=R_P=L/(CR)$，$R_P$称为谐振电阻，阻抗相角$\varphi=0$。从图2–3中可以看出，并联谐振回路在谐振点频率$\omega_0$时，相当于一个纯电阻电路。

当回路的角频率$\omega<\omega_0$时，并联回路总阻抗呈电感性。当回路的角频率$\omega>\omega_0$时，并联回路总阻抗呈电容性。

2）并联谐振回路端电压频率特性

$$U_{AB}=U=I_s|Z|=\frac{I_s}{\sqrt{\left(\dfrac{CR}{L}\right)^2+\left(\omega C-\dfrac{1}{\omega L}\right)^2}} \tag{2–10}$$

$$\varphi_u=-\arctan\frac{\omega C-\dfrac{1}{\omega L}}{\dfrac{CR}{L}} \tag{2–11}$$

$$U_{AB}=U_0=I_s\frac{L}{RC}=I_sR_P \tag{2–12}$$

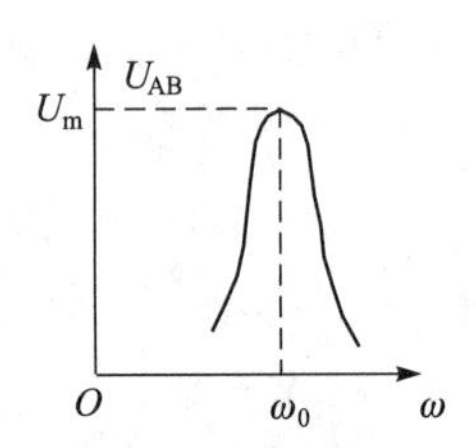

图2–4　电压–频率特性曲线

谐振回路两端的电压为I_sR_P。由此可见，在信号源电流I_s一定的情况下，并联回路端电压U_{AB}的频率特性与阻抗频率特性相似，如图2–4所示。

3）并联谐振回路谐振频率

在实际应用中，并联谐振回路频率可以由式（2–13）近似求出。

$$\omega_0 C - \frac{1}{\omega_0 L} = 0$$

$$\omega_0 = \frac{1}{\sqrt{LC}}, f_0 = \frac{1}{2\pi\sqrt{LC}} \tag{2–13}$$

并联回路准确的谐振角频率可以从式（2–14）求出，即

$$\omega_0 = \sqrt{\frac{1}{LC} + \frac{R^2}{L^2}} = \frac{1}{\sqrt{LC}}\sqrt{1 - \frac{1}{Q^2}} \tag{2–14}$$

4）品质因数

并联回路谐振时的感抗或容抗与线圈中串联的损耗电阻 R 之比，定义为回路的品质因数，用 Q_0 表示，即

$$Q_0 = \frac{\omega_0 L}{R} = \frac{1}{\omega_0 CR} = \frac{1}{R}\sqrt{\frac{L}{C}} = \frac{\rho}{R} \tag{2–15}$$

并联谐振回路的谐振电阻可以用 R_P 表示，即

$$R_P = \frac{L}{CR} = Q_0 \omega_0 L = \frac{Q_0}{\omega_0 C} \tag{2–16}$$

5）谐振曲线、通频带及选择性

将式（2–10）与式（2–12）相比，得

$$\frac{U}{U_0} = \frac{1}{\sqrt{1 + \left(\dfrac{\omega L - \dfrac{1}{\omega C}}{R}\right)^2}} \tag{2–17}$$

$$\frac{U}{U_0} = \frac{1}{\sqrt{1+\xi^2}}$$

由式（2–17）可以绘出并联回路谐振曲线，如图 2–5 所示。该曲线适用于任何 LC 并联谐振回路。

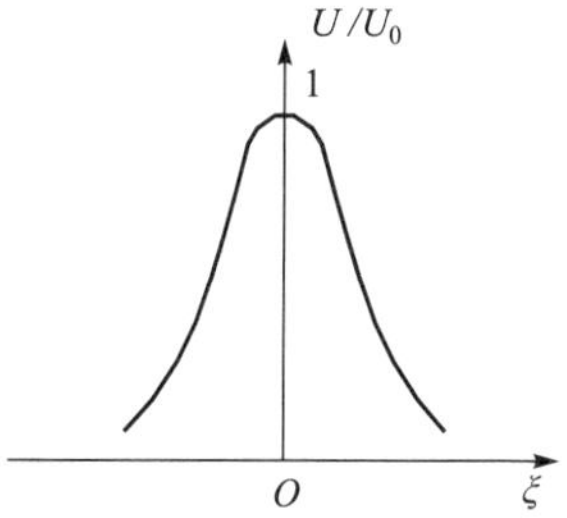

图 2–5 并联回路谐振曲线

对 ξ 进行以下变换：在谐振频率附近，可近似地认为，$\omega \approx \omega_0$，$\omega + \omega_0 = 2\omega$，则

$$\xi = \frac{\omega L - \dfrac{1}{\omega C}}{R} = \frac{\omega_0 L \dfrac{\omega}{\omega_0} - \dfrac{1}{\omega_0 C}\dfrac{\omega_0}{\omega}}{R} = Q_0\left(\frac{\omega}{\omega_0} - \frac{\omega_0}{\omega}\right)$$

$$\xi = Q_0 \frac{(\omega^2 - \omega_0^2)}{\omega\omega_0} \approx Q_0 \frac{2(\omega - \omega_0)}{\omega_0}$$

$$= Q_0 \frac{2\Delta\omega}{\omega_0} = Q_0 \frac{2\Delta f}{f_0} \tag{2–18}$$

式中，$\Delta f = f - f_0$，得

$$\frac{U}{U_0}=\frac{1}{\sqrt{1+\left(Q_0\frac{2\Delta f}{f_0}\right)^2}} \tag{2-19}$$

从式（2–19）可以看出，在谐振点 $\Delta f=0$，$U/U_0=1$。随着$|\Delta f|$的增大，U/U_0 将减小。对于同样的偏离值 Δf，Q_0 越高，U/U_0 衰减就越多，谐振曲线就越尖锐，如图 2–6 所示。

下面利用谐振曲线求出通频带。

由式（2–19），令 $U/U_0=0.707$，如图 2–7 所示，可得回路的通频带 $\mathrm{BW}_{0.7}$ 为

$$\mathrm{BW}_{0.7}=2\Delta f_{0.7}=\frac{f_0}{Q_0} \tag{2-20}$$

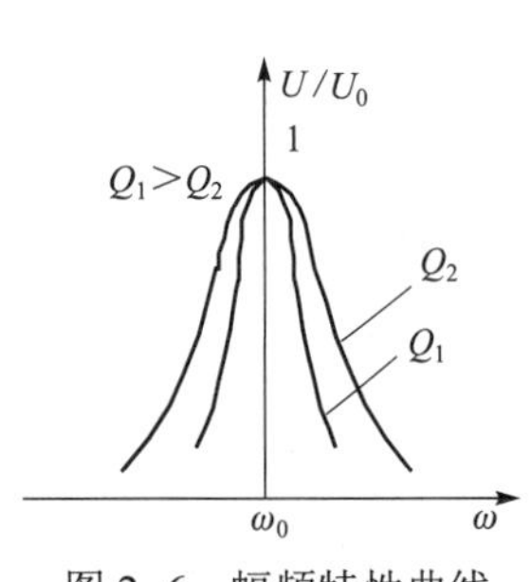

图 2–6　幅频特性曲线

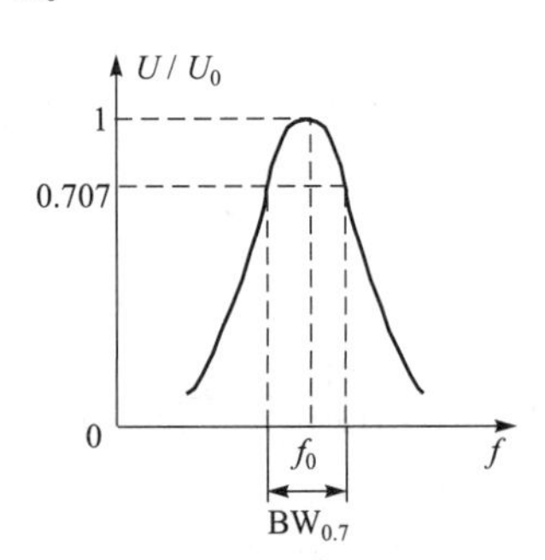

图 2–7　通频带

例 2–1　已知并联谐振回路谐振频率 f_0=1 MHz，Q_0=100。求频率偏离 10 kHz 时，电压相对于谐振点的衰减比值 U/U_0。又若 Q_0=50，求 U/U_0。

解　（1）Q_0=100 时，有

$$\frac{U}{U_0}=\frac{1}{\sqrt{1+\left(Q_0\frac{2\Delta f}{f_0}\right)^2}}=\frac{1}{\sqrt{1+(100\times 0.02)^2}}=0.445$$

（2）Q_0=50 时，有

$$\frac{U}{U_0}=\frac{1}{\sqrt{1+\left(Q_0\frac{2\Delta f}{f_0}\right)^2}}=\frac{1}{\sqrt{1+(50\times 0.02)^2}}=0.707$$

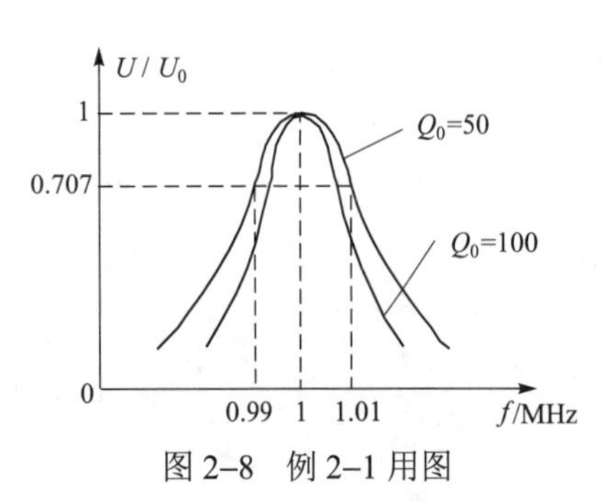

图 2–8　例 2–1 用图

根据上面计算结果可画得图 2–8，它说明在相同的频率偏离值 Δf 下，Q_0 越高，谐振曲线越尖锐，选择性越好，但通频带窄了。希望谐振回路有一个很好的选择性，同时要有一个较宽的通频带，这是矛盾的。为了保证较宽的通频带，只能牺牲选择性。

2. 阻抗变换电路

1）信号源内阻及负载对谐振回路的影响

$$g_{\mathrm{s}}=\frac{1}{R_{\mathrm{s}}},\ g_{\mathrm{P}}=\frac{1}{R_{\mathrm{P}}},\ g_{\mathrm{L}}=\frac{1}{R_{\mathrm{L}}} \tag{2-21}$$

谐振回路的总电导为

$$G_{\Sigma}=g_{s}+g_{P}+g_{L} \tag{2-22}$$

考虑 R_s 和 R_L 后的并联谐振回路，如图 2–9 所示。下面利用电导的形式来分析电路。谐振回路的空载 Q_0 值，即为

$$Q_{0}=\frac{1}{\omega_{0}Lg_{P}} \tag{2-23}$$

谐振回路的有载 Q_L 值为

$$Q_{L}=\frac{1}{\omega_{0}LG_{\Sigma}}=\frac{1}{\omega_{0}L(g_{s}+g_{P}+g_{L})} \tag{2-24}$$

根据上两式，可以得 Q_L 与 Q_0 的关系为

$$Q_{L}=\frac{Q_{0}}{1+\frac{R_{P}}{R_{s}}+\frac{R_{P}}{R_{L}}} \tag{2-25}$$

由于 $G_{\Sigma}>g_P$，所以 $Q_L<Q_0$。信号源内阻或负载并联在回路两端，将直接影响回路的 Q 值，影响负载上的功率输出及回路的谐振频率。为解决这个问题，可用阻抗变换电路，将它们折算到回路两端，以改善对回路的影响。

2）常用阻抗变换电路

为了减少信号源及负载对谐振电路的影响，除了增大 R_s、R_L 外，还可采用阻抗变换，常用阻抗变换电路。常用阻抗变换电路有变压器、电感分压器和电容分压器等。

（1）变压器阻抗变换电路。

图 2–10 所示为变压器阻抗变换电路。设变压器为无耗的理想变压器，N_1 为变压器初级绕组匝数，N_2 为变压器次级绕组匝数，则变压器的匝数比等于

$$n=\frac{N_{1}}{N_{2}}=\frac{\dot{I}_{2}}{\dot{I}_{1}} \tag{2-26}$$

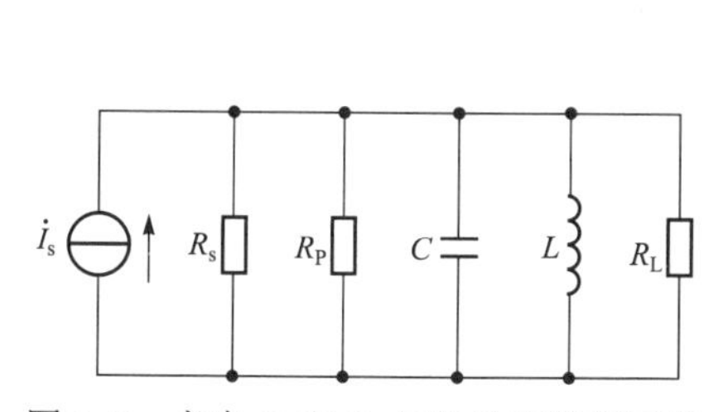

图 2–9　考虑 R_s 和 R_L 后的并联谐振回路

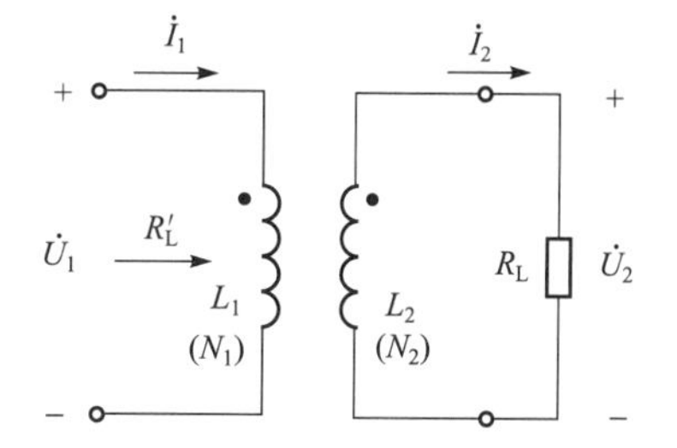

图 2–10　变压器阻抗变换电路

由此可得到负载电阻 R_L 折算到初级绕组两端的等效电阻 R_L' 为

$$R_{L}'=\frac{\dot{U}_{1}}{\dot{I}_{1}}=\frac{n\dot{U}_{2}}{\dot{I}_{2}/n}=n^{2}R_{L} \tag{2-27}$$

所以 R_L' 可变大，也可变小，大小取决于 n 的多少。

（2）电感分压器阻抗变换电路。

图 2–11 所示为电感分压器阻抗变换电路，该电路也称为自耦变压器阻抗变换电路。图中 1–3 为输入端，负载 R_L 接在 2–3 端。1–2 绕组匝数为 N_1、电感量为 L_1，2–3 绕组匝数为 N_2，电感量为 L_2，L_1 与 L_2 之间的电感量为 M。设 L_1、L_2 无耗且 $R_L \gg \omega L_2$，自耦变压器的匝数比为

$$n = \frac{N_1 + N_2}{N_2} = \frac{L_1 + L_2 + 2M}{L_2 + M} = \frac{\dot{U}_1}{\dot{U}_2} = \frac{\dot{I}_2}{\dot{I}_1} \tag{2–28}$$

由此可得到负载电阻 R_L 折算到初级绕组两端的等效电阻 R'_L 为

$$R'_L = \frac{\dot{U}_1}{\dot{I}_1} = \frac{n\dot{U}_2}{\dot{I}_2 / n} = n^2 R_L \tag{2–29}$$

（3）电容分压器阻抗变换电路。

图 2–12 所示为电容分压器阻抗变换电路。图中 C_1、C_2 为分压电容器；R'_L 是等效电阻，即 R_L 经变换后的等效电阻。

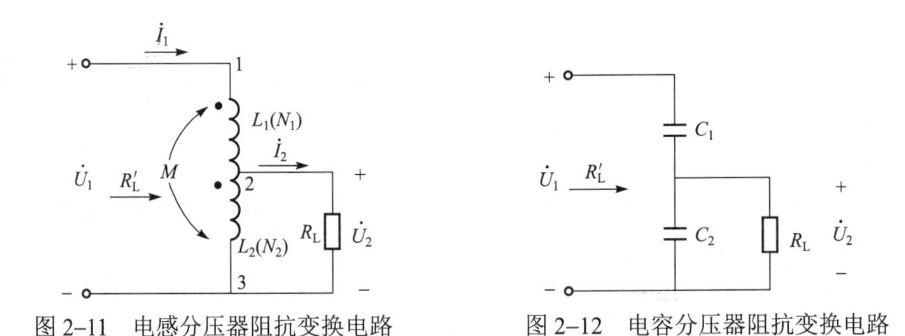

图 2–11　电感分压器阻抗变换电路　　　图 2–12　电容分压器阻抗变换电路

设 C_1、C_2 无耗，根据 R'_L 上所消耗的功率相等，即 $U_2^2 / R_L = U_1^2 / R'_L$ 可得

$$R'_L = \left(\frac{U_1}{U_2}\right)^2 R_L = n^2 R_L \tag{2–30}$$

$$\frac{\dot{U}_1}{\dot{U}_2} = \frac{\dfrac{1}{\mathrm{j}\omega C_1} + \dfrac{1}{\mathrm{j}\omega C_2}}{\dfrac{1}{\mathrm{j}\omega C_2}} \tag{2–31}$$

式中，$n=U_1/U_2$。当 $R_L \gg 1/(\omega C_2)$时，可忽略 R_L 的分流，则得

$$n = \frac{U_1}{U_2} = \frac{C_1 + C_2}{C_1} \tag{2–32}$$

2.2.2　小信号谐振放大器

LC 谐振回路小信号放大器由放大器和 *LC* 谐振回路组成。放大器件可采用单管、双管组合电路和集成放大电路等。谐振回路可以是单谐振回路或双耦合谐振回路。

1. 单调谐回路谐振放大器

单调谐放大器是由单调谐回路作为交流负载的放大器。图 2–13 所示为一个共发射极单调

谐放大器。它是接收机中一种典型的高频放大器电路。图中 R_1、R_2 是放大器的偏置电阻，R_e 是直流负反馈电阻，C_1、C_e 是直流高频旁路电容，它们起稳定放大器静态工作点的作用。LC 组成并联谐振回路，它与晶体管共同起着选频放大作用。

当直流工作点选定以后，图 2–13 可以简化成只包括高频通路的等效电路，如图 2–14 所示。由图 2–14 可以看出，电路分为三部分，即晶体管本身、输入电路和输出电路。晶体管是谐振放大器的重要组件，在分析电路时，可用 Y 参数等效电路来说明它的特性。输入电路由电感 L 与天线回路耦合，将天线来的高频信号通过它加到晶体管的输入端。输出电路是由 L 与 C 组成的并联谐振回路，通过互感耦合将放大后的信号加到下一级放大器的输入端。本电路的晶体管输出端与负载输入端采用了部分接入的方式。

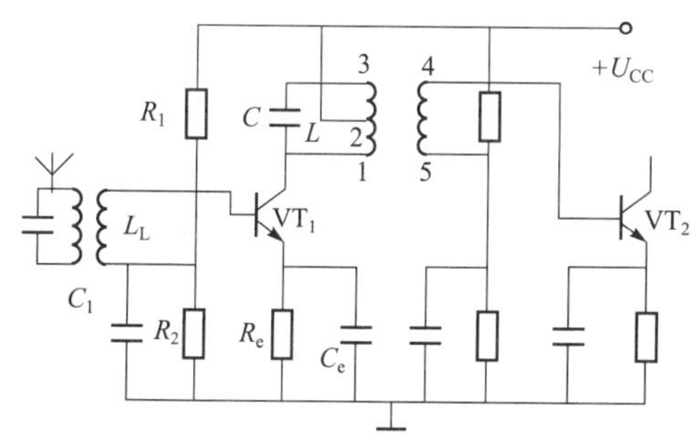

图 2–13　共射单调谐放大器

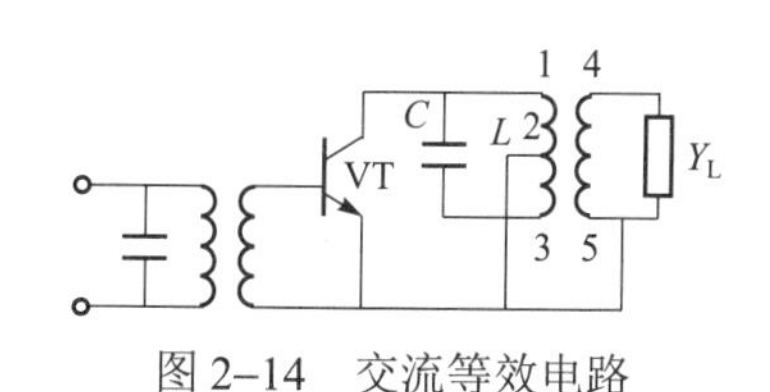

图 2–14　交流等效电路

2. 单调谐放大器 Y 参数等效电路

在分析高频小信号放大器时，采用 Y 参数等效电路进行分析是比较方便的。所以在电路化简时，可将电路中的晶体管等效成一个 Y 参数等效电路，如图 2–15 所示。

将晶体管 Y 参数等效电路代入图 2–14 所示电路，则可得单调谐放大器 Y 参数等效电路，如图 2–16 所示。

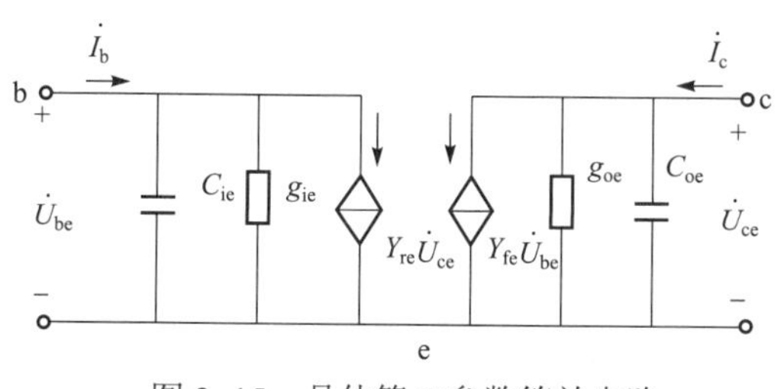

图 2–15　晶体管 Y 参数等效电路

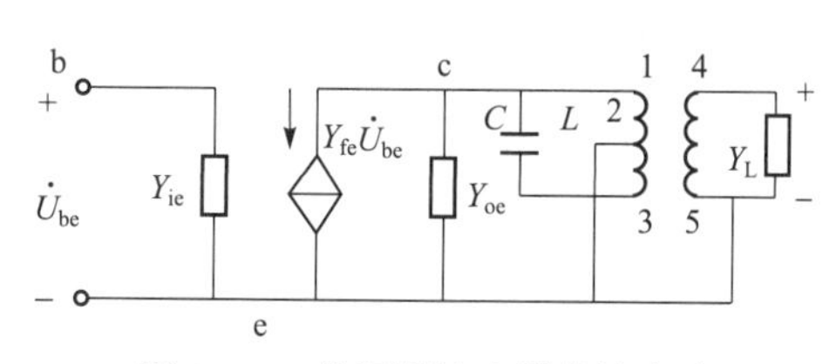

图 2–16　单调谐放大器等效电路

在图 2–15 和图 2–16 中，Y_{ie} 是晶体管输出端短路时的输入导纳，反映了晶体管放大器输入电压对输入电流的控制作用，其倒数是电路的输入阻抗。Y_{ie} 参数是复数，可表示为 $Y_{ie}=g_{ie}+j\omega C_{ie}$，其中 g_{ie}、C_{ie} 分别称为晶体管的输入电导和输入电容。Y_{re} 是晶体管输入端短路时的反向传输导纳，反映了晶体管输出电压对输入电流的影响，即晶体管内部的反馈作用。Y_{fe} 是晶体管输出端短路时的正向传输导纳，反映了晶体管输入电压对输出电流的控制作用，或者说晶体管的放大作用。Y_{oe} 是晶体管输入端短路时的输出导纳，反映了晶体管输出电压对输出电流的作用，其倒数是电路的输出阻抗。Y_{oe} 可表示为 $Y_{oe}=g_{oe}+j\omega C_{oe}$，其中 g_{oe}、C_{oe} 分别为晶体管的输出电导和输出电容。

将图 2–16 进一步化简，可得如图 2–17（a）、（b）所示电路。

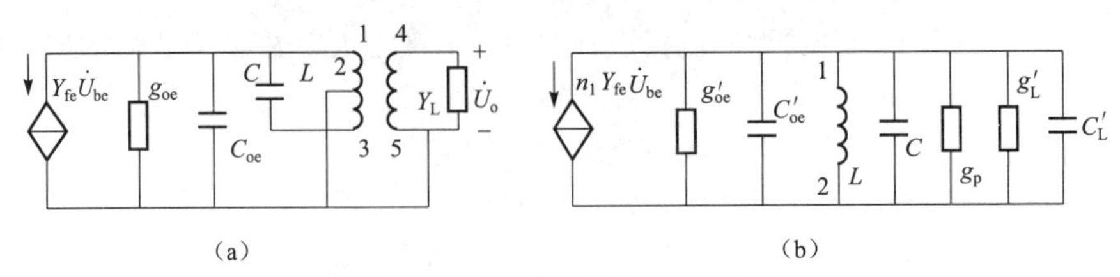

图 2–17　单调谐放大器等效电路

设谐振回路初级电感线圈 1–2 之间的匝数为 N_{12}，1–3 之间的匝数为 N_{13}，次级电感线圈为 N_{45}。由图 2–16 可知，自耦变压器的匝比 $n_1=N_{13}/N_{12}$，初次级间的匝比 $n_2=N_{13}/N_{45}$。

将图 2–17（b）中的 g'_{oe}、g'_L、g_P 合并，得 G_Σ；将 C'_{oe}、C、C'_L 合并，得 C_Σ。

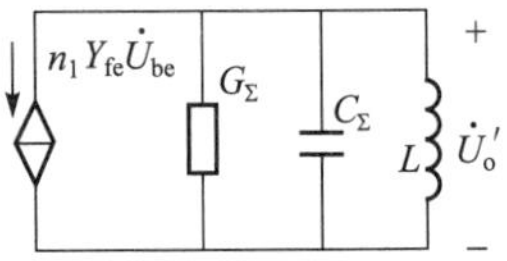

这样可进一步将图 2–18 所示的形式。

图 2–18　单调谐放大器简化等效电路

在图 2–18 中，并联谐振回路导纳、输出电压为

$$Y_\Sigma = G_\Sigma + \mathrm{j}\omega C_\Sigma + \frac{1}{\mathrm{j}\omega L} \tag{2–33}$$

$$\dot{U}'_o = \frac{\dot{I}'_s}{Y_\Sigma} = \frac{1}{n_2}\dot{U}_o \tag{2–34}$$

下面对电路性能进行计算。

（1）单调谐放大器的电压增益。

放大器的电压增益为

$$\dot{A}_u = \frac{\dot{U}_o}{\dot{U}_{be}} = \frac{-n_1 n_2 Y_{fe}}{G_\Sigma + \mathrm{j}\omega C_\Sigma + \dfrac{1}{\mathrm{j}\omega L}} \approx \frac{-n_1 n_2 Y_{fe}}{G_\Sigma\left[1+\mathrm{j}\dfrac{2Q_L\Delta f}{f_0}\right]} \tag{2–35}$$

有载品质因数为

$$Q_L = \frac{1}{G_\Sigma \omega_0 L} = \frac{\omega_0 C_\Sigma}{G_\Sigma}$$

有载时并联回路的谐振频率为

$$f_0 = \frac{1}{2\pi\sqrt{LC_\Sigma}}$$

电压增益的模为

$$\left|\dot{A}_u\right| = \frac{n_1 n_2 Y_{fe}}{G_\Sigma\sqrt{1+\left(\dfrac{2Q_L\Delta f}{f_0}\right)^2}} \tag{2–36}$$

当回路谐振时，即 $f=f_0$，$\Delta f=0$ 时，放大器谐振电压增益为

$$\dot{A}_{u0} = \frac{-n_1 n_2 Y_{fe}}{G_\Sigma} \tag{2–37}$$

其模为

$$|\dot{A}_{u0}|=\frac{n_1 n_2 Y_{fe}}{G_\Sigma} \tag{2-38}$$

谐振放大器谐振时的电压增益最大。式（2–37）中的负号表示放大器输入电压与输出电压反相（有 180° 的相位差）。谐振放大器的电压增益与 n_1、n_2 有关。

（2）单调谐放大器的通频带。

式（2–36）与式（2–38）相比，可得单调谐放大器的谐振曲线数学表达式为

$$\left|\frac{\dot{A}_u}{\dot{A}_{u0}}\right|=\frac{1}{\sqrt{1+\left(\frac{2Q_L\Delta f}{f_0}\right)^2}} \tag{2-39}$$

单调谐放大器的谐振曲线如图 2–19 所示。

令 $|A_u / A_{u0}|=0.707$，可求得单调谐放大器的通频带 $BW_{0.7}$。

$$BW_{0.7}=2\Delta f_{0.7}=\frac{f_0}{Q_L} \tag{2-40}$$

显然，单调谐谐振放大器的通频带取决于回路的谐振频率 f_0 以及有载品质因数 Q_L。当 f_0 确定时，Q_L 越低，通频带越宽，如图 2–20 所示。

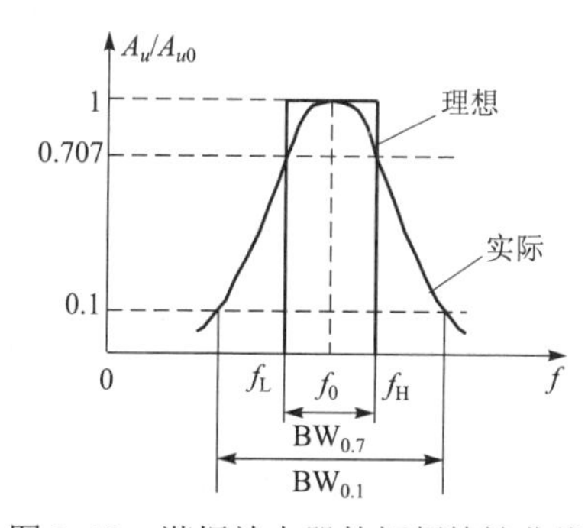

图 2–19　谐振放大器的幅频特性曲线

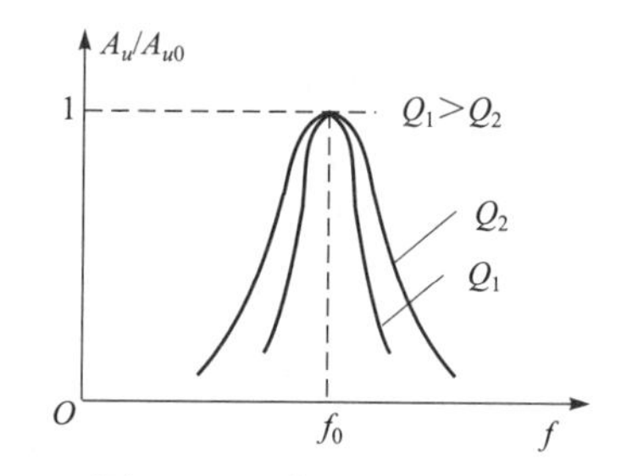

图 2–20　不同 Q 谐振曲线

由式（2–38）可得

$$|\dot{A}_{u0}|BW_{0.7}=\frac{n_1 n_2 Y_{fe}}{G_\Sigma}\bullet\frac{f_0}{Q_L}=\frac{n_1 n_2 Y_{fe}}{2\pi C_\Sigma} \tag{2-41}$$

当 Y_{fe}、n_1、n_2、C_Σ 均为定值时，谐振放大器的增益与通频带的乘积为一常数，也就是说，通频带越宽，增益越小；反之，增益越大。

（3）单调谐放大器的选择性。

$$\left|\frac{\dot{A}_u}{\dot{A}_{u0}}\right|=\frac{1}{\sqrt{1+\left(\frac{2Q_L\Delta f_{0.1}}{f_0}\right)}}=0.1$$

$$BW_{0.1}=2\Delta f_{0.1}=\sqrt{10^2-1}\,\frac{f_0}{Q_L}$$

上式与式（2–41）相比，得矩形系数为

$$K_{0.1}=\frac{\mathrm{BW}_{0.1}}{\mathrm{BW}_{0.7}}=\sqrt{10^2-1}=\sqrt{99}\approx 9.95$$

上式说明，单调谐放大器的矩形系数远大于 1，谐振曲线与矩形相差太远，故单调谐谐振放大器的选择性较差。

（4）功率增益。

$$G_P=\frac{P_\mathrm{o}}{P_\mathrm{i}}$$

$$G_P(\mathrm{dB})=10\lg\frac{P_\mathrm{o}}{P_\mathrm{i}} \tag{2–42}$$

式中，P_i 为放大器的输入功率；P_o 为输出端负载 g_L 上所获得的功率。

在满足匹配 $n_1^2 g_\mathrm{oe}=n_2^2 g_\mathrm{L}$ 的条件下，并考虑到回路的固有损耗，可计算实际的功率增益为

$$G_{P\mathrm{o}}=G_{P\mathrm{o\,max}}\left(1-\frac{Q_\mathrm{L}}{Q_0}\right)^2$$

$$G_{P\mathrm{o\,max}}=\frac{|Y_\mathrm{fe}|^2}{4g_\mathrm{oe}g_\mathrm{ie}} \tag{2–43}$$

式（2–43）是回路无损耗又匹配时，晶体管能给出的最大功率。

3. 单调谐放大器的稳定性

由于晶体管集电极和基极之间存在结电容 C'_bc，其值虽然很小（只有几个皮法），但高频工作时仍然使放大器输出和输入之间形成反馈通路（称为内反馈），再加上谐振放大器中 LC 谐振回路阻抗的大小及性质随频率剧烈变化的特性，使这种内反馈随频率变化而剧烈变化，使放大器的幅频特性曲线发生变形，增益、通频带、选择性等都发生变化，严重时会在某频率点满足自激条件，放大器将产生自激振荡，破坏放大器的正常工作。谐振放大器工作频率越高，LC 谐振回路的有载品质因数越高（即谐振增益越高），放大器的工作就越不稳定。

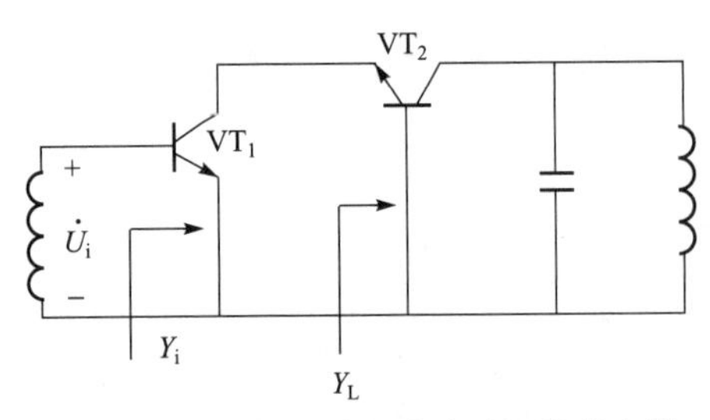

图 2–21　共射–共基组合电路调谐放大器

为了减小内反馈的影响，提高谐振放大器工作稳定性，常采用共射–共基组合电路构成调谐放大器。其交流通路如图 2–21 所示。图中，VT_1 接成共射组态，VT_2 接成共基组态，由于共基电路输入阻抗很小，使共射电路的输出小，因此通过内反馈对输入端产生的影响小，故可提高放大器的稳定性。

2.2.3　多级单调谐回路谐振放大器

若单级调谐放大器的增益不能满足要求，可采用多级单调谐放大器级联。将图 2–13 中晶体管 VT_2 集电极上加一个谐振回路，就可得双级单调谐放大电路，如图 2–22 所示。下面分析多级单调谐回路谐振放大器的性能指标。

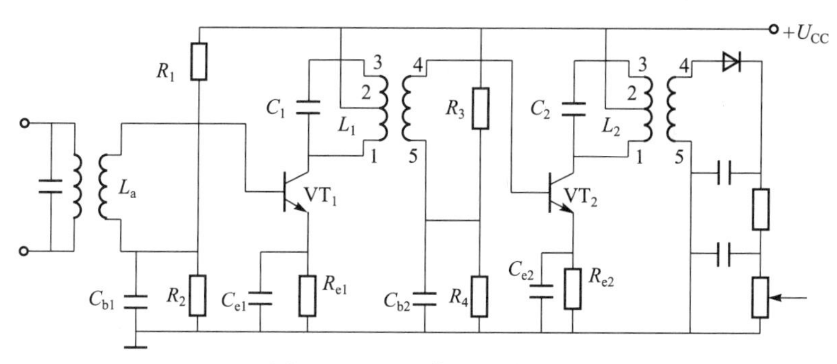

图 2–22　双级单调谐放大器

1. 电压增益

设有 n 级单调谐放大器相互级联，且各级的电压增益相同，即

$$A_{u1}=A_{u2}=A_{u3}=\cdots=A_{un}$$

则级联后放大器的总电压增益为

$$|A_u|=|A_{u1}|\cdot|A_{u2}|\cdot|A_{u3}|\cdot\cdots\cdot|A_{un}|=|A_{un}|^n$$
$$=\frac{(n_1n_2)^nY_{\mathrm{fe}}^n}{\left[G_\Sigma\sqrt{1+\left(\dfrac{2Q_{\mathrm{L}}\Delta f}{f_0}\right)^2}\right]^n} \tag{2–44}$$

谐振时，电压增益为

$$|A_u|=\left(\frac{n_1n_2}{G_\Sigma}Y_{\mathrm{fe}}\right)^n \tag{2–45}$$

电压增益谐振曲线数学表达式为

$$\left|\frac{A_u}{A_{u0}}\right|\approx\frac{1}{\sqrt{\left[1+\left(\dfrac{2Q\Delta f}{f_0}\right)^2\right]^n}} \tag{2–46}$$

从式（2–46）可以看出，级联后总电压增益是单级电压增益的 n 次方。在图 2–23 中，n=1 是单级单调谐放大器电压增益谐振曲线；n=2 是双级单调谐放大器电压增益谐振曲线；n=3 是三级单调谐放大器电压增益谐振曲线。

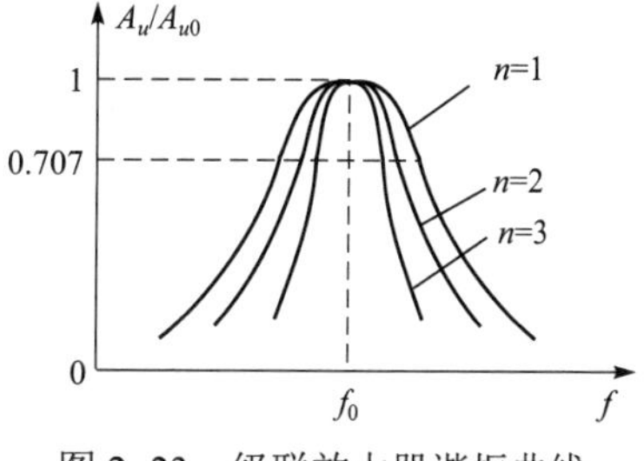

图 2–23　级联放大器谐振曲线

2. 通频带

令式（2–46）等于 0.707，可得 n 级级联放大器的总通频带为

$$\mathrm{BW}_{0.7}=\sqrt{2^{\frac{1}{n}}-1}\,\frac{f_0}{Q_{\mathrm{L}}} \tag{2–47}$$

式中，f_0/Q_{L} 是单级单调谐放大器通频带。

3. 选择性

令式（2–46）等于 0.1，可得 n 级级联放大器总通频带 $\mathrm{BW}_{0.1}$ 为

$$\mathrm{BW}_{0.1}=\sqrt{100^{\frac{1}{n}}-1}\,\frac{f_0}{Q_\mathrm{L}}$$

将上式与式（2–47）相比，得矩形系数为

$$K_{0.1}=\frac{\mathrm{BW}_{0.1}}{\mathrm{BW}_{0.7}}=\frac{\sqrt{100^{\frac{1}{n}}-1}}{\sqrt{2^{\frac{1}{n}}-1}} \tag{2-48}$$

表 2–1 列出了不同 n 值时矩形系数的大小。由表 2–1 可以看出，级数越大，矩形系数越接近 1。

表 2–1　不同 *n* 值时矩形系数的大小

n	1	2	3	4	5	6
$K_{0.1}$	9.95	4.66	3.75	3.4	3.2	3.1

2.3　集中选频放大器

随着电子技术的发展，在小信号选频放大电路中越来越多地采用集中选频放大器。集中选频放大器由两部分部件组成：一部分是宽频带放大器；另一部分是集中选频滤波器。宽频带放大器一般由线性集成电路构成，当工作频率较高时，也可用其他分立元件宽频带放大器构成。

在集中选频放大器里，先采用矩形系数较好的集中滤波器进行选频，然后利用单级或多级集成宽带放大电路进行信号放大。前者以集中预选频代替了逐级选频，减小了调试的难度，后者可充分发挥线性集成电路的优势。集中滤波器的任务是选频，要求在满足通频带指标的同时，矩形系数要好。其主要类型有集中 *LC* 滤波器、石英晶体滤波器、陶瓷滤波器和声表面波滤波器等。集中 *LC* 滤波器通常由一节或若干节 *LC* 网络组成，根据网络理论，按照带宽、衰减特性等要求进行设计，目前已得到了广泛应用。石英晶体滤波器、陶瓷滤波器和声表面波滤波器等固体滤波器已被广泛地应用在通信电子线路中。

1. 陶瓷滤波器

在通信、广播等接收设备中，陶瓷滤波器有着广泛的应用。陶瓷滤波器是利用某些陶瓷材料的压电效应构成的滤波器，常用的陶瓷滤波器是由锆钛酸铅［$Pb(ZrTi)O_3$］压电陶瓷材料（简称 PZT）制成的。把这种陶瓷材料制成片状，两面涂银作为电极，经过直流高压极化后就具有压电效应。压电效应就是当陶瓷片发生机械变形时，其表面会产生电荷，两电极间产生电压；而当陶瓷片两电极间加上电压时，它会产生机械变形。当外加交变电压的频率等于陶瓷片固有频率时，机械振动幅度最大，陶瓷片表面产生电荷量的变化也最大，在外电路中产生的电流也最大，其作用类似于串联谐振回路。其等效电路和电路符号如图 2–24（a）、（b）所示。图中 C_o 为压电陶瓷片的固定电容值，L_q、C_q、r_q 分别相当于机械振动时晶体的等效质量、等效弹性系数和等效阻尼。压电陶瓷片的厚度、半径等尺寸不同时其等效电路参数也就不同。从图 2–24 所示电路可见，陶瓷片具有两个谐振频率，一个是串联谐振频率 f_s，另

一个是并联谐振频率 f_p。在串联谐振频率时陶瓷片的等效阻抗最小（≤20 Ω），并联谐振频率时，陶瓷片的等效阻抗最大，其阻抗频率特性如图 2–25 所示。

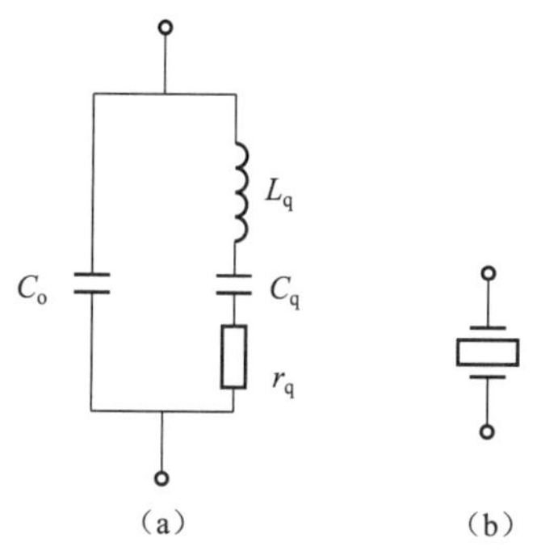

图 2–24　压电陶瓷片等效电路和电路符号
（a）等效电路；（b）电路符号

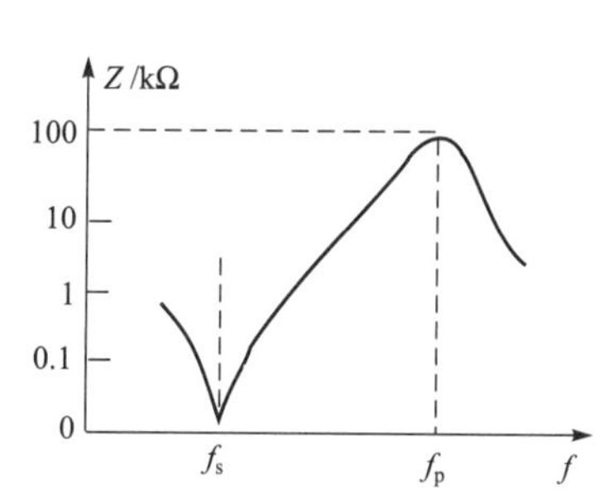

图 2–25　陶瓷片阻抗频率特性

$$f_s = \frac{1}{2\pi\sqrt{L_q C_q}} \tag{2–49}$$

$$f_p = \frac{1}{2\pi\sqrt{L_q \dfrac{C_o C_q}{C_o + C_q}}} \tag{2–50}$$

陶瓷滤波器具有无须调谐、体积小、加工方便等优点，但工作频率不太高（几十兆赫兹以下）、相对频宽较窄。使用时，其输入阻抗须与信号源阻抗匹配，其输出阻抗也须与负载阻抗匹配；否则其频率特性将会变坏。另外，其频率特性较难控制，生产一致性较差。

石英晶体滤波器特性与陶瓷滤波器相似，但 Q 值高很多，因此频率特性好，但价格较高。

2. *声表面波滤波器*

目前，应用最普遍的集中滤波器是声表面波滤波器。声表面波滤波器 SAWF（Surface Acoustic Wave Filter）是利用某些晶体的压电效应和表面波传播的物理特性制成的一种新型电—声换能器件。压电效应是指，当晶体受到应力作用时，在它的某些特定表面上将出现电荷，而且应力大小与电荷密度之间存在着线性关系，这是正压电效应；当晶体受到电场作用时，在它的某些特定方向上将出现应力变化，而且电场强度与应力变化之间存在着线性关系，这是逆压电效应。自 20 世纪 60 年代中期问世以来，声表面波滤波器的发展非常迅速。它不仅不需要调整，而且具有良好的幅频特性和相频特性，其矩形系数接近 1。

声表面波滤波器结构示意图如图 2–26 所示。它以铌酸锂、锆钛酸铅或石英等压电材料为

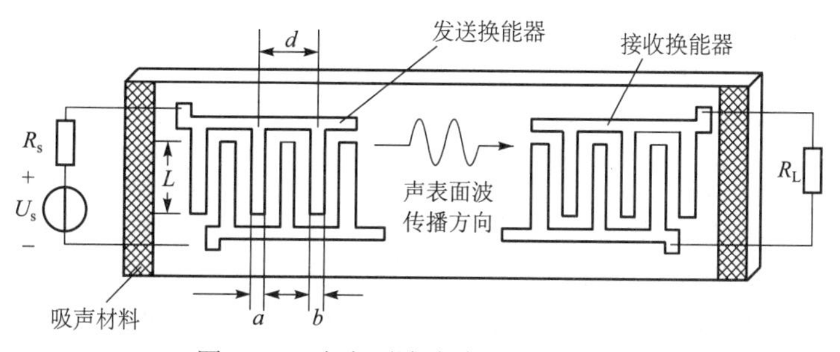

图 2–26　声表面波滤波器结构示意图

基片，在经过研磨抛光的极薄的压电材料基片上，用蒸发、光刻、腐蚀等工艺制成两组叉指状电极，其中与信号源连接的一组称为发送叉指换能器，与负载连接的一组称为接收叉指换能器。当把输入电信号加到发送换能器上时，叉指间便会产生交变电场。

由于逆压电效应的作用，基体材料将产生弹性变形，从而产生声波振动。向基片内部传送的体波会很快衰减，而表面波则向垂直于电极的左、右两个方向传播。向左传送的声表面波被涂于基片左端的吸声材料所吸收，向右传送的声表面波由接收换能器接收，由于正压电效应，在叉指对间产生电信号，并由此端输出。当输入信号的频率 f 等于换能器的频率 f_0 时，各节所激发的表面波同相叠加，振幅最大。其频率特性曲线如图 2–27 所示。

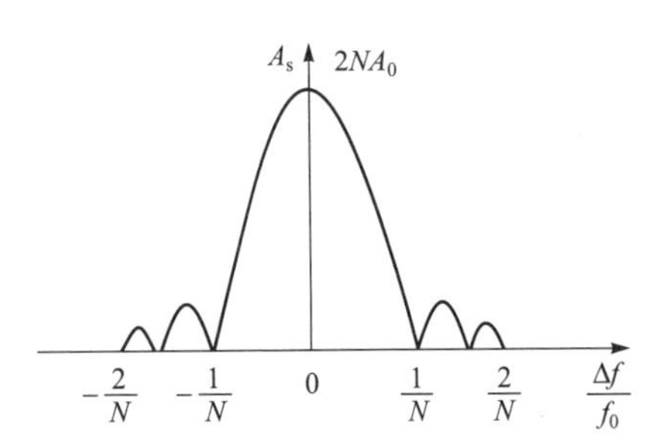

图 2–27　叉指换能器声振幅—频率特性曲线

声表面波滤波器的滤波特性，如中心频率、频带宽度、频响特性等一般由叉指换能器的几何形状和尺寸决定。这些几何尺寸包括叉指对数、指条宽度 a、指条间隔 b、指条有效长度 B 和周期长度 M 等。只要合理设计叉指电极，就能获得预期的频率特性。

目前声表面波滤波器的中心频率可在 10 MHz～1 GHz 之间，相对带宽为 5%～50%，插入损耗最低仅几个分贝，矩形系数可达 1.2。

为了保证对信号的选择性要求，声表面波滤波器在接入实际电路时必须实现良好的匹配。

图 2–28 所示为一接有声表面波滤波器的预中放电路，滤波器输出端与一宽带放大器相接。来自混频器的中频信号经预中放放大后输入声表面波滤波器，经滤波后从 SAWF 的输出端平衡输出，通过匹配电路加至集成宽带中频放大器的输入端，实现滤波器输入端和输出端各自对外有良好的阻抗匹配。

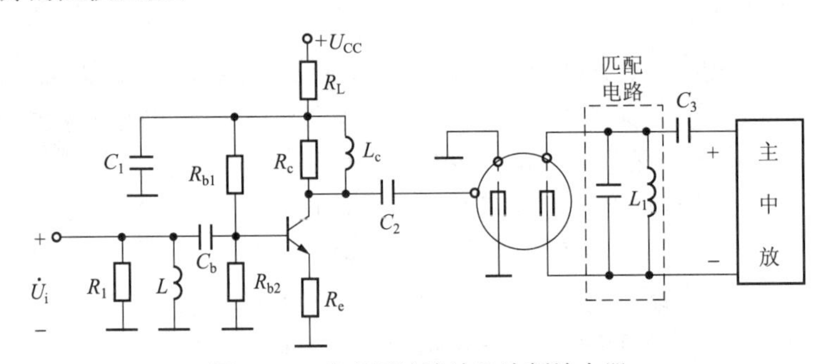

图 2–28　声表面波滤波器选频放大器

2.4　放大器的噪声

无线电通信电子线路处理的信号多数是微弱的小信号，因而很容易受到内部和外界一些不需要的电压、电流及电磁骚动的影响，这些影响称为干扰（或噪声），当干扰（或噪声）的大小可以与有用信号相比较时，有用信号将被它们所“淹没”。为此，研究干扰问题是电子技术的一个重要课题。

一般来讲，除了有用信号之外的任何电压或电流都叫干扰（或噪声），但习惯上把外部来的称为干扰，内部固有的称为噪声。本书只介绍内部噪声。内部噪声源（电噪声）主要有电阻热噪声、晶体管噪声和场效应管噪声三种。

2.4.1　电噪声

1. 电阻热噪声

电阻热噪声是由于电阻内部自由电子的热运动产生的。在运动中自由电子经常相互碰撞，因而其运动速度的大小和方向都是不规则的。温度越高运动越剧烈。只有当温度下降到绝对零度时，运动才会停止。自由电子这种热运动在导体内形成非常微弱的电流，这种电流呈杂乱起伏的状态，称为起伏噪声电流。起伏噪声电流流过电阻本身就会在其两端产生起伏噪声电压。电阻热噪声电压波形如图 2–29 所示。

图 2–29　电阻热噪声电压波形

由于起伏噪声电压的变化是不规则的，其瞬时振幅和瞬时相位是随机的，所以无法计算其瞬时值。起伏噪声电压的平均值为零，噪声电压正是不规则地偏离此平均值而起伏变化。但是，起伏噪声的均方值是确定的，可以用功率计测量出来。实验发现，在整个无线电频段内，当温度一定时单位电阻上所消耗的平均功率在单位频带内几乎是一个常数，即其功率频谱密度是一个常数。对照白光内包含了所有可见光波长这一现象，人们把这种在整个无线电频段内具有均匀频谱的起伏噪声称为白噪声。

在单位频带内，电阻所产生的热噪声电压的均方值为

$$S(f)=4kTR(\mathrm{V^2/Hz}) \tag{2–51}$$

式中，$S(f)$ 称为噪声功率谱密度；k 为玻耳兹曼常数，为 1.38×10^{-23} J/K；T 为热力学温度，K。绝对温度 T（K）与摄氏温度 T（℃）间的关系为

$$T(\mathrm{K})=T(℃)+273$$

电阻热噪声频谱很宽，但只有位于放大器通频带 Δf 内那一部分噪声功率才能通过放大器得到放大。能通过放大器的电阻热噪声电压的均方值为

$$\overline{U_n^2}=4kTR\Delta f_n \tag{2–52}$$

式中，Δf_n 为等效噪声带宽。

因此，噪声电压的有效值（噪声电压）为

$$U=\sqrt{\overline{U_n^2}}=\sqrt{4kTR\Delta f_n} \tag{2–53}$$

噪声电流的均方值为

$$I_n^2=4kTG\Delta f \tag{2–54}$$

所以，一个实际电阻可以分别用噪声电流源和噪声电压源表示，如图 2–30 所示。

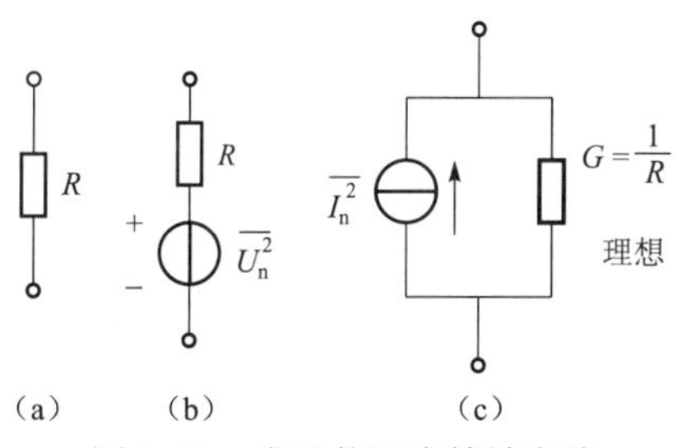

图 2–30　电阻热噪声等效电路
（a）实际电阻；（b）噪声电压源；（c）噪声电流源

理想电抗元件是不会产生噪声的，但实际电抗元件是有损耗电阻的，这些损耗电阻会产生噪声。对于实际电感的损耗电阻一般不能忽略，而对于实际电容的损耗电阻一般可以忽略。

2. 晶体管噪声

晶体管的噪声一般比电阻热噪声大，它有以下四种形式。

1）热噪声

和电阻相同，在晶体管中电子不规则的热运动同样会产生热噪声。其中基极电阻 $r_{\rm bb'}$ 所引起的热噪声最大，发射极和集电极电阻的热噪声一般很小，可以忽略。所以 $r_{\rm bb'}$ 产生的热噪声电压均方值为

$$\overline{U_{\rm bb'n}^2} = 4kTr_{\rm bb'}\Delta f_{\rm n} \tag{2-55}$$

2）散粒噪声

散粒噪声是晶体管的主要噪声源。散粒噪声是沿用电子管噪声中的词。在二极管和三极管中都存在散粒噪声。

晶体三极管是由两个 PN 结构成的，当晶体管处于放大状态时，发射结为正向偏置，发射结所产生的散粒噪声较大；集电结为反向偏置，集电结所产生的散粒噪声可忽略不计。发射结散粒噪声电流均方值为

$$\overline{I_{\rm m}^2} = 2qI_{\rm E}\Delta f_{\rm n} \tag{2-56}$$

式中，q 为电子电荷（1.6×10^{-19} C）；$I_{\rm E}$ 为发射极直流电流。

3）分配噪声

晶体管发射区注入基区的多数载流子，大部分到达集电极，成为集电极电流，而小部分在基区内被复合，形成基极电流。这两部分电流的分配比例是随机的，因而造成通过集电结的电流在静态值上下起伏变化，引起噪声，把这种噪声称为分配噪声。晶体管集电极电流分配噪声电流均值为

$$\overline{I_{\rm cn}^2} = 2qI_{\rm E}\Delta f\left(1-\frac{|a|^2}{a_0}\right) \tag{2-57}$$

式中，a 为共基极状态的电流放大系数；a_0 为相应于零频率的 a 值。

4）闪烁噪声

闪烁噪声又称为低频噪声。一般认为，这种噪声是由于晶体管清洁处理不好或有缺陷造成的。其特点是频谱集中在低频（约 1 kHz 以下），在高频工作时通常可不考虑它的影响。

3. 场效应管噪声

场效应管的噪声主要包括：场效应管沟道电阻产生的热噪声；栅极漏电流产生的散粒噪声；表面处理不当引起的闪烁噪声。一般说来，场效应管的噪声比晶体管的噪声低。

综合以上讨论，可画出晶体管共基接法噪声等效电路，如图 2–31 所示。图中没有计入闪烁噪声，其中，$I_{\rm en}^2$、$I_{\rm cn}^2$ 和 $U_{\rm bb'n}^2$ 分别代表散粒噪声、分配噪声和基区体电阻产生的热噪声。

2.4.2 噪声系数

1. 噪声系数的定义

要描述放大系统的固有噪声的大小，就要用噪声系数，噪声系数定义为

$$N_{\rm F}=\frac{输入端信噪比}{输出端信噪比}$$

研究放大系统噪声系数的等效图如图 2–32 所示。其中，$U_{\rm s}$ 为信号源电压；$R_{\rm s}$ 为信号源内阻；$G_{\rm p}$ 为放大器的功率增益；$P_{\rm na}$ 为放大器本身噪声功率；$P_{\rm no}$ 为放大器输出端的总噪声功率；$\overline{U_{\rm n}^2}$ 为热噪声等效电压均方值；$R_{\rm L}$ 为负载。

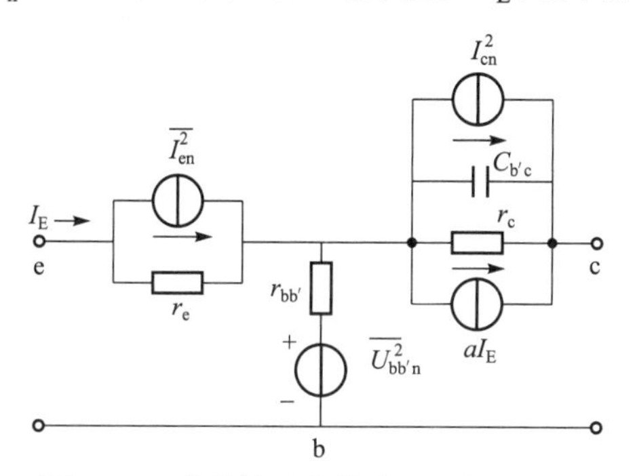

图 2–31　晶体管共基接法噪声等效电路

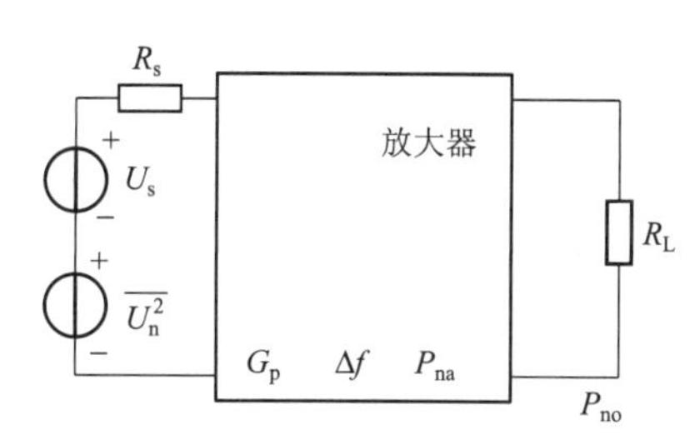

图 2–32　描述放大器噪声系数的等效图

输出信噪比要比输入信噪比低。$N_{\rm F}$ 反映出放大系统内部噪声的大小。噪声系数可由式（2–58）表示，即

$$N_{\rm F}=\frac{\left(\dfrac{S}{N}\right)_{\rm i}}{\left(\dfrac{S}{N}\right)_{\rm o}}=\frac{\dfrac{P_{\rm i}}{P_{\rm ni}}}{\dfrac{P_{\rm o}}{P_{\rm no}}} \tag{2–58}$$

或

$$(N_{\rm F})_{\rm dB}=10\lg\left(\frac{\dfrac{P_{\rm i}}{P_{\rm ni}}}{\dfrac{P_{\rm o}}{P_{\rm no}}}\right)$$

噪声系数通常只适用于线性放大器，因为非线性电路会产生信号和噪声的频率变换，噪声系数不能反映系统的附加噪声性能。由于线性放大器的功率增益为

$$G_P=\frac{P_{\rm o}}{P_{\rm i}}$$

所以式（2–58）可写成

$$N_{\rm F}=\frac{\dfrac{P_{\rm i}}{P_{\rm ni}}}{\dfrac{P_{\rm o}}{P_{\rm no}}}=\frac{P_{\rm i}}{P_{\rm o}}\frac{P_{\rm no}}{P_{\rm ni}}=\frac{P_{\rm no}}{G_P P_{\rm ni}} \tag{2–59}$$

式中，$G_P P_{\rm ni}$ 为信号源内阻 $R_{\rm s}$ 产生的噪声经放大器放大后，在输出端产生的噪声功率；而放大器输出端的总噪声功率 $P_{\rm no}$ 应等于 $G_P P_{\rm ni}$ 和放大器本身噪声在输出端产生的噪声功率 $P_{\rm nao}$ 之和，即

$$P_{no}=P_{nao}+G_P P_{ni} \tag{2-60}$$

将式（2–60）代入式（2–59），则得

$$N_F=1+\frac{P_{nao}}{G_P+P_{ni}} \tag{2-61}$$

2. 信噪比与负载的关系

设信号源内阻为 R_s，信号源的电压为 U_s（有效值），当它与负载电阻 R_L 相接时，在负载电阻 R_L 上的信噪比计算如下。

信号源在 R_L 上的功率为

$$P_o=\left(\frac{U_s}{R_s+R_L}\right)^2 R_L$$

信号源内阻噪声在 R_L 上的功率为

$$P_{no}=\left[\frac{\overline{U_n^2}}{(R_s+R_L)^2}\right]R_L$$

在负载两端的信噪比为

$$\left(\frac{S}{N}\right)_o=\frac{P_o}{P_{no}}=\frac{U_s^2}{\overline{U_n^2}}$$

结论：信号源与任何负载相接并不影响其输入端信噪比，即无论负载为何值，其信噪比都不变，其值为负载开路时的信号电压平方与噪声电压均方值之比。

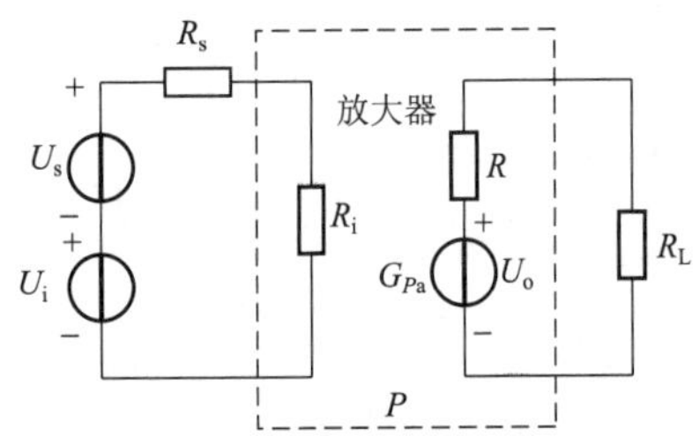

图 2–33　放大器输入信号源电路

3. 用额定功率和额定功率增益表示的噪声系数

放大器输入信号源电路如图 2–33 所示。

放大器的噪声系数 N_F 为

$$N_F=\frac{\text{输入端额定功率信噪比}}{\text{输出端额定功率信噪比}}=\frac{\dfrac{P_{ai}}{P_{ani}}}{\dfrac{P_{ao}}{P_{ano}}}=\frac{\dfrac{P_{ano}}{P_a}}{P_{ani}}$$

式中，P_{ai} 和 P_{ao} 分别为放大器的输入和输出额定信号功率；P_{ani} 和 P_{ano} 分别为放大器的输入和输出额定噪声功率。信号源输入额定噪声功率为

$$P_{ano1}=N_{F1}G_{Pa1}kT\Delta f \tag{2-62}$$

式中，G_{Pa1} 为放大器的额定功率增益。

4. 多级放大器噪声系数的计算

已知各级的噪声系数和各级功率增益，求多级放大器的总噪声系数，如图 2–34 所示。

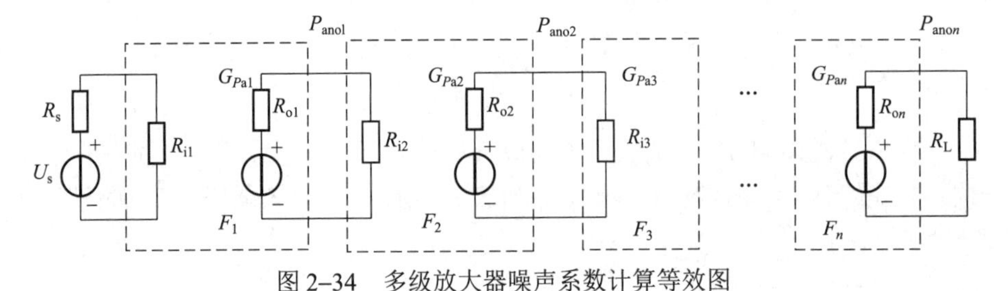

图 2–34　多级放大器噪声系数计算等效图

由噪声系数定义可得

$$P_{\text{ano1}} = N_{\text{F1}} G_{Pa1} kT\Delta f$$

在第二级输出端，由第一级和第二级产生的总噪声为

$$\begin{aligned} P_{\text{ano2}} &= G_{Pa2} P_{\text{ano1}} + G_{Pa2} kT\Delta f N_{\text{F2}} - kT\Delta f G_{Pa2} \\ &= G_{Pa2} G_{Pa1} N_{\text{F1}} kT\Delta f + (N_{\text{F2}} - 1) G_{Pa2} kT\Delta f \end{aligned}$$

由于由 R_{o1} 产生的噪声已在 P_{ano1} 中考虑，故这里应减掉，所以第一、二两级的噪声系数为

$$\begin{aligned} N_{\text{F1\sim2}} &= \frac{G_{Pa1} G_{Pa2} kT\Delta f N_{\text{F1}}}{G_{Pa1} G_{Pa2} kT\Delta f} + \frac{(N_{\text{F2}} - 1) G_{Pa2} kT\Delta f}{G_{Pa1} G_{Pa2} kT\Delta f} \\ &= N_{\text{F1}} + \frac{N_{\text{F2}} - 1}{G_{Pa1}} \approx N_{\text{F1}} + \frac{N_{\text{F2}}}{G_{Pa1}} \end{aligned}$$

5. 等效噪声温度

在某些低噪声系统中，往往采用等效输入噪声 T_{e} 来表示它的噪声性能。

设放大器的噪声系数为 N_{F}，噪声源的温度为 T_0，则折算到放大器输入端的噪声功率为 $EkT_0\Delta f$，相当于新的温度为 $N_{\text{F}}T_0$，则它的温升为

$$T_{\text{e}} = N_{\text{F}} T_0 - T_0 = (N_{\text{F}} - 1) T_0 \tag{2-63}$$

可得

$$N_{\text{F}} = 1 + \frac{T_{\text{e}}}{T_0} \tag{2-64}$$

T_{e} 只代表放大器本身的热噪声温度，与噪声功率大小无关。由上式可知：多级放大器的等效噪声温度为

$$T_{\text{e}} = T_{\text{e1}} + \frac{T_{\text{e2}}}{G_{Pa1}} + \frac{T_{\text{e3}}}{G_{Pa1} G_{Pa2}} + \cdots + \frac{T_{\text{e}n}}{G_{Pa1} G_{Pa2} \cdots G_{Pan}} \tag{2-65}$$

6. 晶体管放大器的噪声系数

根据图 2–35 所示的共基极放大器噪声等效电路，可求出各噪声源在放大器输出端所产生的噪声电压均方值总和，然后根据噪声系数的定义，可得到放大器的噪声系数的计算公式为

$$N_{\text{F}} = 1 + \frac{r_{\text{bb}'}}{R_{\text{s}}} + \frac{r_{\text{e}}}{2R_{\text{s}}} + \frac{(R_{\text{s}} + r_{\text{bb}'} + r_{\text{e}})^2}{2a_0 R_{\text{s}} r_{\text{e}}} \left(\frac{I_{\text{CO}}}{I_{\text{e}}} + \frac{1}{\beta_0} + \frac{f^2}{f_0^2} \right) \tag{2-66}$$

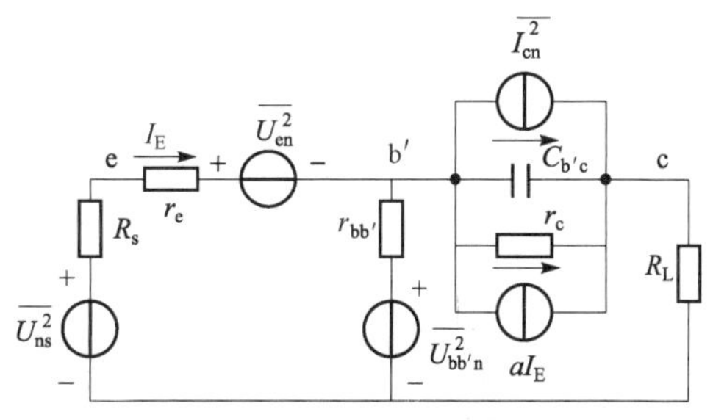

图 2–35　共基极放大器噪声等效电路

式中，I_{CO} 为集电极的反向饱和电流；

其他符号的意义同前。

2.4.3　降低噪声系数的措施

通过以上分析，对电路产生噪声的原因以及影响噪声系数大小的主要原因有了基本了解。现对降低噪声系数的有关措施归纳如下。

（1）选用低噪声元器件。

（2）选择合适的直流工作点。

（3）选择合适的信号源内阻。

（4）选择合适的工作带宽。

2.5 技能训练 2：接收与小信号调谐放大实训

1. 实训目的

（1）了解谐振回路的幅频特性分析——通频带与选择性。

（2）了解信号源内阻及负载对谐振回路的影响，并掌握频带的展宽方法。

（3）掌握放大器的动态范围及其测试方法。

（4）通过实训操作培养学生一丝不苟的工匠精神，实训数据分析及实训报告撰写培养学生严谨求实的科学精神，实训任务分工合作培养学生的团结协作能力。

2. 实训预习要求

实训前预习本章有关内容。

3. 实训说明

1）小信号调谐放大器的工作过程

高频小信号放大器电路是构成无线电设备的主要电路，它的作用是放大信道中的高频小信号。为使放大信号不失真，放大器必须工作在线性范围内，如无线电接收机中的高放电路就是典型的高频窄带小信号放大电路。窄带放大电路中，被放大信号的频带宽度小于或远小于它的中心频率。如在调幅接收机的中放电路中，带宽为 9 kHz，中心频率为 465 kHz，相对带宽 $\Delta f/f_0$ 为百分之几。因此，高频小信号放大电路的基本类型是选频放大电路，选频放大电路以选频器作为线性放大器的负载，或作为放大器与负载之间的匹配器。它主要由放大器与选频回路两部分构成。用于放大的有源器件可以是半导体三极管，也可以是场效应管、电子管或者是集成运算放大器。用于调谐的选频器件可以是 *LC* 谐振回路，也可以是晶体滤波器、陶瓷滤波器、*LC* 集中滤波器和声表面波滤波器等。本实训用三极管作为放大器件，*LC* 谐振回路作为选频器。在分析时，主要用以下参数衡量电路的技术指标，即中心频率、增益、噪声系数、灵敏度、通频带与选择性。

单调谐放大电路一般采用 *LC* 回路作为选频器的放大电路，它只有一个 *LC* 回路，调谐在一个频率上，并通过变压器耦合输出，图 2–36 所示为该电路原理图。

为了改善调谐电路的频率特性，通常采用双调谐放大电路，其电路如图 2–37 所示。双调谐放大电路是由两个彼此耦合的单调谐放大回路所组成。它们的谐振频率应调在同一个中心频率上。两种常见的耦合回路是：① 两个单调谐回路通过互感 *M* 耦合，如图 2–37（a）所示，称为互感耦合双调谐回路；② 两个单调谐回路通过电容耦合，如图 2–37（b）所示，称为电容耦合双调谐回路。

若改变互感系数 *M* 或者耦合电容 *C*，就可以改变两个单调谐回路之间的耦合程度。通常用耦合系数 *k* 来表征其耦合程度，即

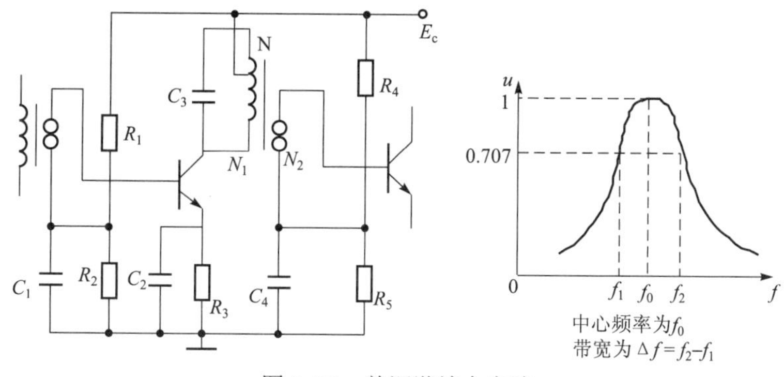

图 2–36　单调谐放大电路

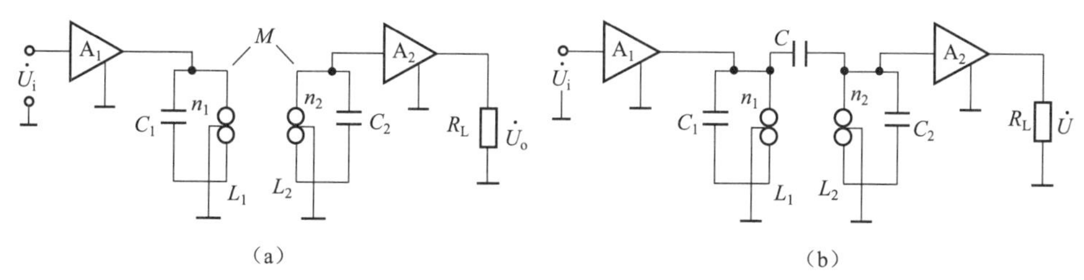

图 2–37　双调谐放大电路

（a）互感耦合；（b）电容耦合

$$k=\frac{M}{\sqrt{L_1L_2}}$$

电容耦合双调谐回路的耦合系数为

$$k=\frac{C}{\sqrt{(C_1'+C)(C_2'+C)}}$$

式中，C_1' 与 C_2' 是等效到初、次级回路的全部电容之和。双调谐电路的幅频特性曲线如图 2–38 所示。

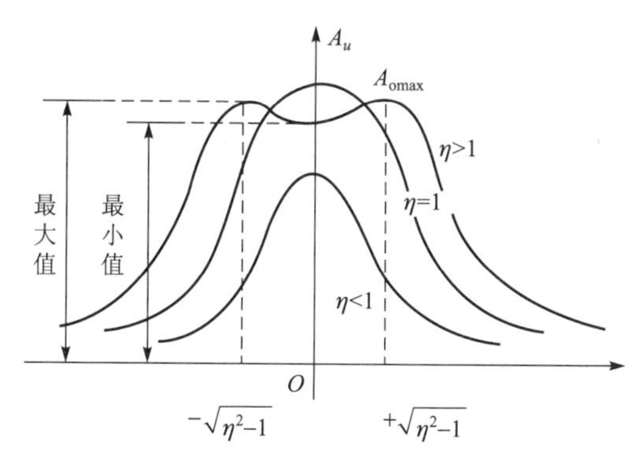

图 2–38　双调谐电路的幅频特性曲线

2）实际电路分析

实际电路如图 2–39 所示，图中，由 BG_{601} 等元器件组成单调谐放大器，由 BG_{602} 等元器件组成双调谐放大器，它们的天线输入端（J_{601} 和 J_{603}）接收 10 MHz 调制波信号，至放大管之间的 LC 元件组成天线输入匹配回路。切换开关 K_{601} 用于改变射极电阻，以改变 BG_{601} 的

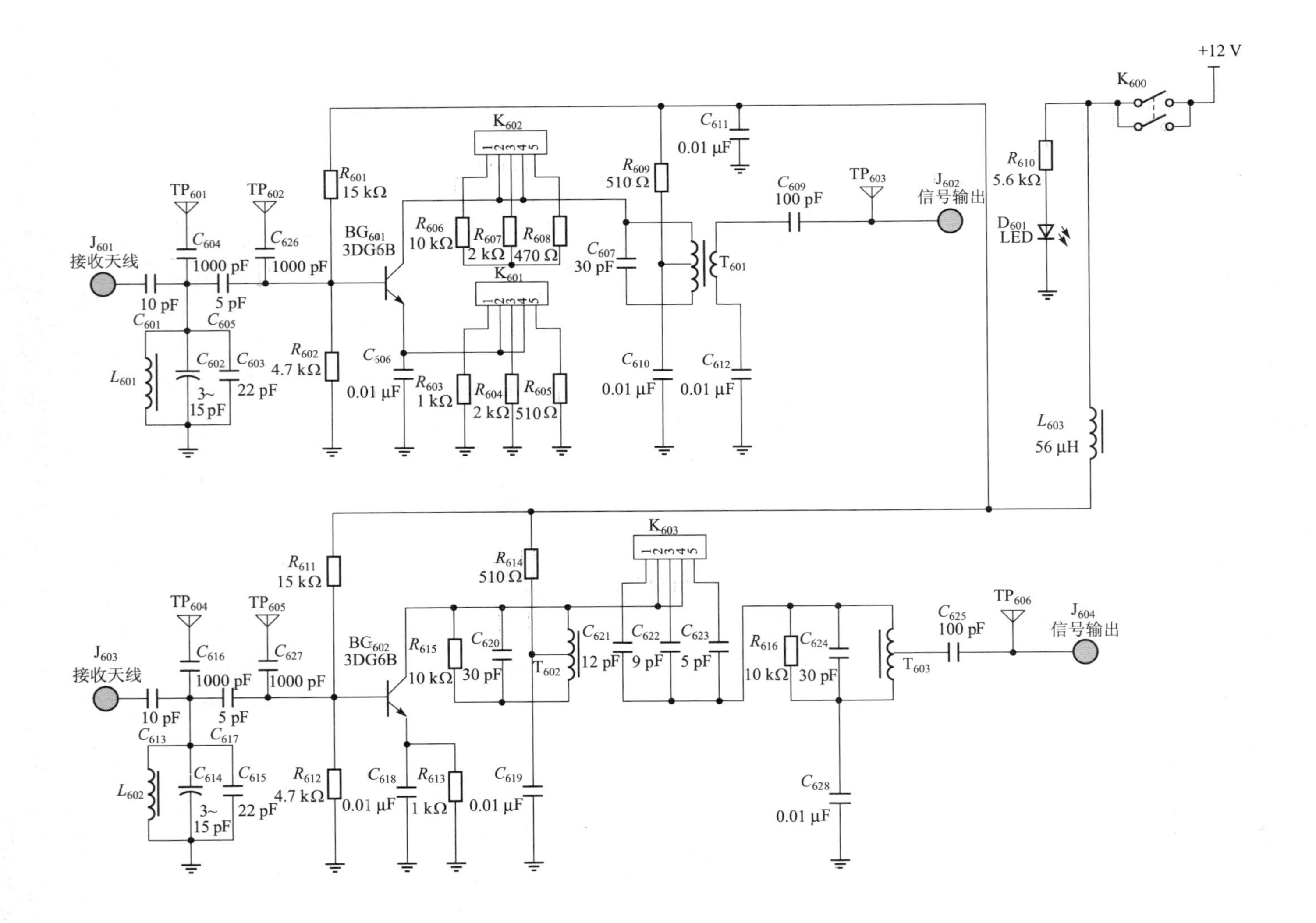

图2-39 接收与小信号调谐放大实训电路原理图

直流工作点。切换开关 K_{602} 用于改变 LC 振荡回路的阻尼电阻，以改变 LC 回路的 Q 值。切换开关 K_{603} 可改变双调谐回路的耦合电容，以观测 $\eta<1$、$\eta=1$、$\eta>1$ 三种状态下的双调谐回路幅频特性曲线。

4. 实训仪器与设备

（1）TKGPZ-1 型高频电子线路综合实训箱。

（2）扫频仪。

（3）双踪示波器。

5. 实训内容与步骤

首先在实训箱上找到本次实训所用到的单元电路，然后接通实训箱电源，并按下+12 V、+5 V、−12 V 总电源开关 K_1、K_2、K_3 以及本实训单元电源开关 K_{600}。

（1）输入回路的调节。将扫频仪的输出探头接在 J_{601} 或 J_{603} 上，检波探头接在 TP_{602} 或 TP_{605} 上，调节 L_{601} 或 L_{602}、C_{602} 或 C_{614}，使输入回路谐振在 10 MHz 频率处。测量输入回路谐振曲线，并记录在表 2–2 中。

（2）单调谐放大器增益和带宽的测试。将扫频仪的输出探头接到电路的输入端 TP_{602}，扫频仪的检波探头接到电路的输出端 TP_{603}，然后在放大器的射极和调谐回路中分别接入不同阻值的电阻，并通过调节调谐回路的磁芯 T_{601}，使波形的顶峰出现在频率 10 MHz 处，分别测量单调谐放大器的增值与带宽，并记录在表 2–2 中。

（3）双调谐放大电路的测试。将扫频仪的输出探头接到电路的输入端 TP_{605}，扫频仪的检波探头接到电路的输出端 TP_{606}。

① 改变双调谐回路的耦合电容，并通过调节初、次级谐振回路的磁芯，使出现的双峰波形的峰值等高。测量放大器的增益与带宽，并记录在表 2–2 中。

② 不同信号频率下的耦合程度测试。在电路的输入端 J_{603} 输入测量模块的高频载波信号（0.4 V_{P-P}，其频率分别为 9.5 MHz、10 MHz、10.5 MHz），用示波器在电路的输出端（TP_{606}）分别测试三种耦合状态下的输出幅度（V_{P-P}）。

表 2–2　数据记录表

条件	9.5 MHz	10 MHz	10.5 MHz
K_{603}1–2 紧耦合			
K_{603}2–3 适中耦合			
K_{603}4–5 松耦合			

以上测试用的高频载波也可取自“变容二极管调频器与相位鉴频器应用实训”所产生的载波信号，其频偏可用电位器 R_{W401} 进行调节。

6. 实训注意事项

在调节谐振回路的磁芯时，要用小型无感性的起子，缓慢进行调节，用力不可过大，以免损坏磁芯。

7. 预习思考题

（1）试分析单调谐放大回路的发射极电阻 R_e 和谐振回路的阻尼电阻 R_L 对放大器的增益、

带宽和中心频率各有何影响？

（2）为什么发射极电阻 R_e 对增益、带宽和中心频率的影响不及阻尼电阻 R_L 大？

（3）在电容耦合双调谐回路中，为什么耦合电容大的（紧耦合）会出现双峰，耦合电容小的（松耦合）会出现单峰？

8. 实训报告

（1）根据实训结果，绘制单调谐放大电路在不同参数下的频响曲线，求出相应的增益和带宽，并作分析。

（2）根据实训结果，绘制双调谐放大电路在不同参数下的频响曲线，求出相应的增益和带宽，并作分析。

本章小结

（1）LC 谐振回路具有选频作用。回路谐振时，回路阻抗为纯电阻，可获得最大电压输出；当回路失谐时，输出电压迅速减小。回路的品质因数越高，回路谐振曲线就越尖锐，选择性也就越好。

（2）小信号谐振放大器由放大器件和 LC 谐振回路组成，具有选频放大作用，工作在甲类。主要技术指标有谐振增益、通频带、选择性。通频带和选择性是互相制约的，用以综合说明通频带和选择性的参数是矩形系数，它越接近 1 越好。

（3）单调谐放大器的性能与谐振回路的特性有密切关系。回路的品质因数越高，放大器的谐振增益就越大，选择性就越好，但通频带会变窄。在满足通频带的前提下，应尽量增大回路品质因数。

（4）单管单调谐放大电路是谐振放大器的基本电路。为了增大回路的有载 Q 值，提高电压增益，减少对回路谐振频率特性的影响，信号源和负载会使回路的有载品质因数下降，选择性变坏，同时使回路谐振频率产生偏移。为了减小信号源和负载对回路的影响，常采用变压器、电感分压器、电容分压器等阻抗变换电路。

（5）由于晶体管结电容的内反馈和电路中的寄生反馈，加之回路阻抗特性随频率的剧烈变化，易使谐振放大器工作不稳定，因此应采用措施保证放大器工作的稳定性，如不单纯追求最大放大量、采用共射–共基组合电路等。

（6）集中选频放大器由集中滤波器和集成宽带放大器组成，它具有接近理想矩形的幅频特性，其性能指标优于分立组件组成的多级谐振放大器且调试简单。

（7）电子系统的内部噪声对信号的接收和处理会产生严重的干扰作用。内部噪声主要有电阻热噪声、晶体管噪声和场效应管噪声三种。噪声系数是衡量放大器以及所有线性四端网络噪声性能好坏的一个重要指标。在多级放大器中，各级噪声系数对总噪声系数的影响是不同的。降低前级放大器（尤其是第一级）的噪声系数，提高前级放大器（尤其是第一级）的额定功率增益是减小多级放大器总噪声系数的重要措施。

思考与练习题

2.1　已知 LC 串联谐振回路的 f_0=2.5 MHz，C=100 pF，L 的内部电阻 r=5 Ω，试求 L

和 Q_0。

2.2　已知 LC 并联谐振回路在 f=30 MHz 时测得电感 L=1 μH，Q_0=100。求谐振频率 f_0=30 MHz 时的 C 和并联谐振电阻 R_p。

2.3　已知 LCR 并联谐振回路，谐振频率 f_0 为 10 MHz。在 f=10 MHz 时，测得电感 L=3 μH，Q_0=100，并联电阻 R_L=10 kΩ。试求回路谐振时的电容 C、谐振电阻 R_p 和回路的有载品质因数。

2.4　对于收音机的中频放大器，其中心频率为 f_0=465 kHz，$BW_{0.707}$=8 kHz，回路电容 C=200 pF。试计算回路电感和 Q_L 值。若电感线圈的 Q_0=100，问在回路上应并联多大的电阻才能满足要求？

2.5　电路如图 2–40 所示，参数如下：f_0=30 MHz，C=20 pF，L_{13} 的 Q_0=60，N_{12}=6，N_{23}=4，N_{45}=3。R_1=10 kΩ，R_g=2.5 kΩ，R_L=830 Ω，C_g=9 pF，C_L=12 pF。求 L_{13}、Q_L。

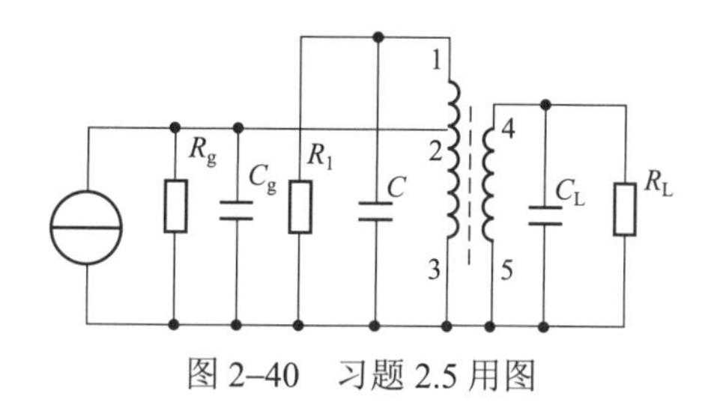

图 2–40　习题 2.5 用图

2.6　LC 并联谐振回路如图 2–41 所示，已知 C=300 pF，L=56 μH，Q=100，信号源内阻 R_s=50 kΩ，R_L=80 kΩ。求该回路的谐振频率、有载品质因数、有载谐振电阻及通频带。

2.7　并联回路如图 2–42 所示，试求并联回路 2–3 两端的谐振电阻 R'_p。已知：L_1=100 μH，L_2=20 μH，M=5 μH，等效损耗电阻 r=10 Ω，C=200 pF。

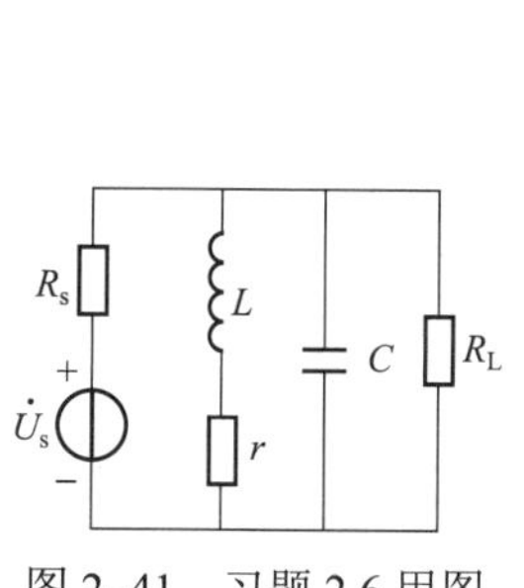

图 2–41　习题 2.6 用图

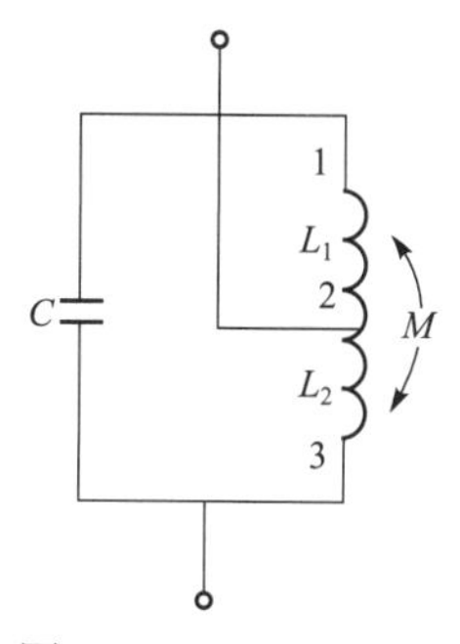

图 2–42　习题 2.7 用图

2.8　并联谐振回路如图 2–43 所示，已知 f_0=5 MHz，Q=80，R_s=10 kΩ，R_L=1 kΩ，C=40 pF，$n_1=\dfrac{N_{13}}{N_{23}}=1.5$，$n_2=\dfrac{N_{13}}{N_{45}}=5$。试求谐振回路有载谐振电阻 R_e、有载品质因数 Q_e 及回路通频带 $BW_{0.7}$。

2.9　小信号谐振放大器如图 2–44 所示，已知三极管的 I_{EQ}=1.5 mA，$r_{bb'}$=0，C=80 pF，L=56 μH，G_{oe}=50 μS，C_{oe}=5 pF，R_P=50 kΩ，R_L=20 kΩ。试：（1）画出电路的交流通路和小

信号等效电路；（2）求放大器的工作频率 f_0 及谐振电压增益 A_{uo}；当 R_L 增大时，说明放大器的 A_{uo}、BW 和选择性的变化。

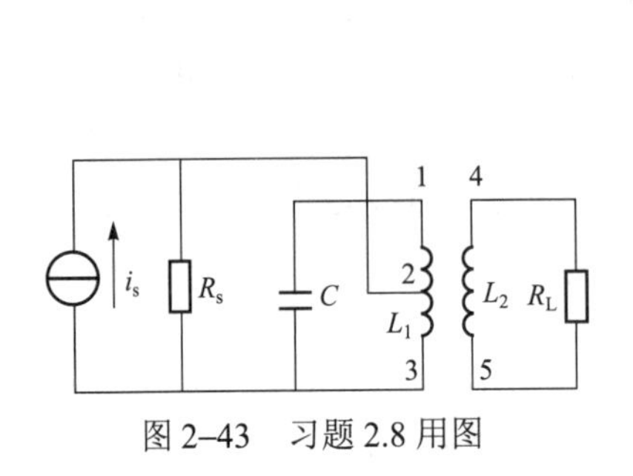

图 2–43　习题 2.8 用图

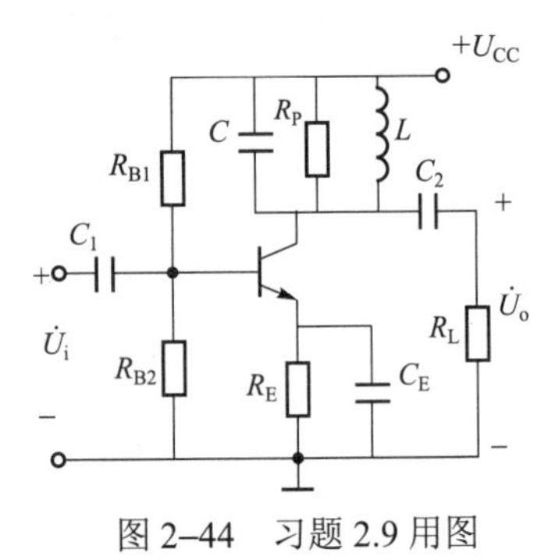

图 2–44　习题 2.9 用图

2.10　单调谐放大器如图 2–45 所示，已知放大器的中心频率 $f_0 = 10.7\ \mathrm{MHz}$，回路线圈电感 $L_{13} = 4\ \mu\mathrm{H}$，$Q = 100$，线圈匝数比 $n_1 = N_{13} / N_{12} = 2.5$，$n_2 = N_{13} / N_{45} = 6$，$G_L = 2\ \mathrm{mS}$，晶体管的参数为：$G_{oe} = 120\ \mu\mathrm{S}$、$C_{oe} = 5\ \mathrm{pF}$、$g_m = 40\ \mathrm{mS}$、$r_{bb'} \approx 0$。（1）试画出放大器电路的交流通路及小信号等效电路；（2）求该放大器的谐振电压增益、通频带及回路外接电容 C。

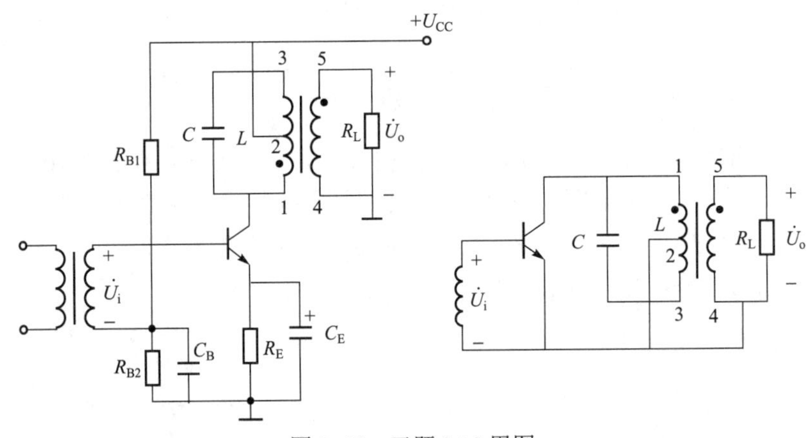

图 2–45　习题 2.10 用图

2.11　电阻热噪声的大小如何描述？噪声电压均方值与功率谱密度是什么关系？

2.12　有两台精度相同的测量仪器，测同一个电阻的热噪声电压，测量结果却不相同，分别为 5 μV 和 10 μV，这是为什么？

2.13　何谓额定功率、额定功率增益？它们与实际输出功率、实际功率增益有何差别？

2.14　某两级放大器，每级放大器的噪声温度分别为 T_1、T_2，求两级放大器的总噪声系数。

2.15　某接收机的噪声系数为 5 dB，带宽为 8 MHz，输入电阻为 75 Ω，若要求输出信噪比为 10 dB，则接收机灵敏度为多少？最小可检测信号电压为多少？

2.16　已知接收机带宽为 3 kHz，输入阻抗为 50 Ω，噪声系数为 10 dB。若用一根长 10 m、衰减量为 0.086 dB/m 的 50 Ω同轴电缆将接收机与天线相连接，试求常温工作时系统的总噪声系数。

2.17　图 2–46 所示为一个有高频放大器的接收机方框图，各级参数如图中所示。

（1）求接收机的总噪声系数。

（2）若无高放大器，求接收机的总噪声系数。

（3）比较有高放和无高放的接收机，对变频器噪声系数的要求有什么不同？

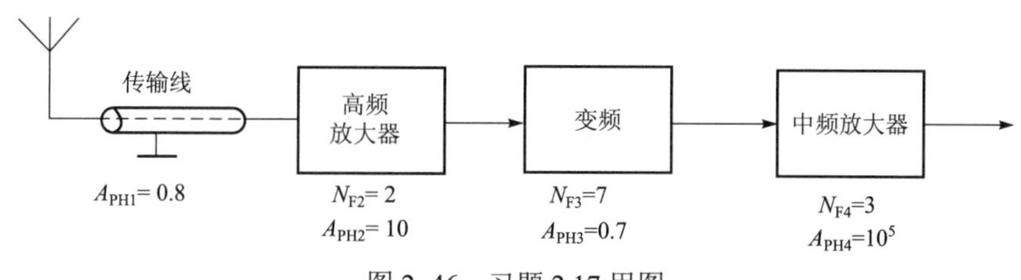

图 2–46　习题 2.17 用图

2.18　某接收机的前端电路由高频放大器、晶体管混频器和中频放大器组成。已知晶体管混频器的功率传输系数 A_{PH}=0.2，噪声温度 T_i=60 K，中频放大器的噪声系数 N_{FI}=6 dB。现用噪声系数为 3 dB 的高频放大器来降低接收机的总噪声系数。若要求总噪声系数为 10 dB，则高频放大器的功率增益至少要多少 dB？

2.19　有一放大器，功率增益为 60 dB，带宽为 1 MHz。

（1）问噪声系数 N_F=1、在室温 290 K 时，它的输出噪声电压均方值为多少？

（2）若 N_F=2，其值为多少？有什么意义？

第3章

高频功率放大器的应用

学习目标

（1）理解谐振功率放大器的一般分析方法。

（2）掌握典型的谐振功率放大器的工作特点、幅频特性以及增益计算。

（3）理解宽带高频功率放大电路的工作原理。

能力目标

（1）能够分析谐振功率放大器的工作过程及增益计算。

（2）能够分析宽带高频功率放大电路。

无论是广播通信，还是其他通信，发射机发射信号都需要有一定的功率。特别是传送信号的距离越远，需要的发送功率越大。在高频电路中，为使待发送的高频信号获得足够的功率，需要设置高频功率放大器。高频功率放大器有三个主要任务：

（1）输出足够的功率。

（2）具有高效率的功率转换。

（3）减小非线性失真。

高频功率放大器的功能是用小功率的高频输入信号去控制高频功率放大器，将直流电源供给的能量转换成大功率的高频能量输出。它是通信无线电发送设备的重要组成部分。其主要指标是高频输出功率、效率、功率增益、带宽、谐波抑制度等。

由于工作频率高，相对带宽很窄，电路一般采用 *LC* 谐振网络作为负载构成谐振功率放大器。为提高效率，谐振功率放大器常工作在丙类。由于谐振网络频率调节困难，因此电路主要用来放大固定频率或窄带信号，所以谐振功率放大器也称为窄带高频功率放大器。对于多频道通信系统和相对带宽较大的高频设备，可采用以传输线变压器作为负载的宽带高频功率放大器，它用非谐振多级甲类线性放大器或乙类推挽功率放大器，同时应用功率合成技术获得大功率输出。宽带高频功率放大器可在很宽的范围内变换工作频率而不必调谐。

为了不产生波形失真，就要采用甲类（前级）或乙类推挽（后级）工作状态。当高频功率放大器侧重于获得不失真放大性能时，输出功率不足的缺陷可通过功率合成的办法来补偿。对已调幅波进行功率放大时，通常选择本级高频功率放大器为乙类工作状态。这时，既可避免波形出现失真，又能输出一定的功率电平。

本章首先讨论谐振功率放大器的工作原理、特性分析及其电路结构；然后介绍传输线变压器及宽带功率放大器的工作原理。

3.1　谐振功率放大器

3.1.1　谐振功率放大器的工作原理

1. 电路组成

谐振功率放大器的原理电路如图 3–1 所示。该电路由高频大功率晶体管 V、LC 谐振回路和直流馈电电源组成。图中 U_{CC}、U_{BB} 分别为集电极和基极的直流电源电压。改变 U_{BB} 可以改变放大器的工作类型，该电路设置在丙类工作状态。R_L 为实际负载，通过变压器耦合到谐振回路。L、C 组成滤波匹配网络，构成并联谐振回路，调谐在输入信号频率上，作为晶体管集电极负载，滤除高频脉冲电流 i_C 中的谐波分量，同时实现阻抗匹配。

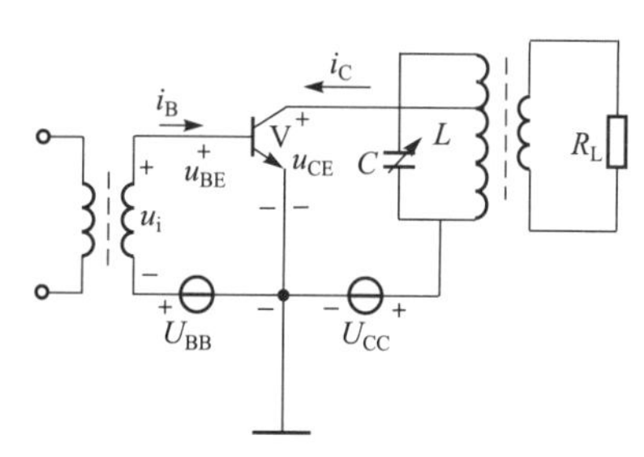

图 3–1　谐振功率放大器原理电路

2. 工作原理

谐振高频功率放大器的发射结在 U_{BB} 的作用下处于负偏压状态，当无输入信号电压时，晶体管处于截止状态，集电极电流 $i_c=0$。当输入信号为 $u_i=U_{bm}\cos\omega t$ 时，基极与发射极之间的电压 $u_{BE}=U_{BB}+U_{bm}\cos\omega t$，为分析电路的工作波形，先对晶体管的特性曲线进行折线化处理。处理后分析与计算大大简化，但误差也大，所以实际电路工作时需要调整。

1）特性曲线的折线化

对于高频谐振功率放大器进行精确计算是十分困难的，为了研究谐振功率放大器的输出功率、管耗、效率，并指出一个大概变化规律，可采用近似估算的方法，即对特性曲线进行折线化处理：① 忽略高频效应，晶体管按照低频特性分析；② 忽略基区宽变效应，输出特性水平、平行且等间隔（见图 3–2（a））；③ 忽略管子结电容和载流子基区渡跃时间；④ 忽略穿透电流，在截止区 $I_{CEO}=0$。

2）晶体管输出电流、电压波形

当基极输入一余弦高频信号 $u_i=U_{bm}\cos\omega t$ 时，基极与发射极之间的电压为

$$u_{BE}=U_{BB}+u_i=U_{BB}+U_{bm}\cos\omega t \tag{3–1}$$

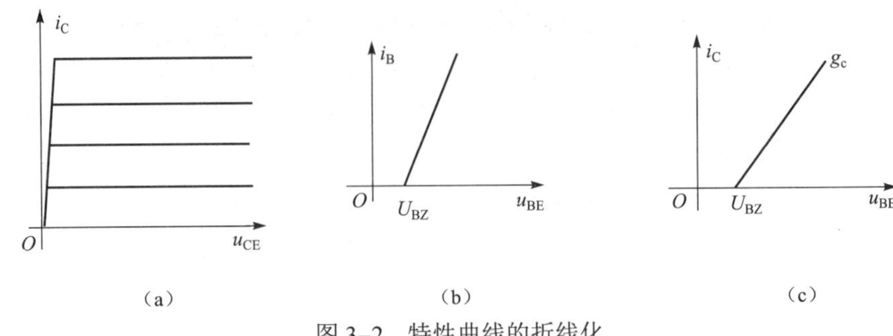

图 3–2　特性曲线的折线化

（a）输出特性；（b）输入特性；（c）转移特性

其波形如图 3–3（a）所示，当 u_{BE} 的瞬时值大于晶体管的导通电压 U_{BZ} 时，晶体管导通，产生基极脉冲电流，由转移特性可得集电极流过的电流 i_C 也为脉冲波形，如图 3–3（b）所示。将 i_C 用傅里叶级数展开可得

$$\begin{aligned} i_C &= I_{C0} + I_{c1m}\cos\omega t + I_{c2m}\cos 2\omega t + \ldots \\ &= I_{C0} + \sum_{n=1}^{\infty} I_{cnm}\cos(n\omega t) \end{aligned} \tag{3–2}$$

式中，I_{C0} 为集电极电流直流分量，I_{c1m}、I_{c2m}、…、I_{cnm} 分别为集电极电流的基波、二次谐波及高次谐波分量的幅度。

当集电极回路调谐于高频输入信号频率ω时，由于 LC 回路的选择性，对集电极电流的基波分量来说，回路等效为纯电阻 R_e；对各次谐波来说，回路失谐，呈现很小的阻抗，回路两端可近似认为短路；二直流分量只能通过回路电感支路，其直流电阻很小，也可近似认为短路。这样，脉冲形状的集电极电流 i_C 经谐振回路时，只有基波电流才产生电压降，因而 LC 谐振回路两端输出不失真的高频信号电压 u_c。

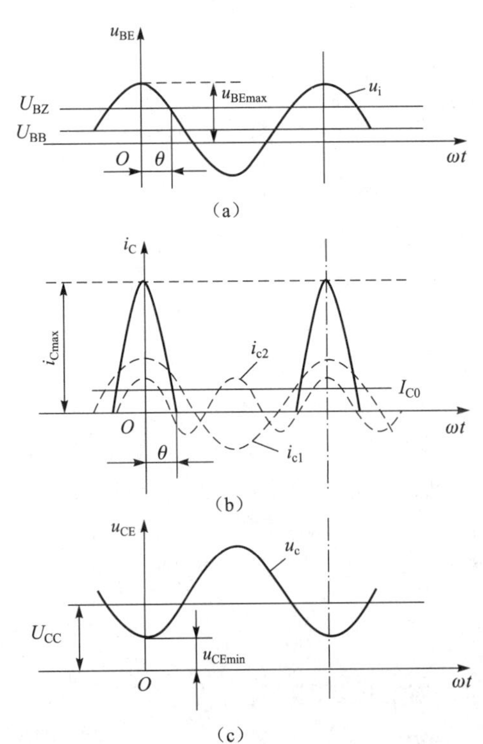

图 3–3　丙类谐振功率放大器电流与电压波形

$$u_c = -R_e I_{c1m}\cos\omega t = -U_{cm}\cos\omega t \tag{3–3}$$

式中，$U_{cm}=R_e I_{c1m}$，为基波电压幅度，所以晶体管的输出电压为

$$u_{CE} = U_{CC} - U_{cm}\cos\omega t \tag{3–4}$$

其波形如图 3–3（c）所示。

由图 3–3（b）可见，丙类放大器在一个信号周期内只有小于半个周期的时间内有集电极电流流过，形成了余弦脉冲电流，将 i_{cmax} 称为余弦脉冲电流的最大值，θ 为导通角。丙类放大器的导通角小于 90°。余弦脉冲电流依靠 LC 谐振回路的选频作用，滤除直流及各次谐波，输出电压仍然是不失真的余弦波。集电极高频交流输出电压 u_c 与基极输入电压 u_i 相位相反。i_c 只在 u_{CE} 很低的时间内出现，故集电极损耗很小，功率放大器

的效率比较高。

3. 集电极余弦电流脉冲的分解

1）余弦电流脉冲的表示式

为了研究谐振功率放大器的输出功率、管耗、效率，并指出一个大概变化规律，可采用近似估算的方法，得到转移特性曲线，如图 3–2（c）所示。转移特性曲线可表示为

$$\begin{cases} i_{\mathrm{C}} = g_{\mathrm{c}}(u_{\mathrm{BE}} - U_{\mathrm{BZ}}), & u_{\mathrm{BE}} > U_{\mathrm{BZ}} \\ i_{\mathrm{C}} = 0, & u_{\mathrm{BE}} \leqslant U_{\mathrm{BZ}} \end{cases} \tag{3–5}$$

式中，g_{c} 为折线化转移特性曲线的斜率。

在晶体管基极加上电压 $u_{\mathrm{BE}}=U_{\mathrm{BB}}+U_{\mathrm{bm}}\cos\omega t$ 后，通过转移特性曲线可求出集电极电流脉冲，可用图 3–4 来说明。

将 u_{BE} 代入式（3–5）可得

$$i_{\mathrm{C}}=g_{\mathrm{c}}(U_{\mathrm{BB}}+U_{\mathrm{bm}}\cos\omega t-U_{\mathrm{BZ}}) \tag{3–6}$$

当 $\omega t=\theta$ 时，$i_{\mathrm{C}}=0$，由式（3–6）可得

$$\cos\theta = \frac{U_{\mathrm{BZ}} - U_{\mathrm{BB}}}{U_{\mathrm{im}}} \tag{3–7}$$

当 $\omega t=0$ 时，$i_{\mathrm{C}}=i_{\mathrm{Cmax}}$，经整理可得

$$i_{\mathrm{Cmax}}=g_{\mathrm{c}}\, U_{\mathrm{bm}}(1-\cos\theta) \tag{3–8}$$

2）余弦电流脉冲的分解系数

周期性的电流脉冲可以用傅里叶级数分解为直流分量、基波分量及各高次谐波分量，即

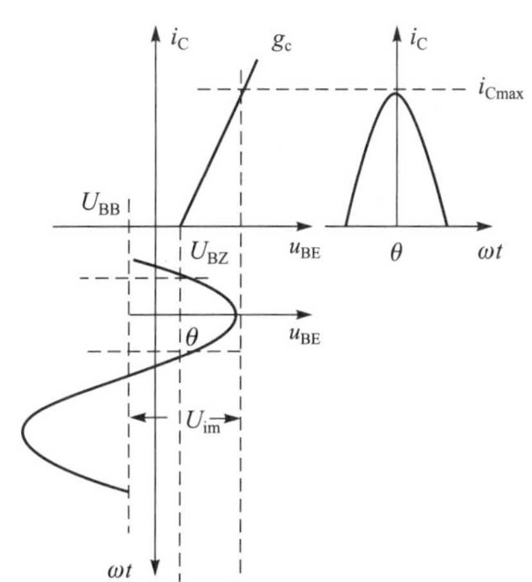

图 3–4　丙类谐振功率放大器集电极电流脉冲波形

$$i_{\mathrm{C}} = I_{\mathrm{C0}} + \sum_{n=1}^{\infty} I_{\mathrm{c}n\mathrm{m}} \cos(n\omega t) \tag{3–9}$$

各分量可用式（3–9）求得，即

$$\begin{cases} I_{\mathrm{C0}} = \dfrac{1}{2\pi}\displaystyle\int_{-\pi}^{\pi} i_{\mathrm{C}}\mathrm{d}\omega t = i_{\mathrm{Cmax}}\alpha_0(\theta) \\ I_{\mathrm{c1m}} = \dfrac{1}{2\pi}\displaystyle\int_{-\pi}^{\pi} i_{\mathrm{C}}\cos\omega t\mathrm{d}\omega t = i_{\mathrm{Cmax}}\alpha_1(\theta) \\ \vdots \\ I_{\mathrm{c}n\mathrm{m}} = \dfrac{1}{2\pi}\displaystyle\int_{-\pi}^{\pi} i_{\mathrm{C}}\cos n\omega t\mathrm{d}\omega t = i_{\mathrm{Cmax}}\alpha_n(\theta) \end{cases} \tag{3–10}$$

式中，$\alpha_0(\theta)$、$\alpha_1(\theta)$、…、$\alpha_n(\theta)$为谐波分解系数，其大小是导通角θ的函数。图 3–5 作出了 $\alpha_0(\theta)$、$\alpha_1(\theta)$、$\alpha_2(\theta)$、$\alpha_3(\theta)$的分解系数的曲线图，知道导通角θ的大小就可以通过曲线查到所需分解系数的大小。例如，$\theta=60°$ 时，由图 3–5 可查得 $\alpha_0(\theta)=0.22$，$\alpha_1(\theta)=0.39$，$\alpha_2(\theta)=0.28$。另定义 $g_1(\theta)=I_{\mathrm{c1m}}/I_{\mathrm{C0}}=\alpha_1(\theta)/\alpha_0(\theta)$为波形系数，$g_1(\theta)$随 θ 增大而减少，如图 3–5 中虚线所示。

4. 高频功率放大器的功率与效率

由于输出回路调谐在基波频率上，输出电路的高次谐波处于失谐状态，相应的输出电压

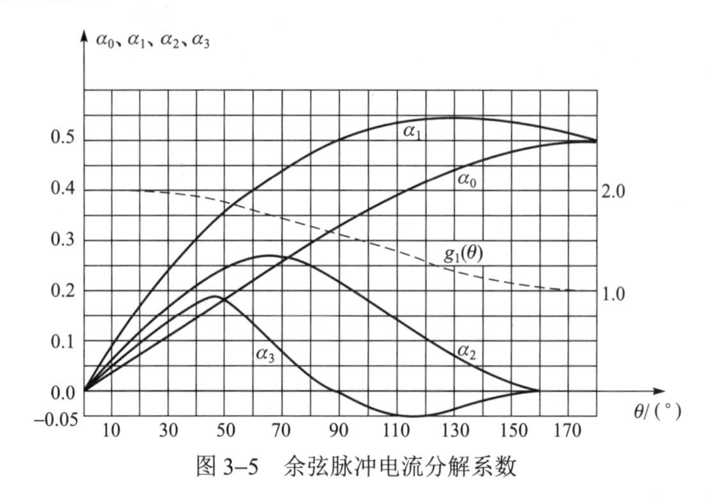

图 3–5　余弦脉冲电流分解系数

很小，因此，在谐振功率放大器中只需研究直流及基波功率。放大器的输出功率 P_o 等于集电极电流基波分量在负载 R_e 上的平均功率，即

$$P_o=\frac{1}{2}I_{c1m}U_{cm}=\frac{1}{2}I_{c1m}^2R_e=\frac{1}{2}\frac{U_{cm}^2}{R_e} \tag{3–11}$$

集电极直流电源供给功率 P_E 等于集电极电流直流分量 I_{C0} 与 U_{CC} 的乘积，即

$$P_E=I_{C0}U_{CC} \tag{3–12}$$

集电极耗散功率 P_C 等于集电极直流电源供给功率 P_E 与基波输出功率 P_o 之差，即

$$P_C=P_E-P_o \tag{3–13}$$

放大器集电极效率 η_c 等于输出功率 P_o 与直流电源供给功率 P_E 之比，即

$$\eta_c=\frac{P_o}{P_E}=\frac{1}{2}\frac{I_{c1m}}{I_{C0}}\frac{U_{cm}}{U_{CC}}=\frac{1}{2}g_1(\theta)\xi \tag{3–14}$$

式中，$\xi=U_{cm}/U_{CC}$，为集电极电压利用系数，$\xi<1$；$g_1(\theta)=I_{c1m}/I_{C0}=\alpha_1(\theta)/\alpha_0(\theta)$，为波形系数，$g_1(\theta)$ 随 θ 增大而减小，所以 θ 越小放大器效率越高。为了兼顾效率和功率，谐振功率放大器通常取 θ=60°～80°。

例 3–1　在图 3–1 所示的谐振功率放大器中，已知 U_{CC}=24 V，P_o=5 W，θ=70°，ξ=0.9，求该功放的 η_c、P_E、P_C、i_{Cmax} 和回路谐振阻抗 R_e。

解　查图 3–5 可得 α_0（70°）=0.25，α_1（70°）=0.44，所以

$$\eta_c=\frac{1}{2}g_1(\theta)\xi=\frac{1}{2}\times1.76\times0.9=79\%$$

$$P=\frac{P_o}{\eta_c}=\frac{5}{0.79}=6.3\text{（W）}$$

$$P_C=P_E-P_o=6.3-5=1.3\text{（W）}$$

因为

$$P_o=\frac{1}{2}I_{c1m}U_{cm}=\frac{1}{2}i_{Cmax}\alpha_1(\theta)\xi U_{CC}$$

故

$$i_{\mathrm{Cmax}}=\frac{2P_{\mathrm{o}}}{\alpha_1(\theta)\xi U_{\mathrm{CC}}}=1.05\text{（A）}$$

$$R_{\mathrm{e}}=\frac{U_{\mathrm{cm}}}{I_{\mathrm{c1m}}}=\frac{\xi U_{\mathrm{CC}}}{\alpha_1(\theta)i_{\mathrm{Cmax}}}=46.5\text{（}\Omega\text{）}$$

3.1.2　谐振功率放大器的特性分析

1. 谐振功率放大器工作状态的分析

1）高频功率放大器的动态特性

高频功率放大器的工作状态是由负载阻抗 R_{e}、激励电压 U_{bm}、供电电压 U_{CC}、U_{BB} 等四个参量决定的。为了阐明各种工作状态的特点和正确地指导调试放大器，就应该了解这几个参量的变化会使放大器的工作状态发生怎样的变化。

在高频功率放大器的电路和输入、输出条件确定后，即 U_{CC}、U_{BB}、U_{bm} 和输出信号幅度 U_{cm}（或 R_{e}）一定下，$i_{\mathrm{c}}=f(u_{\mathrm{be}},u_{\mathrm{ce}})$ 的关系称为放大器的动态特性。由于是工作在丙类状态，高频功率放大器的动态特性不是一条直线，而是折线。下面用理想化特性曲线来讨论动态特性表示形式和方法。

当放大器工作于谐振状态时，它的外部电路关系式为

$$u_{\mathrm{be}}=-U_{\mathrm{BB}}+U_{\mathrm{bm}}\cos\omega t$$
$$u_{\mathrm{ce}}=U_{\mathrm{CC}}-U_{\mathrm{cm}}\cos\omega t$$

消去 $\cos\omega t$，可得

$$u_{\mathrm{be}}=-U_{\mathrm{BB}}+U_{\mathrm{bm}}\frac{U_{\mathrm{CC}}-u_{\mathrm{ce}}}{U_{\mathrm{cm}}}\tag{3-15}$$

动态特性应同时满足外部电路和内部电路关系式。而内部关系式是由晶体管折线化的正向传输性决定的。对于导通段有

$$i_{\mathrm{c}}=g_{\mathrm{c}}(u_{\mathrm{be}}-U_{\mathrm{BZ}})$$

得出在 i_{c}–u_{ce} 坐标平面上的动态特性曲线（负载线或工作路）方程为

$$\begin{aligned}i_{\mathrm{c}}&=g_{\mathrm{c}}\left[-U_{\mathrm{BB}}+U_{\mathrm{bm}}\frac{(U_{\mathrm{CC}}-u_{\mathrm{ce}})}{U_{\mathrm{cm}}}-U_{\mathrm{BZ}}\right]\\&=-g_{\mathrm{c}}\frac{U_{\mathrm{bm}}}{U_{\mathrm{cm}}}\left(u_{\mathrm{ce}}-\frac{U_{\mathrm{bm}}U_{\mathrm{CC}}-U_{\mathrm{BZ}}U_{\mathrm{cm}}-U_{\mathrm{BB}}U_{\mathrm{cm}}}{U_{\mathrm{bm}}}\right)\\&=g_{\mathrm{d}}(u_{\mathrm{ce}}-u_{\mathrm{o}})\end{aligned}$$

其中，

$$\begin{aligned}g_{\mathrm{d}}=-g_{\mathrm{c}}\frac{U_{\mathrm{bm}}}{U_{\mathrm{cm}}},u_{\mathrm{o}}&=\frac{U_{\mathrm{bm}}U_{\mathrm{CC}}-U_{\mathrm{BZ}}U_{\mathrm{cm}}-U_{\mathrm{BB}}U_{\mathrm{cm}}}{U_{\mathrm{bm}}}=U_{\mathrm{CC}}-U_{\mathrm{cm}}\frac{U_{\mathrm{BZ}}+U_{\mathrm{BB}}}{U_{\mathrm{bm}}}\\&=U_{\mathrm{CC}}-U_{\mathrm{cm}}\cos\theta\end{aligned}\tag{3-16}$$

必须注意的是，当 $u_{\mathrm{be}}>U_{\mathrm{BZ}}$ 时，式（3–16）是直线方程；而当 $u_{\mathrm{be}}<U_{\mathrm{BZ}}$ 时，$i_{\mathrm{c}}=0$。故高频功率放大器的动态特性是一条折线。

若已知高频功率放大器晶体管的理想输出特性和外部电压 U_{CC}、U_{BB}、U_{bm} 和 U_{cm} 的值，通常可以采用截距法和虚拟电流法来求出动态特性和电流与电压的波形。

（1）截距法：根据式（3–16），在 $u_{be}>U_{BZ}$ 时，i_c 是直线方程，可见，当 $u_{ce}=U_o$ 时，$i_c=0$，即在输出特性的 u_{ce} 轴上取 $u_{ce}=U_o$，对应点为动态特性的 B 点。另外，由 B 点作斜率 $g_d=-g_c U_{bm}/U_{cm}$ 的直线交 $U_{bemax}=U_{BB}+U_{bm}$ 于 A 点，则 BA 直线为 $u_{be}>U_{BZ}$ 段的动态特性。在 $u_{be}<U_{BZ}$ 范围内，虽然 $i_c=0$，但由于谐振回路的作用，回路电压不为零，故动态特性为 BC 直线。总动态特性为 $AB–BC$ 折线。图 3–6 即采用截距法作的动态特性曲线。并给出了 i_c 与 u_{ce} 变化的对应关系。

（2）虚拟电流法：是在截距法的基础上扩展的一种较为简便的方法。从图 3–6 中可知，动态特性 AB 直线的延长线与 U_{CC} 线相交于 Q 点，而 Q 点在坐标平面内的横坐标为 U_{CC}，纵坐标为一负电流 I_Q。值得注意的是，I_Q 是虚拟的电流，实际上是不存在的。I_Q 的值可由式（3–16）求出。对应的 $u_{ce}=U_{CC}$，可得

$$I_Q=-g_c(U_{BZ}-U_{BB}) \tag{3–17}$$

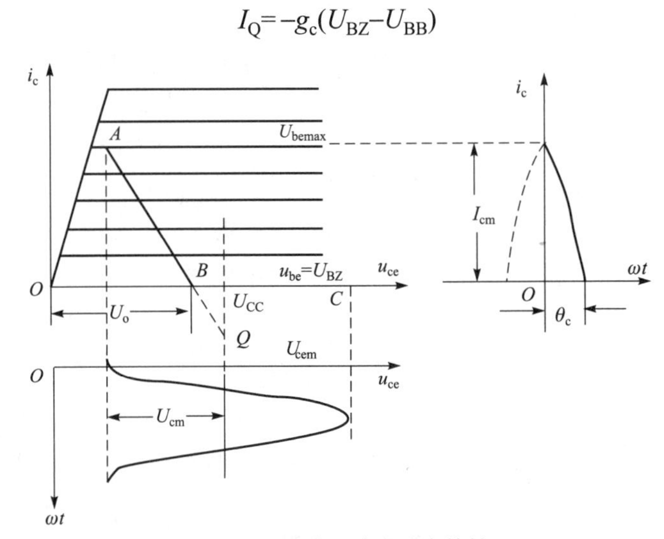

图 3–6　用截距法求动态特性

Q 点的坐标由 U_{CC} 和 I_Q 确定，另一点 A 由 $U_{CC}-U_{cm}=U_{cemax}$ 与 $U_{bemax}=U_{BB}+U_{bm}$ 来决定。连接 AQ 线相交于 B，而 C 点由 $U_{cemax}=U_{CC}+U_{cm}$ 决定，则可得出动态特性 $AB–BC$。图 3–7 是用虚拟电流法求动态特性的示意图。

图中示出动态特性曲线的斜率为负值，它的物理意义是：从负载方面来看，放大器相当于一个负电阻，亦即它相当于交流电能发生器，可以输出电能至负载。

2）高频功率放大器的工作状态

功率放大器通常按晶体管集电极电流导通角 θ 的不同划分为甲类、乙类和丙类放大器。谐振功率放大器的工作状态是指处于丙类或乙类放大时，在输入信号激励的一周内，是否进入晶体管特性曲线的饱和区来划分，它分为欠压、临界和过压三种状态，用动态特性能较容易区分这三种工作状态。

图 3–8 给出了丙类谐振高频功率放大器的三种不同工作状态（欠压、临界和过压）的电压和电流波形。

在谐振高频功率放大器的参量 g_c、U_{BZ}、U_{CC}、U_{BB}、U_{bm} 一定的条件下，输出电压振幅

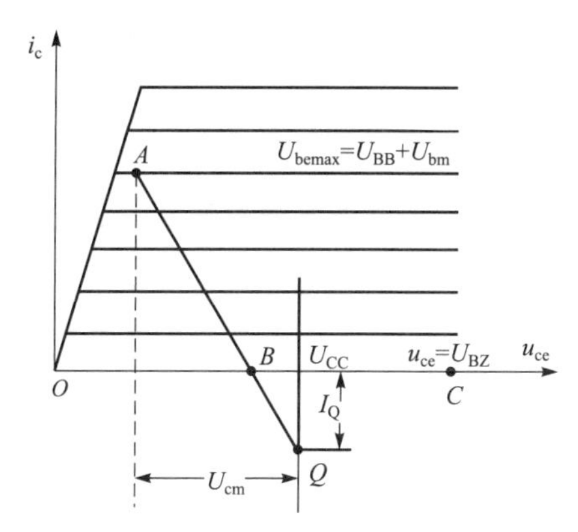

图 3–7　虚拟电流法求动态特性

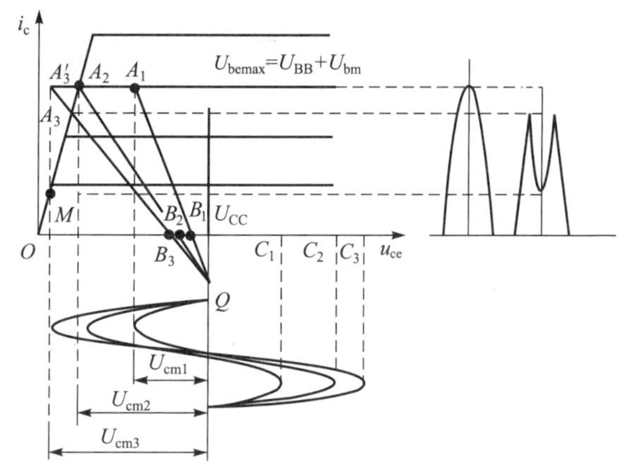

图 3–8　丙类高频功率放大器的三种工作状态

U_{cm}的不同，谐振高频功率放大器的动态特性是有所区别的。当 $U_{cm}=U_{cm1}$ 时，动态特性的 A 点是由 $U_{cemin}=U_{CC}-U_{cm}$ 和 $U_{bemax}=U_{BB}+U_{bm}$ 决定的，相交于 A_1 点。折线 $A_1B_1-B_1C_1$ 就代表了 $U_{cm}=U_{cm1}$ 时的动态特性。由于 A_1 点处于放大区，对应的 U_{cm1} 较小，通常将这样的工作状态称为欠压状态。对应的集电极电流为尖顶脉冲。当 U_{cm} 增大到 $U_{cm}=U_{cm2}$ 时，动态特性要变化，其 A 点由 U_{cemin} 与 U_{bemax} 决定相交于 A_2 点。此点正好处于临界线上，折线 $A_2B_2-B_2C_2$ 代表了 $U_{cm}=U_{cm2}$ 时的动态特性，这种工作状态称为临界状态。对应的电流脉冲仍为尖顶脉冲。当 U_{cm} 增大到 $U_{cm}=U_{cm3}$ 时，动态特性将产生较大的变化。由 U_{cemin} 与 U_{bemax} 决定的 A_3' 点在 U_{bemax} 的延长线上，实际上这一点是不存在的。但动态特性可由 A_3' 点与 Q 点相连的线与临界线相交于 A_3 点。而 A_3' 对应于 U_{cemin}，反映到临界线上是 M 点来对应 U_{cemin}。折线 $MA_3-A_3B_3-B_3C_3$ 代表了 $U_{cm}=U_{cm3}$ 时的动态特性。由于晶体管工作已进入饱和区，这样的工作状态称为过压状态。对应的集电极电流是一个凹顶脉冲，它的峰点对应于 A_3，而谷点对应于 M 点。

2. 谐振功率放大器的外部特性

1）负载特性

负载特性是指在晶体管及 U_{CC}、U_{BB}、U_{bm} 一定时，改变回路谐振电阻 R_e，高频功率放大器的工作状态、电流、电压、功率和效率随 R_e 变化的关系。

由图 3–8 可知，晶体管一定，是指理想化特性一定，即 g_c、U_{BZ} 不变。采用虚拟电流法可求出不同 R_e 对应的动态特性，可清楚地分析负载特性。动态特性的斜率 g_d 与 R_e 的关系是

$$g_d=-g_c\frac{U_{bm}}{U_{cm}}=-g_c\frac{U_{bm}}{I_{c1m}R_e}=-g_c\frac{U_{bm}}{I_{cm}\alpha_1(\theta_c)R_e}$$

$$=-\frac{g_cU_{bm}}{g_cU_{bm}(1-\cos\theta_c)\alpha_1(\theta_c)R_e}=-\frac{1}{(1-\cos\theta_c)\alpha_1(\theta_c)R_e}$$

在 g_c、U_{BZ}、U_{CC}、U_{BB}、U_{bm} 一定的条件下，$\cos\theta$、U_{CC} 与 I_Q 不变，因此导通角 θ 和 Q 点固定不变，则 g_d 的绝对值与 R_e 成反比。另外，$U_{bemax}=U_{BB}+U_{bm}$ 不变，即动态特性的 A 点在 U_{bemax} 线上随 R_e 的增大而变化。如图 3–9 中的 A_1、A_2、A_3 所示。

（1）u_c、i_c 随负载变化的波形。u_c、i_c 随负载变化的波形如图 3–9 所示，放大器的输入电压是一定的，其最大值为 U_{bemax}，在负载电阻 R_e 由小至大变化时，负载线的斜率的绝对值由

大变小，如图 3–9 中 1→2→3。不同的负载，放大器的工作状态是不同的，所得的 i_c 波形、输出交流电压幅值、功率、效率也是不一样的。

（2）欠压、过压、临界三种工作状态。

① 欠压状态，B 点以右的区域。在欠压区至临界点的范围内，根据 $U_c=R_eI_{c1m}$，放大器的交流输出电压在欠压区内必随负载电阻 R_e 的增大而增大，其输出功率、效率的变化规律也一样。

② 临界状态，负载线和 U_{bemax} 正好相交于临界线的拐点。放大器工作在临界线状态时，输出功率大，管子损耗小，放大器的效率也较大。

③ 过压状态。放大器的负载较大，在过压区，随着负载 R_e 的加大，I_{c1m} 要下降，因此放大器的输出功率和效率也要减小。

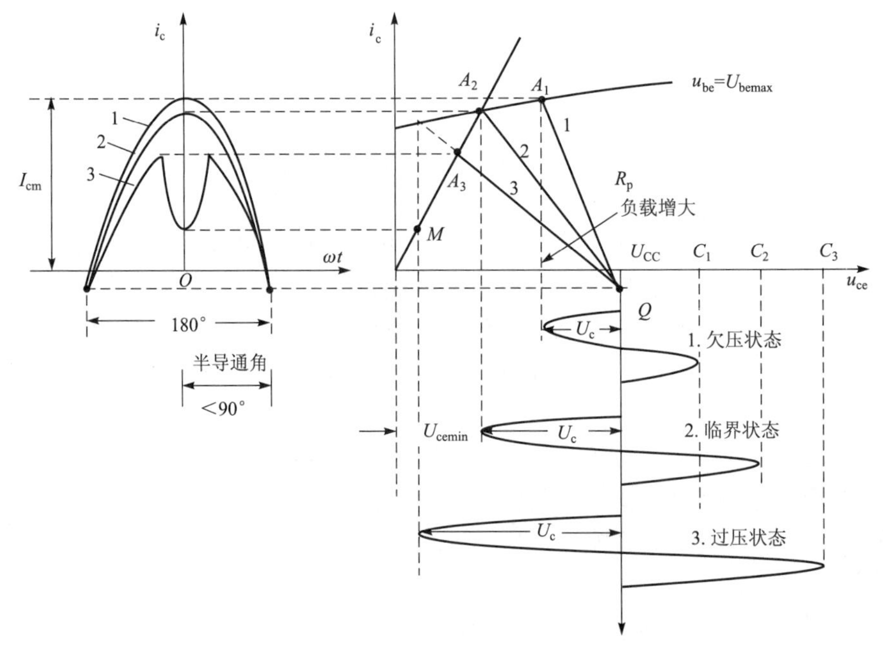

图 3–9　负载增大工作状态的变化情况

根据上述分析，可以画出谐振功率放大器的负载特性曲线，如图 3–10 所示。

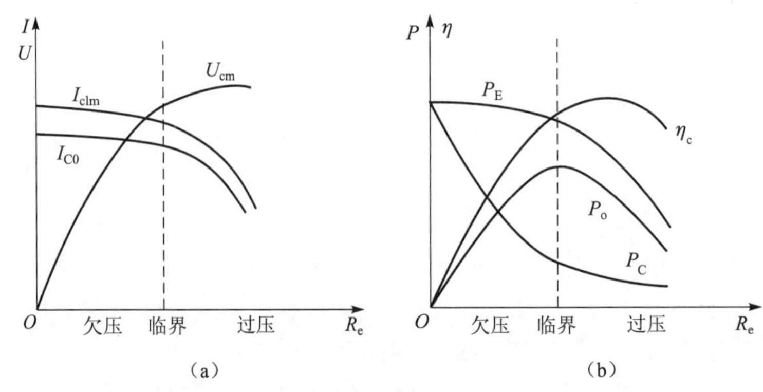

（a）　　　　　　　　（b）

图 3–10　高频功率放大器的负载特性曲线

（a）I–R_e 与 U–R_e 曲线；（b）P–R_e 与 η–R_e 曲线

三种状态中欠压状态的功率和效率都比较低，集电极耗散功率也较大，输出电压随负载阻抗变化而变化，因此较少采用。但晶体管基极调幅，需采用这种工作状态；过压状态的优点是：当负载阻抗变化时，输出电压比较平稳且幅值较大，在弱过压时，效率可达最高，但输出功率有所下降，发射机的中间级、集电极调幅级常采用这种状态；临界状态的特点是输出功率最大，效率也较高，比最大效率差不了许多，可以说是最佳工作状态，发射机的末级常设计成这种状态，在计算谐振功率放大器时也常以此状态为例。

掌握负载特性，对分析集电极调幅电路、基极调幅电路的工作原理，对实际调整谐振功率放大器的工作状态和指标是很有帮助的。

2）调制特性

（1）集电极调制特性。

若 R_e、U_{bm}、U_{BB} 不变，只改变集电极直流电源电压 U_{CC}，谐振功率放大器的工作状态将会跟随变化。当集电极供电电压 U_{CC} 由小至大变化时，放大器的工作状态由欠压经临界转入过压，如图 3-11 所示。在欠压区内，输出电流的振幅基本上不随 U_{CC} 变化而变化，故输出功率基本不变；而在过压区，输出电流的振幅将随 U_{CC} 的减小而下降，输出功率也随之下降。在过压区中这种输出电压随 U_{CC} 改变而变化的特性为集电极调幅特性。因为集电极调幅电路是依靠改变 U_{CC} 来实现调幅过程的。

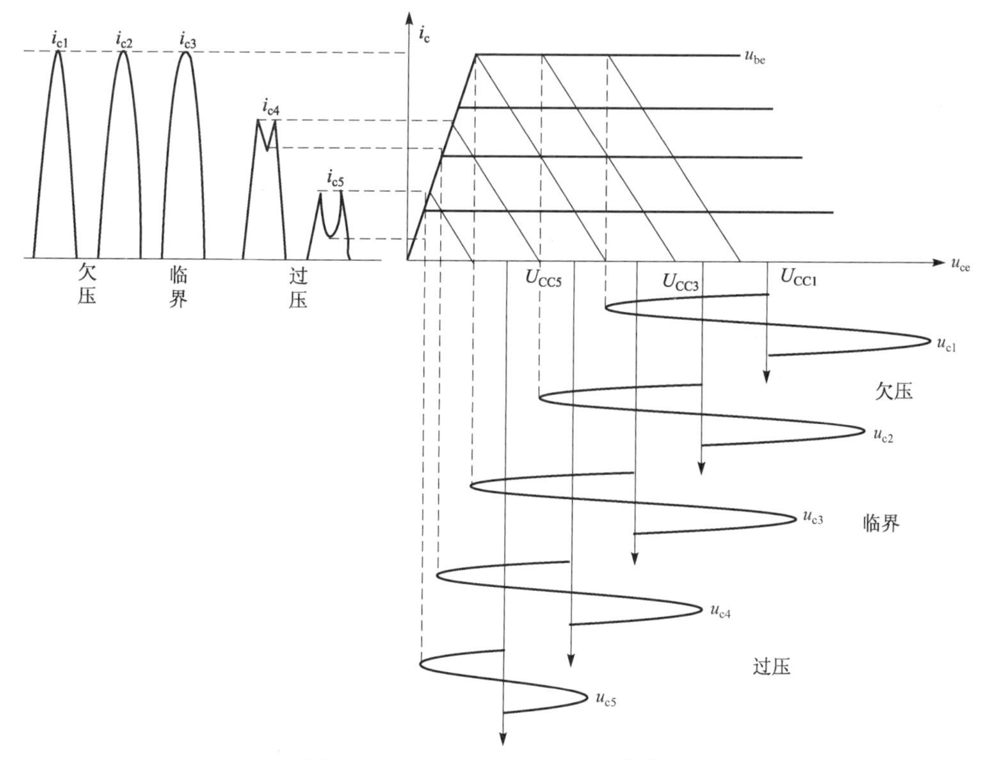

图 3-11 改变 U_{CC} 对工作状态的影响

改变 U_{CC} 时，其工作状态和电流变化曲线如图 3-12 所示。

（2）基极调制特性。

若 R_e、U_{bm}、U_{CC} 不变，只改变基极偏置电压 U_{BB}，谐振功率放大器的工作状态将会跟随

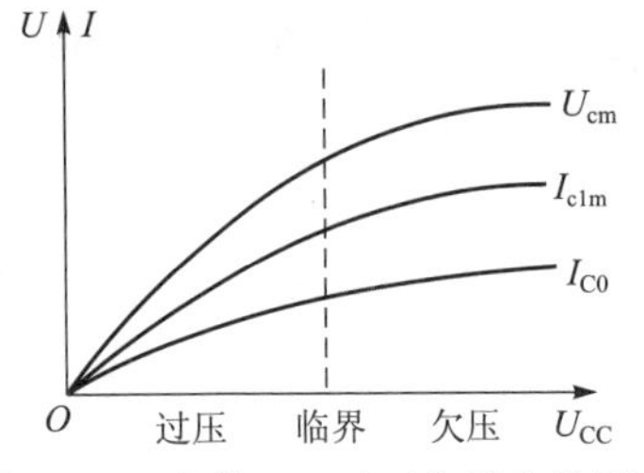

图 3-12 改变 U_{CC} 对工作状态的影响

变化。当 U_{BB} 由小变到大时，管子的导通时间加长，由于 $U_{bemax}=U_{BB}+U_{bm}$，从而使集电极电流脉冲宽度和高度都增加，并出现凹陷，放大器的工作状态为欠压→临界→过压，如图 3-13 所示。在欠压状态，U_{BB} 增大时，i_c 脉冲高度增加显著，所以 I_{C0}、I_{c1m} 和相应的 U_{cm} 随 U_{BB} 的增加而迅速增大。在过压状态，U_{BB} 增大时，i_c 脉冲高度虽有增加，但凹陷也加深，所以 I_{C0}、I_{c1m} 和 U_{cm} 增长缓慢。I_{C0}、I_{c1m} 和 U_{cm} 随 U_{BB} 变化的特性如图 3-14 所示。

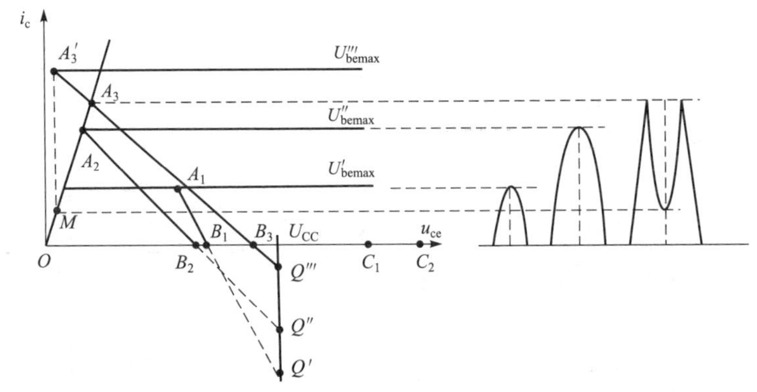

图 3-13 改变 U_{BB} 对工作状态的影响

（3）放大特性。

若 U_{CC}、U_{BB} 和 R_e 不变，只改变输入信号幅度 U_{bm}，谐振功率放大器的工作状态将会跟随变化。其变化规律与改变 U_{BB} 对工作状态的影响类似，如图 3-15 所示。这种放大器性能随 U_{bm} 变化的特性称为振幅特性，也称为放大特性。I_{C0}、I_{c1m} 和 U_{cm} 随 U_{bm} 变化的特性如图 3-16 所示。

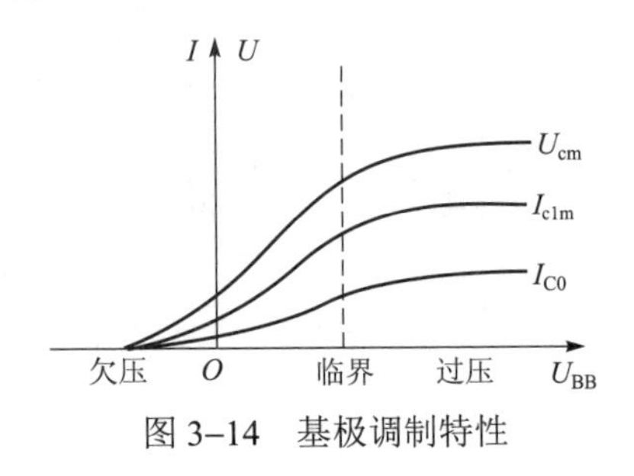

图 3-14 基极调制特性

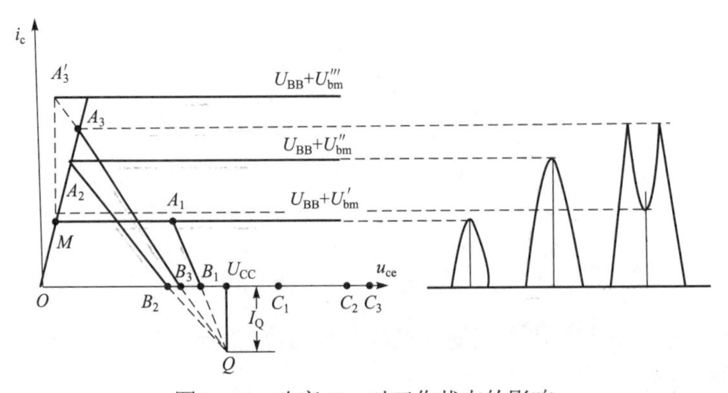

图 3-15 改变 U_{bm} 对工作状态的影响

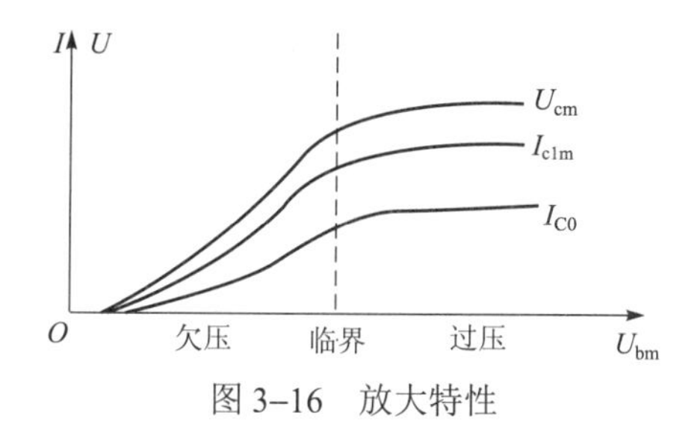

图 3–16　放大特性

3.1.3　谐振功率放大器电路

谐振功率放大器电路由功率管直流馈电电路和滤波匹配网络组成。由于工作频率及使用场合不同，电路组成形式也各不相同。现对常用电路组成形式进行讨论。

1. 直流馈电电路

1）集电极馈电电路

根据直流电源连接方式的不同，集电极馈电电路又分为串联馈电和并联馈电两种。

（1）串馈电路。它指直流电源 U_{CC}、负载回路（匹配网络）、功率管三者首尾相接的一种直流馈电电路。如图 3–17（a）所示，C_1、L_C 为低通滤波电路，A 点为高频地电位，既阻止电源 U_{CC} 中的高频成分影响放大器的工作，又避免高频信号在 LC 负载回路以外不必要的损耗。C_1、L_C 的选取原则为

$$\frac{1}{\omega L_C} < \text{回路阻抗} \times \frac{1}{10}$$

即

$$\omega L_C > \frac{1}{\omega C_1} \times 10$$

（2）并馈电路。它指直流电源 U_{CC}、负载回路（匹配网络）、功率管三者为并联连接的一种馈电电路。如图 3–17（b）所示，L_C 为高频扼流圈，C_1 为高频旁路电容，C_C 为隔直流通高频电容，L_C、C_1、C_C 的选取原则与串馈电路基本相同。

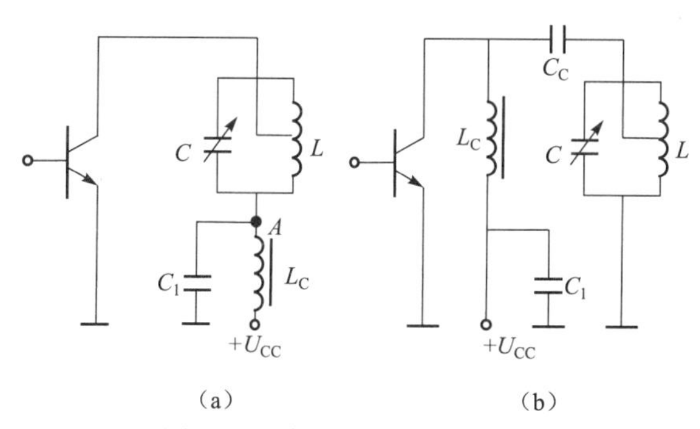

图 3–17　集电极直流馈电电路

（a）串馈；（b）并馈

（3）串并馈直流供电电路的优缺点。在并馈电路中，信号回路两端均处于直流地电位，即零电位。对高频而言，回路的一端又直接接地，因此回路安装比较方便，调谐电容 C 上无

高压，安全可靠；缺点是在并馈电路中，LC 处于高频高电位上，它对地的分布电容较大，将会直接影响回路谐振频率的稳定性；串馈电路的特点正好与并馈电路相反。

2）基极馈电电路

要使放大器工作在丙类，功率管基极应加反向偏压或小于导通电压 U_D 的正向偏压。基极偏置电压可采用集电极直流电源经电阻分压供给，如图 3–18（a）所示，这种方式只能提供小的正向基极偏压。基极偏置电压也可采用自给偏压电路来获得，图 3–18（b）和图 3–18（c）这两种方式只能提供反向基极偏压。

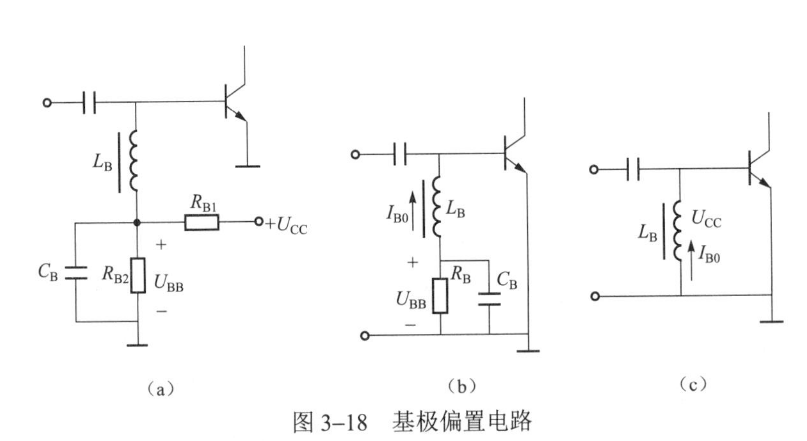

图 3–18　基极偏置电路

（a）分压式基极偏置电路；（b）基极自偏压；（c）零偏压

2. 滤波匹配网络

根据谐振功率放大器在发射机中所处位置的不同，常将谐振功率放大器所采用的匹配网络分为输入、输出和级间耦合三种电路：① 输入匹配网络用于信号源与谐振功率放大器之间；② 输出匹配网络用于输出级与天线负载之间；③ 级间耦合匹配网络用于高频功率放大器的推动级与输出级之间。这三种匹配网络都可以使用由 L 和 C 组成的 L 型、Π 型或 T 型这样的基本网络。

其中输出匹配网络的主要要求如下。

① 把外接的负载阻抗（如天线的阻抗）变换为放大管所要求的负载阻抗，以保证放大管输出所需的功率。

② 抑制工作频率范围以外的不需要频率，即它有良好的滤波作用。

③ 要求匹配网络具有一定的通频带，使已调波通过网络时不致产生失真。

④ 将功率管给出的信号功率高效率地传送到外接负载上。

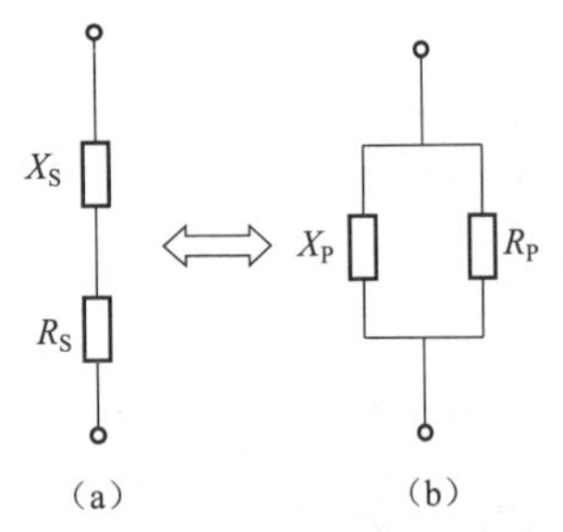

图 3–19　串、并联电路阻抗转换

（a）串联电路；（b）并联电路

下面仅对滤波匹配网络的阻抗变换特性加以讨论。

1）串、并联阻抗变换

电抗、电阻的串联和并联电路之间可以互相等效转换，如图 3–19 所示，令电路两端的导纳相等，就可以得到它们之间的等效转换关系，设

$$Q=\frac{|X_{S}|}{R_{S}}=\frac{R_{P}}{|X_{P}|}>>1 \tag{3-18}$$

$$R_{S}+jX_{S}=\left(\frac{1}{R_{P}}+\frac{1}{jX_{P}}\right)^{-1} \tag{3-19}$$

由式（3–18）和式（3–19）可得串联转换为并联阻抗的关系式（3–20），并联转换为串联阻抗的关系式（3–21），即

$$\begin{cases} R_{P}=\dfrac{R_{S}^{2}+X_{S}^{2}}{R_{S}}=R_{S}(1+Q^{2}) \\ X_{P}=\dfrac{R_{S}^{2}+X_{S}^{2}}{X_{S}^{2}}=X_{S}\left(1+\dfrac{1}{Q^{2}}\right) \end{cases} \tag{3-20}$$

$$\begin{cases} R_{S}=\dfrac{X_{P}^{2}}{R_{P}^{2}+X_{P}^{2}}R_{P}=\dfrac{R_{P}}{1+Q^{2}} \\ X_{S}=\dfrac{R_{P}^{2}}{R_{P}^{2}+X_{P}^{2}}X_{P}=\dfrac{1}{1+\dfrac{1}{Q^{2}}}X_{P} \end{cases} \tag{3-21}$$

由式（3–20）和式（3–21）可得转换前后电抗值 X_S 和 X_P 相差很小，但转换前后并联电阻 R_P 远大于串联电阻 R_S。

2）三种不同形式的匹配网络

（1）L 型滤波匹配网络的阻抗变换。

这是由两个异性电抗元件接成 L 型结构的阻抗变换网络，它是最简单的阻抗变换电路。图 3–20（a）所示为低阻变高阻 L 型滤波匹配网络。R_L 为外接实际负载电阻，它与电感支路相串联，可减少高次谐波的输出，对提高滤波性能有利。为了提高网络的传输效率，C 应采用高频损耗很小的电容，L 才用 Q 值高的电感线圈。图 3–20（b）是其等效电路。

由串、并联电路阻抗变换关系可知

$$\begin{cases} R_{e}=R_{L}(1+Q^{2}) \\ Q=\sqrt{\dfrac{R_{e}}{R_{L}}-1} \\ |X_{P}|=\dfrac{R_{e}}{Q} \\ |X_{S}|=QR_{L} \end{cases} \tag{3-22}$$

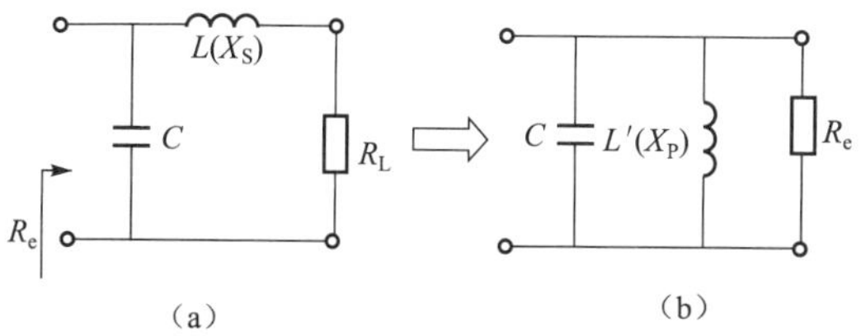

$L(X_S)$　C　R_L　R_e　C　$L'(X_P)$　R_e

（a）　（b）

图 3–20　低阻变高阻 L 型滤波匹配网络

（a）L 型滤波匹配网络；（b）等效电路

图 3–21 所示为高阻变低阻 L 型滤波匹配网络。由串、并联电路阻抗变换关系可知

$$\begin{cases} R_{\mathrm{e}} = \dfrac{R_{\mathrm{L}}}{(1+Q^2)} \\ Q = \sqrt{\dfrac{R_{\mathrm{L}}}{R_{\mathrm{e}}} - 1} \\ |X_{\mathrm{S}}| = QR_{\mathrm{e}} \\ |X_{\mathrm{P}}| = \dfrac{R_{\mathrm{L}}}{Q} \end{cases} \tag{3–23}$$

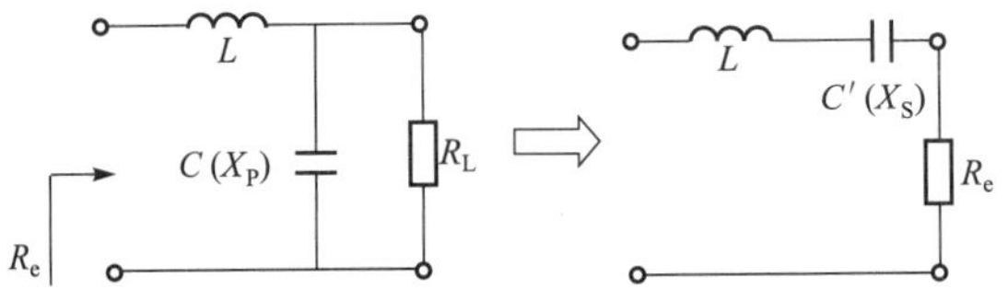

（a）　　（b）

图 3–21　高阻变低阻 L 型滤波匹配网络

（a）L 型滤波匹配网络；（b）等效电路

（2）Π 型和 T 型滤波匹配网络的阻抗变换。

由于 L 型滤波匹配网络阻抗变换前后的电阻相差 $1+Q^2$ 倍，如果实际情况下要求变换的倍数并不高，这样回路的 Q_{e} 就只能很小，其结果使滤波性能很差。

为了克服这一矛盾，可采用 Π 型和 T 型滤波匹配网络，如图 3–22 所示。分析时可分割成两个 L 型网络。应用 L 型网络的分析结果，可以得到它们的阻抗变换关系及元件参数值计算公式 X。图 3–22（a）中 $X_{\mathrm{S}}=X_{\mathrm{S1}}+X_{\mathrm{S2}}$，图 3–22（b）中 $X_{\mathrm{P}}=X_{\mathrm{P1}}+X_{\mathrm{P2}}$。

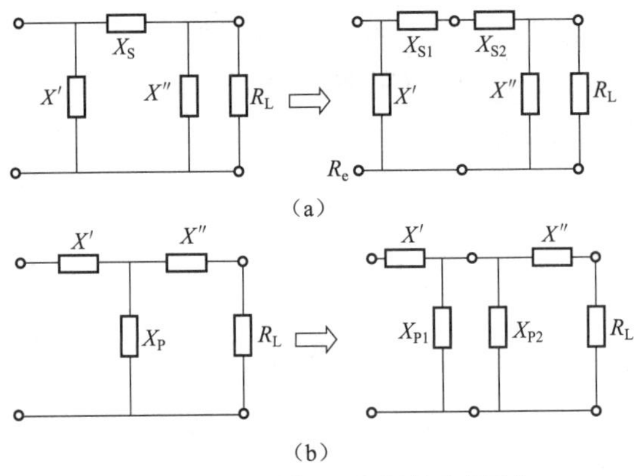

图 3–22　Π 型和 T 型滤波匹配网络

（a）Π 型网络；（b）T 型网络

3.2　宽带高频功率放大器

宽带高频功率放大电路采用非调谐宽带网络（解决了调谐烦琐的问题）作为匹配网络，

它能在很宽的频带范围内获得线性放大。常用的宽带匹配网络是传输线变压器，它可使功放的最高频率扩展到几百兆赫兹甚至上千兆赫兹，并能同时覆盖几个倍频程的频带宽度。由于无选频滤波性能，故宽带高频功放只能工作在非线性失真较小的甲类或乙类状态，效率较低，输出功率小，因而常采用功率合成技术，实现多个功率放大器的联合工作，获得大功率的输出。下面介绍具有宽带特性的传输线变压器及其宽带功率放大器的工作原理。

3.2.1　传输线变压器

1. 特性及工作原理

传输线变压器是在传输线和变压器理论基础上发展起来的新元件。因此，它兼有传输线和高频变压器两者的特点，相应地，有两种工作方式，即传输线方式和变压器方式。传输线是用高频性能良好的、高磁导率的铁氧体材料作为磁芯，用相互绝缘的双导线均匀地在矩形截面的环形磁芯上烧制而成，如图 3–23 所示。磁环的直径根据传输的功率和所需电感的大小决定，一般为 10～30 mm。磁芯材料分为锰锌和镍锌两种，频率较高时，以镍锌材料为宜。这种变压器的结构简单、轻便、价廉、频带很宽（从几百千赫兹至几百兆赫兹）。

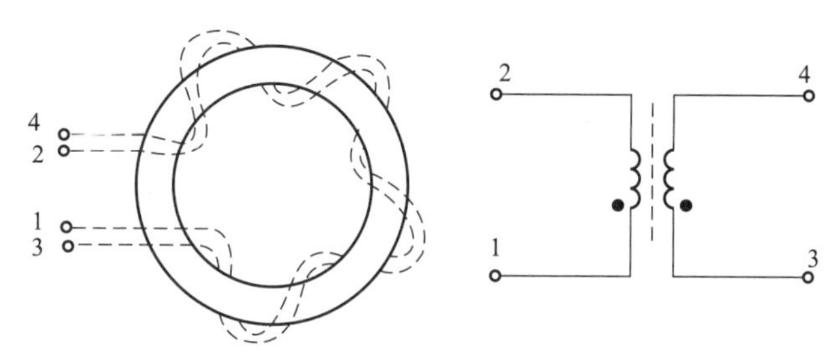

图 3–23　传输线变压器的结构与电路

图 3–23 是 1:1 传输线变压器示意图。它是将两根等长的导线紧靠在一起，双线并绕在磁环上构成的。其接线方式如图 3–24（a）所示。图 3–24（b）是传输线等效电路，信号电压由 1、3 端把能量加到传输线变压器，经过传输线的传输，在 2、4 端将能量馈给负载。图 3–24（c）是普通变压器的电路形式。由于传输线变压器的 2 端和 3 端接地，所以这种变压器相当

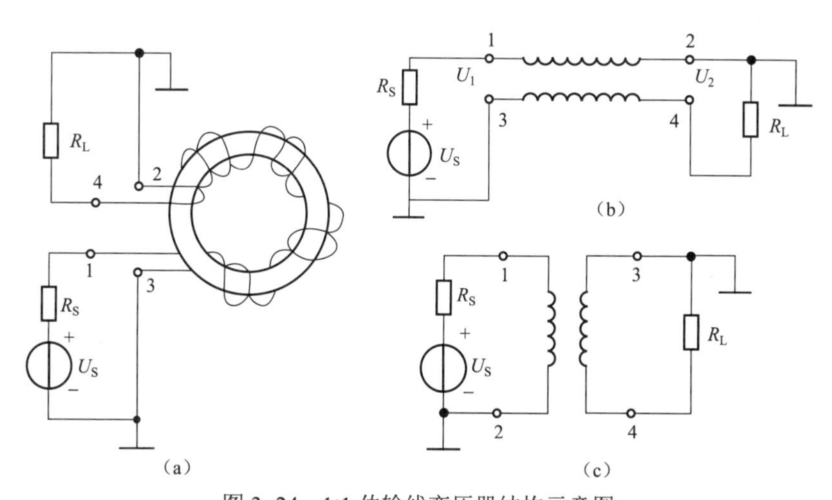

图 3–24　1:1 传输线变压器结构示意图

于一个倒相器。在负载 R_L 上获得了与输入电压幅度相等、相位相反的电压，且 $Z_i=R_L$，所以，这种接法的传输线变压器相当于一个阻抗变比为 1:1 的反相变压器。

实际上，传输线变压器和普通变压器传递能量的方式是不相同的。对于普通变压器来说，信号电压加于初级绕组的 1、2 端，使初级线圈有电流流过，然后通过磁力线，在次级 3、4 端感应出相应的交变电压，将能量由初级传递到次级负载上。而传输线方式的信号电压却加于 1、3 端，能量在两导线间的介质中传播，自输入端到达输出端的负载上。

对于传输线来说，可以看成是由许多电感、电容组成的耦合链，如图 3–25 所示。电感为导线每一段的电感量，电容为两导线间的分布电容。当信号源加入 1、3 端时，由于传输线间电容的存在，信号源将对电容充电，使电容储存电场能。电容通过邻近电感放电，使电感储存磁场能，即电场能转变为磁场能。然后电感又向后面的电容进行能量交换，即磁场能转换成电场能。再往后电容又与后面的电感进行能量交换，如此往复下去。输入信号就以电磁能交换的形式，自始端传输到终端，最后被负载吸收。

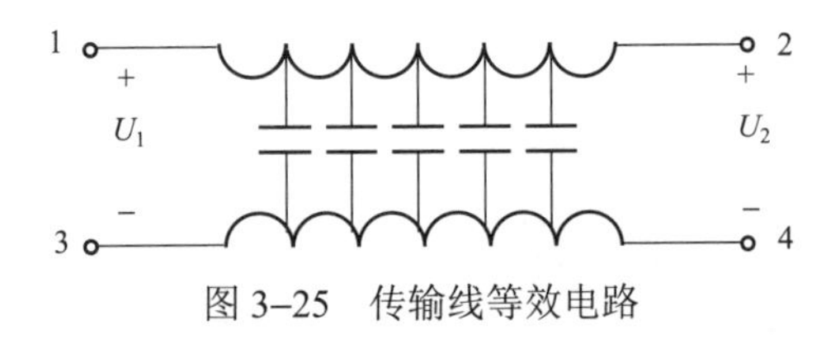

图 3–25　传输线等效电路

在传输线变压器中，线间的分布电容不是影响高频能量传输的不利因素，反而是电磁能转换必不可少的条件。此外，电磁波主要是在导线间介质中传播的，因此磁芯的损耗对信号传输的影响也就大为减小。传输线变压器的最高工作频率就可以有很大程度的提高，从而实现宽频带传输的目的。严格地说，传输线变压器在高频段和低频段上，传送能量的方式是不同的。在高频时，主要通过电磁能交替变换的传输线方式传送；在低频时，将同时通过传输线方式和磁耦合方式进行传送。频率越低，传输线传输能量的效率就越差，就更多地依靠磁耦合方式来进行传送。

2. 传输线变压器的应用

传输线变压器除了可以起到以上分析的 1:1 的倒相作用外，还可以实现 1:1 平衡—不平衡电路转换、阻抗变换、功率合成与分配等功能。

1）平衡和不平衡电路的转换

传输线变压器用以实现 1:1 平衡和不平衡电路转换如图 3–26 所示。图 3–26（a）所示为不平衡输入信号源，通过传输线变压器得到两个大小相等、对地反相的电压输出；图 3–26（b）

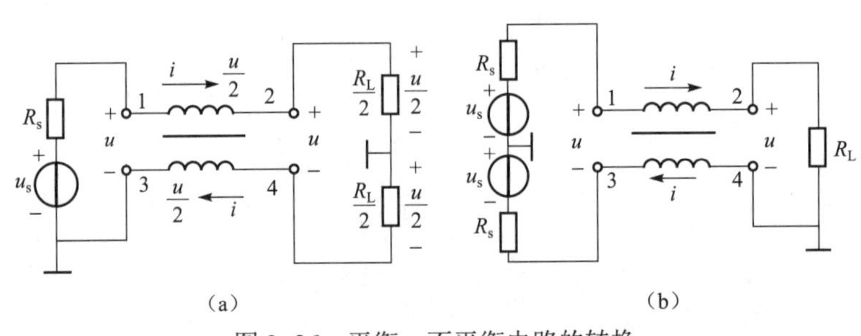

图 3–26　平衡—不平衡电路的转换

（a）不平衡—平衡转换；（b）平衡—不平衡转换

所示为对地平衡的双端输入信号，通过传输线变压器转换为对地不平衡的电压输出。

2）阻抗变换

图 3–27（a）构成的是 1:4 阻抗变换器，1、4 端相连，线圈两端电压相等，即 $u_1=u_2$，则负载电压 $u_L=2u_1$，负载电流为 i，则输入端阻抗为

$$R_i=\frac{\dot{U}_1}{2\dot{I}}=\frac{\frac{1}{2}\dot{U}_L}{2\dot{I}}=\frac{1}{4}R_L$$

若将 2、3 端相连，4 端接地，则可构成 4:1 的阻抗变换，如图 3–27（b）所示。

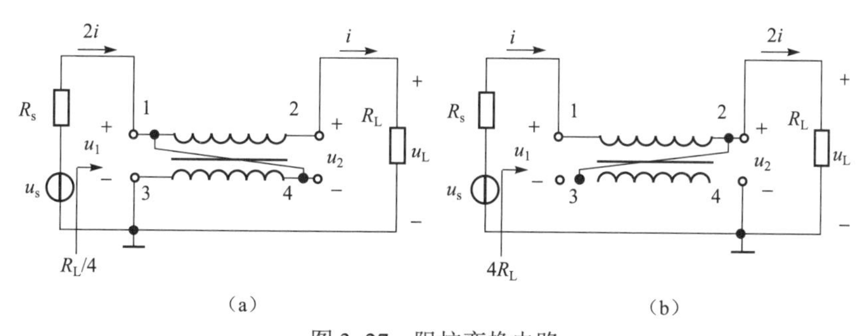

图 3–27　阻抗变换电路

（a）1:4 阻抗变换；（b）4:1 阻抗变换

利用上述原理还可构成 1:9、1:16、…、$1:(n+1)^2$ 的传输线变压器。若将上述电路的输入端、输出端互换（即信号源与负载互换），相应变为 4:1、9:1、…的传输线变压器，工作原理是相同的。

3.2.2　功率合成技术

利用多个功率放大电路同时对输入信号进行放大，然后设法将各个功率放大器的输出信号相加，这样得到的总输出功率可以远远大于单个功放电路的输出功率，这就是功率合成技术。

利用功率合成技术可以获得几百瓦甚至上千瓦的高频输出功率。

对功率合成器的要求如下。

（1）如果每个放大器的输出幅度相等，供给匹配负载的额定功率为 P，那么 N 个放大器在负载上的总功率应为 NP。

（2）合成器的输入端应彼此相互隔离，其中任何一个功率放大器损坏或出现故障时，对其他放大器的工作状态不发生影响。

（3）当一个或数个放大器损坏时，要求负载上的功率下降要尽可能小。

（4）满足宽频带工作要求。在一定通带范围内，功率输出要平稳，幅度及相位变换不能太大，同时保证阻抗匹配要求。

图 3–28 所示为一个功率合成器原理框图。由图可见，采用 7 个功率增益为 2、最大输出功率为 10 W 的高频功率放大器，利用功率合成技术，可以获得 40 W 的功率输出。其中采用了三个一分为二的功率分配器和三个二合一的功率合成器。功率分配器的作用在于将前级功率放大器的输出功率平分为若干份，然后分别提供给后级若干个功率放大器电路。

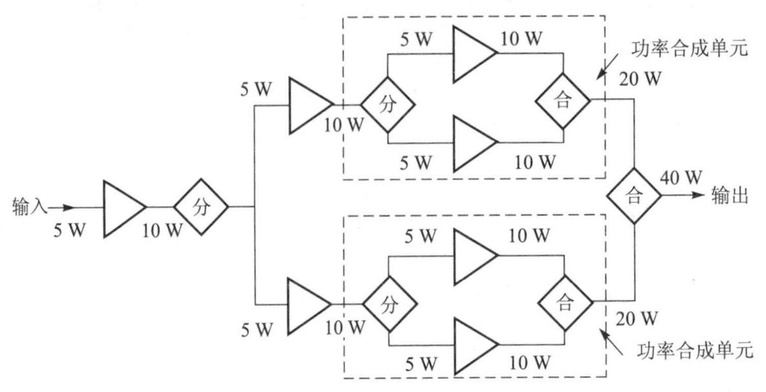

图 3–28　功率合成器原理框图

利用传输线变压器可以组成各种类型的功率分配器和功率合成器，且具有频带宽、结构简单、插入损耗小等优点，然后可进一步组成宽频带大功率高频功放电路。这里仅对高频功率合成的一般概念进行了解，对具体功率合成网络和功率分配网络不做分析。

3.2.3　宽带高频功率放大器电路

图 3–29 所示为一个反相功率合成的典型电路。它是一个输出功率为 75 W、带宽为 30～75 MHz 的放大电路的一部分。图中传输线变压器 B_2 是功率分配网络，B_5 是功率合成网络，网络各端用 A、B、C、D 标明。B_3、B_4 是 4:1 阻抗变换器，它们的作用是完成阻抗匹配。B_1、B_6 是 1:1 传输线变压器，其作用是实现平衡—不平衡转换。

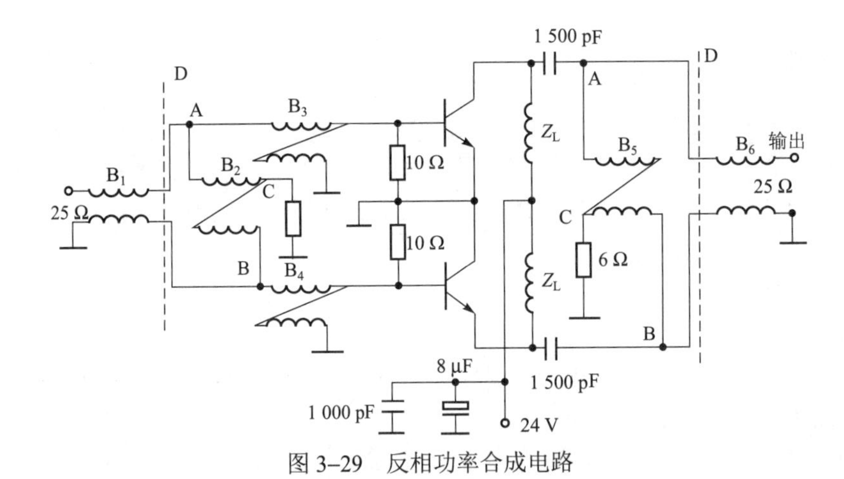

图 3–29　反相功率合成电路

由图 3–29 可知，B_2 是功率分配网络，在输入端由 D 端激励，A、B 两端得到反相激励功率，再经 4:1 阻抗变换器与晶体管的输入阻抗（约 3 Ω）进行匹配。两个晶体管的输出功率是反相的。对于合成网络 B_5 来说，A、B 端获得反相功率，在 D 端即获得合成功率输出。在完全匹配时，输入和输出的分配和合成网络的 C 端不会有功率损耗。但是在匹配不完善和不完全对称的情况下，C 端还是有功率损耗的。C 端连接的电阻（6 Ω）即为吸收这不平衡功率之用，称为假负载电阻。每个晶体管基极到地的 10 Ω电阻用来稳定放大器，防止产生寄生振荡。

3.3 倍　频　器

输出信号的频率比输入信号频率高整数倍的电子电路，称为倍频器。

采用倍频器的优点：能降低电子设备的主振频率，对提高设备的频率稳定度有利；在通信机的主振器工作波段不扩展的条件下，可利用倍频器扩展发射机输出级的工作波段；在调频和调相发射机中，采用倍频器可加大频移或相移，即可加深调制深度。因此，在无线电发射机、频率合成器等电子设备中广泛地运用了倍频器。

倍频器按其工作原理可分为三类：利用丙类放大器电流脉冲中的谐波经选频回路获得倍频；利用模拟乘法器实现倍频；利用 PN 结电容的非线性变化得到输入信号频率的谐波，经选频回路获得倍频。

当工作频率不超过几十兆赫兹时，主要利用丙类放大器电流脉冲中的谐波经选频回路获得倍频的丙类倍频器。

在丙类工作时，晶体管集电极电流脉冲含有丰富的谐波分量，将丙类谐振功放集电极谐振回路调谐在二次或三次谐波频率上，那么放大器只有二次或三次谐波电压输出，这样就可以构成二倍频器或三倍频器。通常丙类倍频器工作在欠压或临界状态。

由于集电极电流脉冲的高次谐波的分解系数总小于基波分解系数，所以倍频器的输出功率和效率均低于基波放大器，且倍频次数越高，相应的谐波分量幅度越小，其输出功率和效率就越低，即同一个晶体管在输出相同功率时，作为倍频器工作，其集电极损耗要比作为基波放大器工作时大。另外，考虑到输出回路需要滤除高于和低于某次的各谐波分量，其中低于某次的各谐波量幅度，特别是基波信号的幅度比有用分量大，要将它们滤除较为困难。显然，倍频次数过高，对输出回路的要求就会过于苛刻而难以实现。另外，当增高倍频次数时，为了得到一定的功率输出，就需增大输入信号幅度，使得晶体管发射结承受的反向电压增大。所以，一般单级丙类倍频器采用二次或三次倍频，若要提高倍频次数，可将倍频器级联起来使用。

为了有效抑制低于倍频频率的谐波分量，实际丙类倍频器输出回路中常采用陷波电路，如图 3–30 所示。图示为三倍频器，其输出回路调谐在三次谐波频率上，用以获得三倍频电压输出，而串联谐振回路 L_1C_1、L_2C_2 与并联谐振回路 L_3C_3 相并联，串联谐振回路 L_1C_1 调谐在基波，抑制基波输出。串联谐振回路 L_2C_2 调谐在二次谐波，抑制二次谐波输出。因此 L_1C_1、L_2C_2 回路称为串联陷波电路。并联谐振回路 L_3C_3 调谐在三次谐波频率上，输出三次谐波电压。

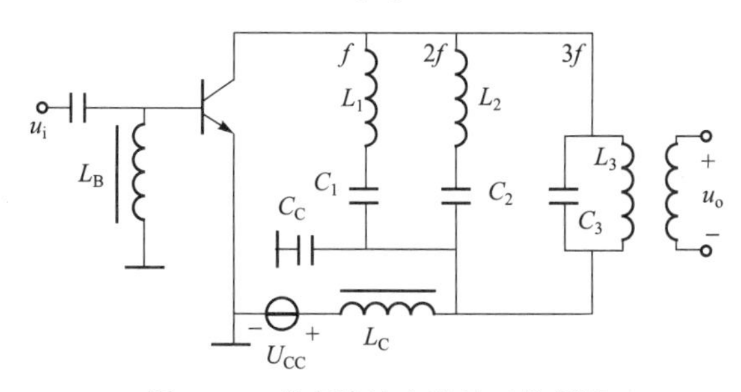

图 3–30　带有陷波电路的三倍频器

3.4 技能训练3：高频功率放大与发射实训

1. 实训目的

（1）了解丙类功率放大器的基本工作原理，掌握丙类功率放大器的调谐特性以及负载变化时的动态特性。

（2）了解激励信号变化对功率放大器工作状态的影响。

（3）比较甲类功率放大器与丙类功率放大器的功率、效率与特点。

（4）通过实训操作培养学生一丝不苟的工匠精神，实训数据分析及实训报告撰写培养学生严谨求实的科学精神，实训任务分工合作培养学生的团结协作能力。

2. 实训预习要求

实训前预习本章有关内容。

3. 实训原理

丙类功率放大器通常作为发射机末级功放以获得较大的功率和较高的效率。本实训单元由三级放大器组成，如图3–31所示。

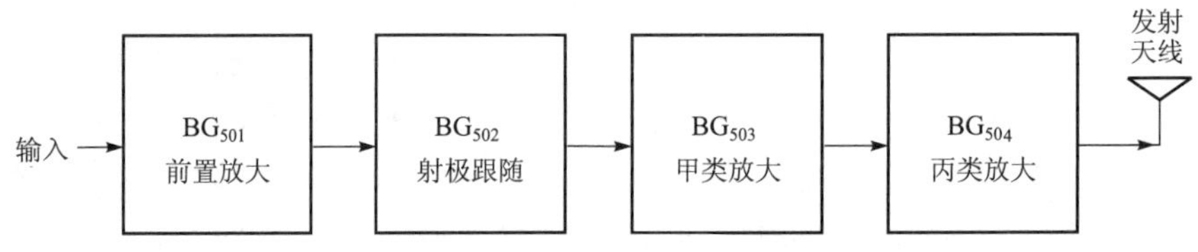

图3–31 高频功率放大器原理框图

高频功率放大与发射的实际电路如图3–32所示。图中，BG_{501}是一级甲类线性放大器，以适应较小的输入信号电平。R_{W501}和R_{503}可调节这一级放大器的偏置电压，同时控制输入电平；BG_{502}为射极跟随电路，R_{W502}和R_{W503}可控制后两级放大器的输入电平，以满足甲类功放和丙类功放对输入电平的要求；BG_{503}为甲类功率放大器，其集电极负载为LC选频谐振回路，谐振频率为10 MHz，R_{509}和R_{511}可调节甲类放大器的偏置电压，以获得较宽的动态范围；BG_{504}为一典型的丙类高频功率放大电路，其基极无直流偏置电压。只有载波的正半周且幅度足够才能使功率管导通，其集电极负载为LC选频谐振回路，谐振在载波频率以选出基波，因此可获得较大的功率输出。R_{513}可调节丙类放大器的功率增益，SW_{501}可选择丙类放大器的输出负载。全部电路由+12 V电源供电。

4. 实训仪器设备

（1）TKGPZ–1型高频电子线路综合实训箱。

（2）双踪示波器。

（3）高频信号发生器。

（4）频率计。

（5）万用表。

5. 实训内容与步骤

在实训箱上找到本实训的单元电路，并接通实训箱电源，按下+12 V总电源开关K_1和本

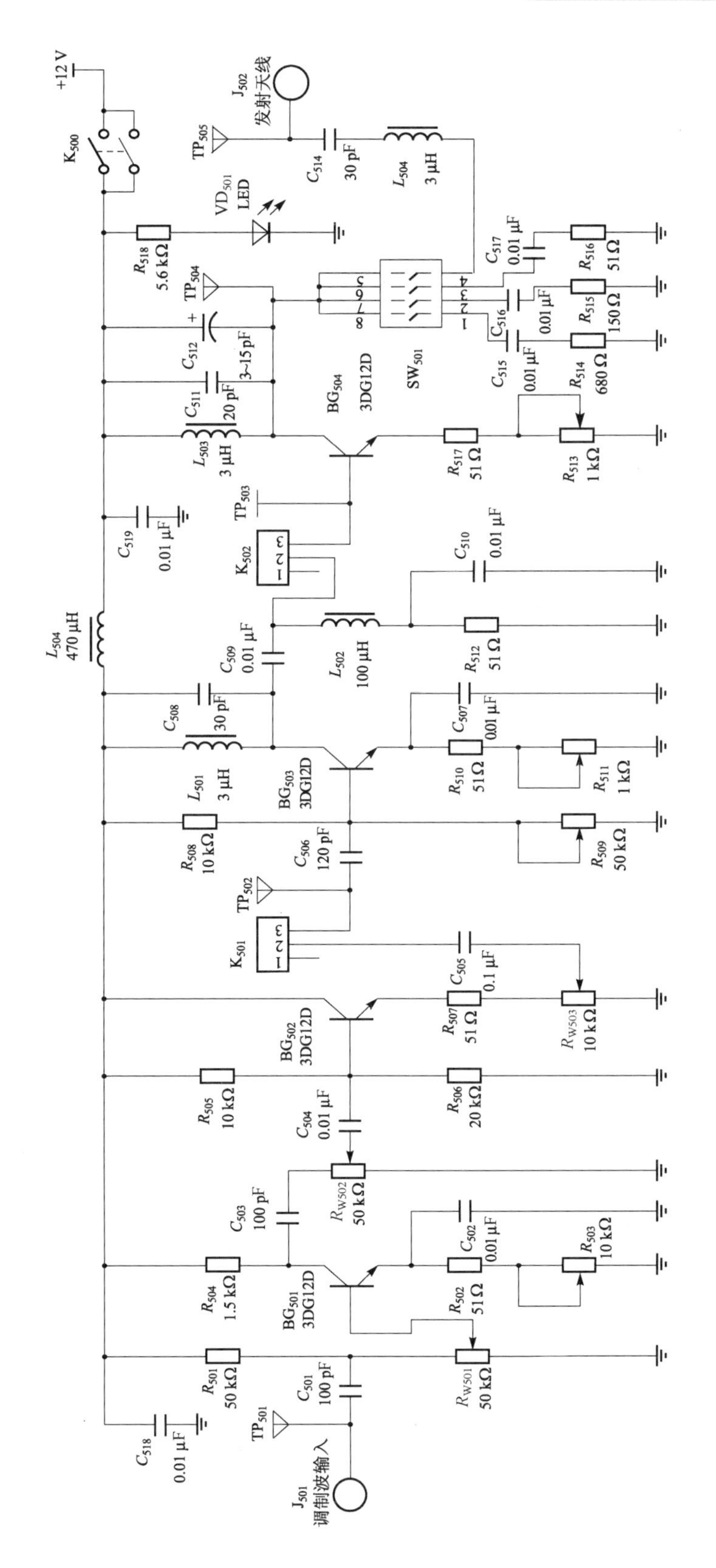

图 3-32　高频功率放大与发射实训电路原理图

实训单元的电源开关 K_{500}，相对应的发光二极管点亮。

（1）调整高频功率放大电路三级放大器的工作状态。

对照图 3–32 电原理图，在 TP_{501}（或 J_{501}）输入 10 MHz、0.4 V_{P-P}、调制度为 30%的调幅波，用示波器在各测试点观察，调整电路中各电位器，使甲类功放与丙类功放的输出最大，失真最小（SW_{501} 全部开路）。

（2）甲类、丙类功放直流工作点的比较。

在上述状态下，用万用表直流电压挡测量 BG_{503} 和 BG_{504} 的基极电压，然后断开 TP_{501} 处的高频输入信号，再次测量 BG_{503} 和 BG_{504} 的基极电压，并进行比较。

（3）调谐特性的测试。

在上述状态下，改变输入信号频率，频率范围为 4～16 MHz，用示波器测量 TP_{504} 的电压值（SW_{501} 全部开路），将测量结果填入表 3–1 中。

表 3–1　数据记录表

f/MHz	4	6	8	10	12	14	16
U_c/V_{P-P}							

（4）负载特性的测试。

在上述状态下，保持输入信号频率 10 MHz，然后将负载电阻转换开关 SW_{501} 依次从 1～4 拨动，用示波器测量 TP_{504} 的电压值 U_c 和发射极的电压值 U_e，记录于表 3–2 中，然后分析负载 R_L 对工作状态的影响。

表 3–2　数据记录表

R_L/Ω	680	150	51	天线
U_c/V_{P-P}				
U_e/V_{P-P}				

（5）功率、效率的测量与计算，并将相应数据记录于表 3–3 中。

表 3–3　数据记录表（f=10 MHz）

功放类型	U_b	U_c	U_{ce}	U_{ipp}	I_i	U_{opp}	I_o	I_c	$P_=$	P_o	P_c	η
甲放												
丙放												

其中，U_{ipp}：输入电压峰–峰值；

U_{opp}：输出电压峰–峰值；

I_o：发射极直流电压/发射极电阻值；

$P_=$：电源给出直流功率（$P_=$=$U_{CC}\times I_o$）；

P_c：三极管损耗功率（P_c=$I_c\times U_{ce}$）；

P_o：输出功率（P_o=$0.5\times U_o^2/R_L$）。

6. 实训注意事项

（1）实训时，应注意 BG_{503}、BG_{504} 金属外壳的温升情况，必要时可暂时降低高频信号发生器输出电平。

（2）发射天线可用短接线插头向上叠加代替，高度应适当。

7. 预习思考题

（1）丙类放大器的特点是什么？为什么要用丙类放大器？

（2）影响功率放大器功率和效率的主要电路参数是什么？

8. 实训报告

按照实训内容的四个步骤写出实训报告。

本章小结

（1）高频功率放大器的主要作用是放大高频信号，以高效率输出大功率。为了提高效率，高频谐振功放多工作在丙类状态，而且一般采用选频网络作负载，完成阻抗匹配和滤波功能，不同于纯电阻负载的情况。

（2）丙类高频谐振功率放大器中功放管的导通角小于90°，所以输出电流为脉冲电流，但是利用了选频网络的滤波作用，可以得到正弦电压输出。

（3）丙类谐振功放的三种工作状态如下。

① 欠压状态。动特性线在截止区和放大区，输出电压幅度小，输出功率和效率低，集电极功耗大。

② 过压状态。动特性线进入饱和区，集电极电流脉冲出现凹陷，输出电压幅度大，且呈现恒压特性，输出功率低，效率高。

③ 临界状态。动特性线达到临界饱和线，输出电压幅度大，输出功率和效率高，集电极功耗小，是谐振功率放大器理想的工作状态。

（4）丙类谐振功放的外部特性。它指外部参数对谐振功率放大器的工作状态和性能所造成的影响。

① 负载特性。仅负载 R_e 变化对功放工作状态和性能的影响，R_e 增大，工作状态由欠压经临界向过压变化。

② 放大特性。仅激励电压幅度 U_{bm} 变化对功放工作状态和性能的影响，U_{bm} 增大，工作状态由欠压经临界向过压变化。工作在欠压区，对输入信号可实现线性放大。

③ 基极调制特性。仅基极偏置电压 U_{BB} 变化对功放工作状态和性能的影响，U_{BB} 增大，工作状态由欠压经临界向过压变化。工作在欠压区，可实现基极调幅。

④ 集电极调制特性。仅集电极偏置电压 U_{CC} 变化对功放工作状态和性能的影响，U_{CC} 减小，工作状态由欠压经临界向过压变化。工作在过压区，可实现集电极调幅。

（5）谐振功放直流电路有串联和并联馈电两种形式。基极偏置常采用自给偏置电路。自给偏置电路只能产生反向偏压，自给偏压形成的必要条件是电路中存在非线性导电现象。

（6）滤波匹配网络的主要作用是将实际负载阻抗变换为放大器所要求的最佳负载；其次是有效滤除不需要的高次谐波，并把有用信号功率高效率地传给负载。

（7）将丙类谐振功放集电极谐振回路调谐在二次或三次谐波频率上，就可以构成二倍频或三倍频器。通常丙类倍频器工作在欠压或临界状态，其输出功率和效率均低于基波放大器。

（8）宽带高频功放中，级间用传输线变压器作为宽带匹配网络，同时采用功率合成技术，实现多个功率放大器的联合工作，从而获得大功率输出。

（9）传输线变压器不同于普通变压器，它是将传输线绕在高磁导率、低损耗的磁环上构成的，其能量根据激励信号频率的不同，以传输线方式或以变压器方式传输。在高频以传输线方式为主，在低频以传输线和变压器方式进行，在频率很低时将以变压器方式传输，所以传输线变压器具有很宽的工作频带，它主要用于平衡和不平衡电路的转换、阻抗变换、功率合成与分配等。

思考与练习题

3.1　谐振功率放大器与小信号谐振放大器有哪些区别？

3.2　丙类谐振功放工作在临界状态，已知晶体管的转移特性曲线的斜率 g_c=0.8 A/V，U_{BB}=−0.4 V，$U_{BE(on)}$=0.6 V，θ=70°，α_1（70°）=0.436，α_0（70°）=0.253，U_{CC}=24 V，ξ=0.9。试求：该功放的输出功率 P_o、效率 η_c 及回路等效谐振电阻 R_e。

3.3　已知丙类谐振功放中，U_{CC}=16 V，U_{BB}=−0.2 V，$U_{BE(on)}$=0.6 V，U_{cm}=15 V，要求输出功率 P_o=2 W，θ=60°，α_1（60°）=0.39，α_0（60°）=0.22。试求该功放的谐振电阻 R_e、输入电压 U_{bm}、集电极效率 η_c、直流电源供给功率 P_E 及集电极电流脉冲最大值 i_{Cmax}。

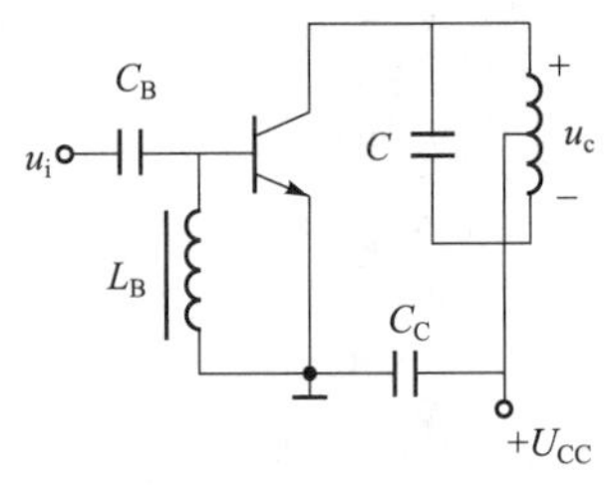

图 3–33　习题 3.4 用图

3.4　谐振功放电路如图 3–33 所示，放大器工作在临界状态，已知晶体管的转移特性的斜率 g_c=1 A/V，$U_{BE(on)}$=0.5 V，电源电压 U_{CC}=12 V，ξ=0.95，θ=60°，α_1（60°）=0.39，α_0（60°）=0.22。试求：（1）输入电压 u_i 的振幅及集电极电流脉冲的最大值 i_{Cmax}；（2）功率与效率 P_o、P_E、P_C 及 η_c；（3）等效谐振电阻 R_e。

3.5　丙类谐振功放为什么一定要用调谐回路作为晶体管的集电极负载？回路为什么一定要调谐到谐振状态？回路失谐将会产生什么结果？

3.6　谐振功放电路如图 3–33 所示，已知三极管的 $U_{BE(on)}$=0.6 V，饱和压降 U_{CES}=0.5 V，转移特性的斜率 g_c=1 A/V，电源电压 U_{CC}=12 V，u_i=1.5cosωtV，放大器工作在临界状态。（1）作出谐振功放集电极电流波形，求出 i_{Cmax}、θ;（2）当 R_e=81 Ω 时，求 P_o；（3）回路失谐后，i_C 脉冲有什么变化，放大器工作在什么状态？

3.7　丙类谐振功放输出功率为 P_o=2 W，在电路其他参数不变时，增大 U_{bm}，发现输出功率 P_o 变化不大，为什么？现要提高输出功率需采用什么方法？

3.8　电路如图 3–34 所示，试分析该电路的作用，指出电路工作状态，说明 R_B、C_B 的作用。

3.9　谐振功放电路如图 3–35 所示，指出：（1）集电极直流馈电方式；（2）基极偏置方式；（3）输出滤波匹配网络形式；（4）输入滤波匹配网络形式。

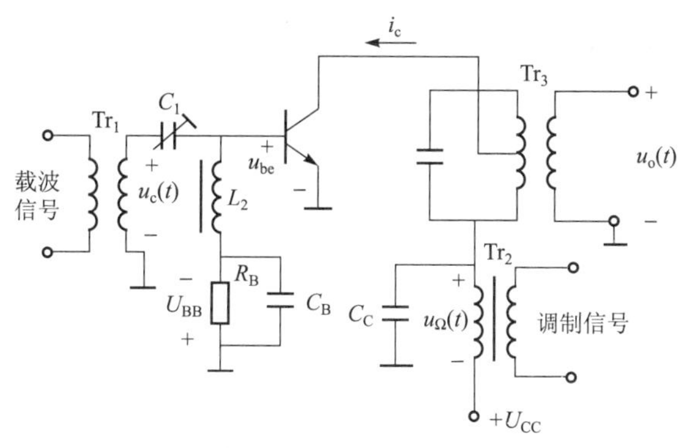

图 3–34　习题 3.8 用图

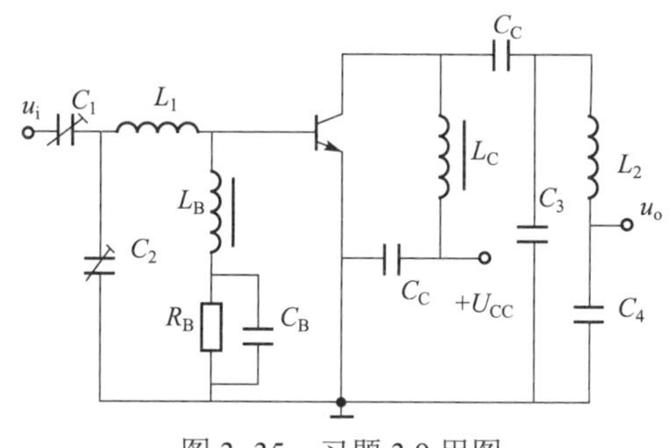

图 3–35　习题 3.9 用图

3.10　一谐振功放，要求工作在临界状态，已知 U_{CC}=20 V，P_o=0.5 W，R_L=50 Ω，集电极电压利用系数为 0.95，工作频率 f=50 MHz。试选择 L 型网络作为输出匹配网络，计算该网络的元件值。

3.11　已知实际负载 R_L=50 Ω，谐振功放要求的最佳负载电阻 R_e=121 Ω，工作频率 f=30 MHz，试计算如图 3–36 所示∏型输出滤波匹配网络的元件值，取中间变换阻抗负载 R_L'=2 Ω。

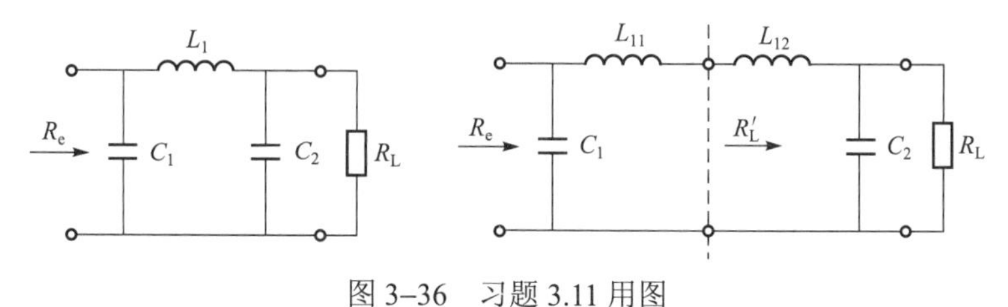

图 3–36　习题 3.11 用图

3.12　传输线变压器构成的阻抗变换器如图 3–37 所示，其负载电阻 R_L=50 Ω。试求输入电阻 R_i 的大小及相应的特性阻抗 Z_C。

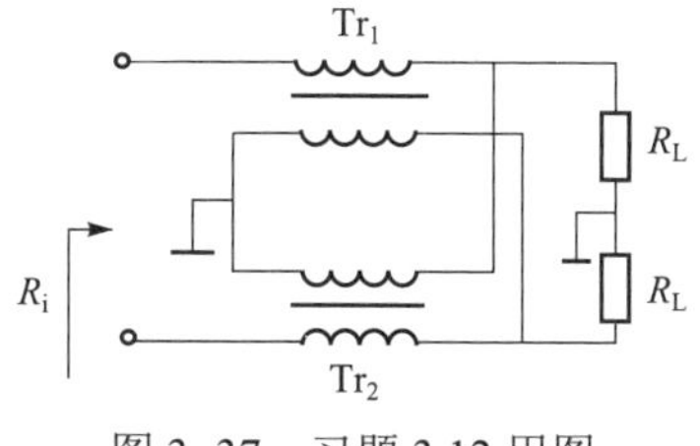

图 3–37　习题 3.12 用图

3.13 传输线变压器构成的阻抗变换器如图 3–38 所示，其负载电阻 R_L=50 Ω，求输入阻抗 R_{i4}、R_{i3}、R_{i2} 及 R_i 的大小。

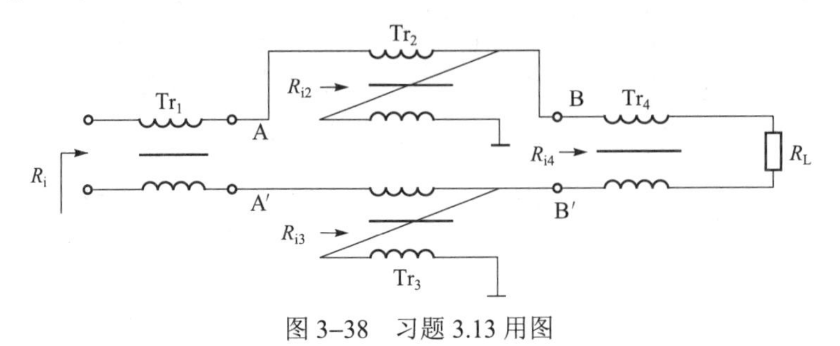

图 3–38 习题 3.13 用图

第4章 正弦波振荡器的应用

学习目标

（1）理解正弦波振荡器的产生及一般分析方法。

（2）掌握三点式振荡电路及各种改进电路。

能力目标

能够分析正弦波振荡器的工作过程及区别各种振荡器的工作特点。

振荡器是指在没有外加信号作用下的一种自动将直流电源的能量转换为具有一定波形参数的交流振荡信号的装置。它与放大器的区别在于这种转换不需外部信号的控制。振荡器输出的信号频率、波形、幅度完全由电路自身的参数决定。

正弦波振荡器在电子技术领域里有着广泛的应用。例如，在无线电通信、广播、电视发射机中用来产生所需的载波和本机振荡信号；在电子测量仪器中用来产生各种频段正弦信号等。对这些振荡器的主要要求是振荡频率和振荡幅度的准确性和稳定性，其中振荡频率的准确性和稳定度最为重要。

振荡器的种类很多，从所采用的分析方法和振荡器的特性来看，可以把振荡器分为反馈式振荡器和负阻式振荡器两大类。反馈式振荡器是利用正反馈原理构成的，它是目前应用最多的一类振荡器；负阻式振荡器将负阻器件直接接到谐振回路中，利用负阻器件的负电阻效应去抵消回路中的损耗，从而产生等幅的自由振荡，这类振荡器主要工作在微波频段。

根据振荡器所产生的波形，又可以把振荡器分为正弦波振荡器和非正弦波振荡器。

4.1 反馈型振荡器

4.1.1 反馈型振荡器的工作原理

反馈型振荡器是通过正反馈连接方式实现等幅正弦振荡的电路。它是由放大器和反馈网络组成的一个闭合环路，放大器通常是以某种选频网络（如振荡回路）作负载，是一调谐放大器，反馈网络一般是由无源器件组成的线性网络。图4–1所示为反馈型振荡器的组成框图及相应电路。

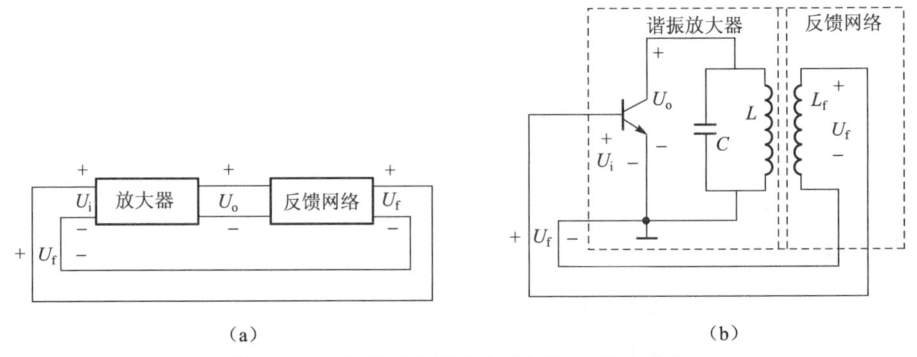

图4–1 反馈型振荡器的组成框图及相应电路

（a）反馈型振荡器组成框图；（b）反馈型振荡器电路

作为反馈型振荡器，当它刚接通电源时，振荡电压是不会立即建立起来的，而必须经历一段振荡电压从无到有逐步增长的过程，直到进入平衡状态，使振荡电压的振幅和频率维持在相应的平衡值上。即使有外界不稳定因素的影响，振幅和频率仍应稳定在原平衡值附近，而不会产生突变或者停止振荡。因此，要保证闭合环路成为反馈型振荡器的条件是：保证接通电源后从无到有建立起振荡的起振条件，保证进入平衡状态、输出等幅持续振荡的平衡条件以及保证平衡状态不因外界不稳定因素影响而受到破坏的稳定条件。

4.1.2 平衡条件、起振条件和稳定条件

1. 平衡条件

当反馈信号 u_f 等于放大器的输入信号 u_i，或者反馈信号 u_f 等于产生输出电压 u_o 所需的输入电压 u_i，这时振荡电路的输出电压不再发生变化，电路达到平衡状态，因此将 u_i=u_f 称为振荡的平衡条件。因这是一个复数方程，可见，振荡的平衡条件应包括振幅平衡条件和相位平衡条件两个方面。

（1）振幅平衡条件为

$$AF=1 \tag{4–1}$$

（2）相位平衡条件为

$$\phi_A+\phi_F=2n\pi \quad n=0，1，2，3，\cdots \tag{4–2}$$

式中，A、ϕ_A 为放大器的开环放大倍数和相角；F、ϕ_F 为反馈网络的电压传输系数和相角。

式（4–1）说明，由放大器和反馈网络组成的一个闭合环路中，其环路传输系数应等于 1，以使反馈电压与输入电压相等。

式（4–2）说明，放大器与反馈网络的总相移必须等于 2π 的整数倍，使反馈电压与输入电压相位相等，以保证环路构成正反馈。

反馈型振荡器要稳定振荡，其振幅条件和相位条件必须同时满足，利用相位平衡条件确定振荡频率振幅，利用振幅平衡条件确定振荡输出信号的幅值。

2. 起振条件

上面讲的振荡平衡条件是假定振荡已经产生，为了维持振荡平衡所需的要求，但是刚一开机时振荡如何产生？

振荡器闭合电源后，各种扰动，如晶体管电流的突然增长、电路的热噪声，是振荡器起振的初始激励。突变的电流包含许多谐波成分，扰动噪声也包含各种频率分量，它们通过 LC 谐振回路，在它两端产生电压，由于谐振回路的选频作用，只有接近于 LC 回路谐振频率的电压分量才能被选出来，但是电压的幅度很微小，不过由于电路中正反馈的存在，经过反馈和放大的循环过程，幅度逐渐增长，这就建立了振荡。图 4–2 所示为振荡的建立过程。

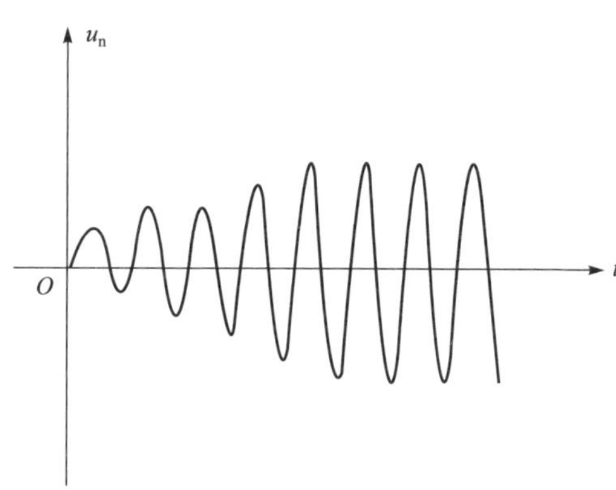

图 4–2　振荡的建立过程

振荡器起振条件是指为产生自激振荡所需放大倍数 A 和反馈系数 F 的乘积的最小值。必须满足以下条件。

振幅起振条件为

$$AF > 1 \qquad (4\text{–}3)$$

相位起振条件为

$$\phi_A + \phi_F = 2n\pi \quad n=0，1，2，3，\cdots \qquad (4\text{–}4)$$

相位条件是构成振荡电路的关键，振荡闭合环路必须是正反馈。相位起振条件和相位平衡条件是一致的。

3. 稳定条件

振荡器的稳定条件是说在某种扰动下，使振荡器的原平衡条件遭到破坏时，能在原平衡点附近重新建立新的平衡状态，当扰动消失后，能自动恢复原来的平衡状态时电路所要满足的条件。稳定条件分为振幅平衡稳定条件和相位平衡稳定条件。

1）振幅平衡稳定条件

振幅平衡的稳定条件为

$$\frac{\partial A}{\partial u_o} < 0 \qquad (4\text{–}5)$$

图 4–3 所示为输出电压与电压增益 A 及 $1/F$ 之间的关系曲线，曲线的左半部反映了当 u_o 较小时，随着 u_o 的增大电压增益 A 增大，达到最大值后又将随着 u_o 增大而减小。曲线与 $1/F$ 有两个交点，即 B 与 Q。在这两个点都满足振幅平衡条件 $AF=1$，所以都是平衡点。但 B 点

为不稳定平衡点。假若在B点，由于某种因素使u_o增大，A增大，此时$A>1$，即$AF>1$，振荡会越来越强。再看Q点，假定由于某种因素使u_o增大，而增益A反而下降，使$A<1$，即$AF<1$，振荡会自动减弱，从而使振荡稳定。所以，Q点为稳定的平衡点。在曲线B处的斜率为正，Q处的斜率为负。

2）相位平衡稳定条件

相位平衡的稳定条件为

$$\frac{\partial\varphi}{\partial\omega}<0 \tag{4-6}$$

在振荡器的振幅平衡条件受到破坏的同时，相位平衡条件也会遭到破坏，从而使振荡器不能正常工作。要保持振荡器相位平衡的稳定，就必须保证当外界的扰动引起振荡频率发生变化从而产生新的相移时，振荡器应该有恢复相位平衡的能力。也就是说，在振荡频率发生变化时，振荡器能够产生一个相移，该相移若与扰动引起的相移大小相等、方向相反，则可以保证电路的相位平衡条件。图4–4所示为振荡器相频特性曲线。

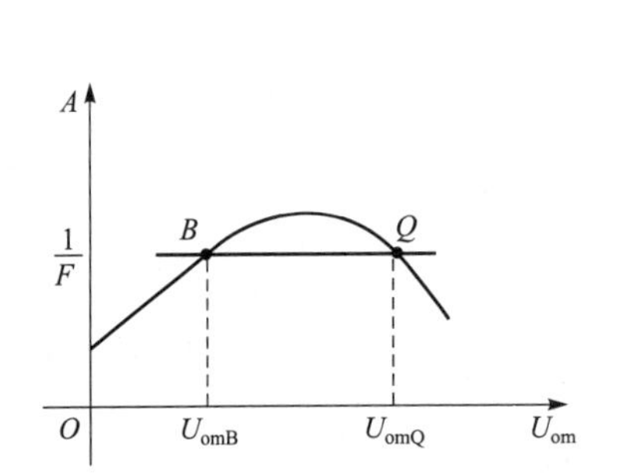

图4–3　输出电压与电压增益A及$1/F$之间的关系曲线

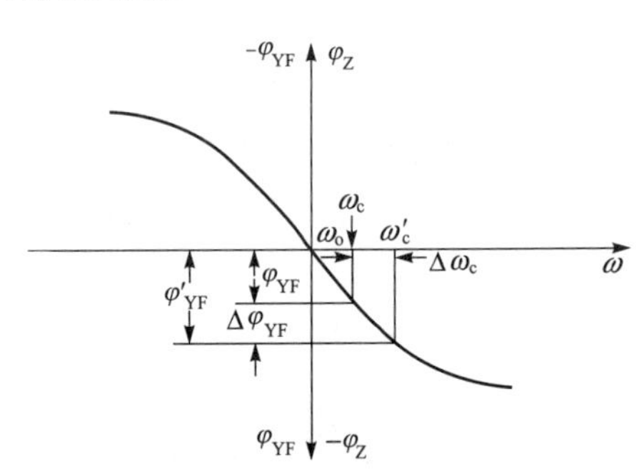

图4–4　振荡器相频特性

假设初始的振荡频率为ω_c，由于外界干扰产生新的相移时破坏了原来工作于ω_c的平衡条件，使频率提高到ω_c'，频率的变化量为$\Delta\omega_c$，该变化量$\Delta\omega_c$引起的相位的变化量为该相移，若完全抵消干扰产生的相移，则振荡器在ω_c'达到新的平衡。可见，相位平衡的稳定条件是振荡器的相频特性具有负的斜率。

4.2　三点式LC振荡器

LC振荡器就是采用LC谐振回路作选频网络的一类振荡器。在振荡频率的稳定度不是很高的情况下，此类振荡器应用非常广泛。三点式LC振荡器是指LC回路的三个端点与晶体管的三个电极分别连接而组成的一种振荡器，它可分为电容三点式振荡器和电感三点式振荡器两种基本类型。

4.2.1　三点式振荡器的基本工作原理

三点式振荡器的基本结构如图4–5所示。图中放大器件采用晶体三极管，三个电抗元件X_1、X_2、X_3组成LC谐振回路，回路三个引出端分别与晶体管三个电极相连，谐振回路既是晶体管的集电极负载，又是正反馈选频网络。

电路产生振荡，首先要满足相位平衡条件，即电路应构成正反馈。为便于说明，忽略电抗元件的损耗及管子输入、输出阻抗的影响。当 X_1、X_2、X_3 组成的谐振回路谐振，即 $X_1+X_2+X_3=0$ 时，回路等效阻抗为纯电阻，放大器的输出电压 u_o 与 u_i 反相，电抗 X_2 上的压降 u_f 必须与 u_o 反相，u_f 才会与 u_i 同相，使电路满足相位平衡条件。由此可知，三点式振荡电路的反馈系数为

$$\dot{F}=\frac{\dot{U}_f}{\dot{U}_o}=-\frac{X_2}{X_1}$$

综上所述，X_1 与 X_2 的电抗性质必须相同，X_3 与 X_1、X_2 的电抗性质必须相异，即与发射极相连的为同性质电抗，不与发射极连接的为异性质电抗。根据这个法则，可构成电感三点式和电容三点式振荡器，如图 4–6 所示。

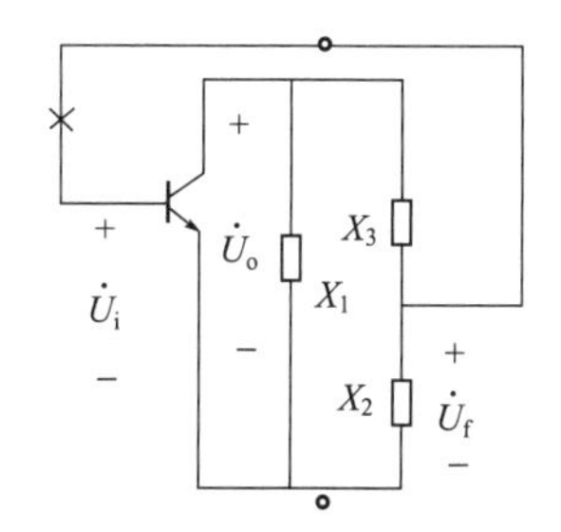

图 4–5 三点式振荡器基本结构

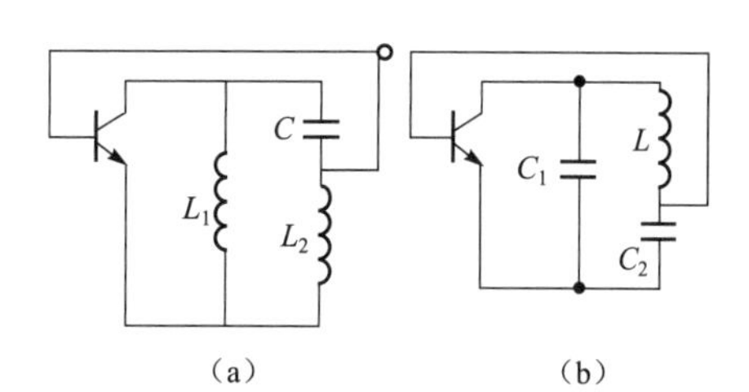

图 4–6 三点式振荡器基本形式

（a）电感三点式；（b）电容三点式

4.2.2 电感三点式振荡器

电感三点式振荡器又称为哈脱莱（Hartley）振荡器，其原理电路如图 4–7（a）所示。交流通路如图 4–7（b）所示。电路由 L_1、L_2 及 C 组成的谐振回路作为集电极的负载。晶体管的三个电极接 LC 回路的三个端点，反馈电压取自电感，也叫电感反馈振荡器。电阻 R_{B1}、R_{B2} 为基极偏置电阻，使电路便于起振，并具有较高的电压增益。C_B 为旁路电容，C_E 为耦合电容，防止直流时电感将发射极对地短路。

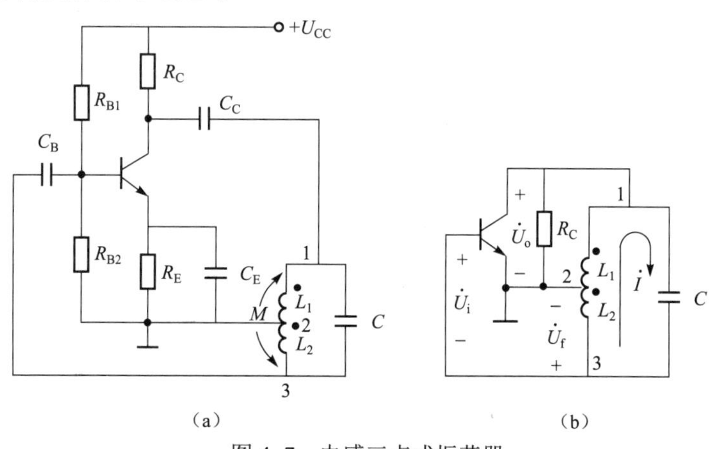

图 4–7 电感三点式振荡器

（a）原理电路；（b）交流通路

由交流通路图可见，当 L_1、L_2 及 C 组成谐振回路时，输出电压 u_o 与输入电压 u_i 反相，而反馈电压 u_f 与 u_o 反相，所以 u_f 与 u_i 同相，电路在回路谐振频率上构成正反馈，满足振荡的相位条件。由此可得电路的振荡频率为

$$f_0 \approx \frac{1}{2\pi\sqrt{(L_1+L_2+2M)C}}$$

反馈系数为

$$\dot{F} = -\frac{L_2+M}{L_1+M}$$

电感三点式振荡器的优点是电路便于起振，而且用改变电容的方法调整振荡频率时，不会改变反馈系数，因而也基本不会影响输出电压的幅度，故调整振荡频率方便。其缺点是由于反馈信号取自电感，而电感对于高次谐波呈现高阻抗，故输出波形的高次谐波成分较多，输出波形不够好；而且由于 L_1、L_2 上的分布电容及晶体管的结电容都与它们并联，当工作频率很高时，分布参数的影响会很严重，甚至可能使 F 衰减到不满足起振条件。因此，振荡频率不宜过高。

4.2.3 电容三点式振荡器

电容三点式振荡器又称为考毕兹（Colpitts）振荡器，其原理电路如图 4–8（a）所示。交流通路如图 4–8（b）所示。晶体管的三个电极分别接 LC 回路，反馈电压取自电容 C_2，故也叫电容反馈振荡器。

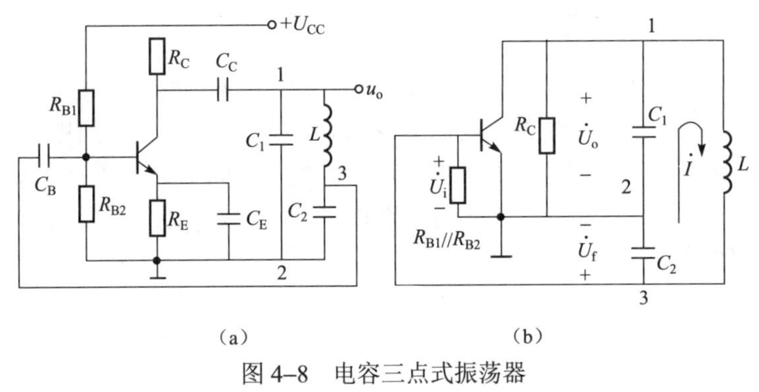

图 4–8　电容三点式振荡器

（a）原理电路；（b）交流通路

由图 4–8 可见，C_1、C_2、L 并联谐振回路构成反馈选频网络，其中 C_1 相当于图 4–5 的 X_1，C_2 相当于 X_2、L 相当于 X_3，并联谐振回路三个端点分别与晶体管的三个电极相连接，且 X_1 与 X_2 为同性质电抗元件，X_3 与 X_1、X_2 为异性质电抗元件，符合三点式振荡电路组成法则，满足振荡的相位平衡条件。由此可得电路的振荡频率为

$$f_0 \approx \frac{1}{2\pi\sqrt{LC}} \quad \left(C = \frac{C_1C_2}{C_1+C_2}\right)$$

电路的反馈系数为

$$\dot{F} = -\frac{C_1}{C_2}$$

电容三点式振荡器的优点是输出波形好。这是由于反馈电压取自电容支路，而电容对高次谐波的阻抗很小，因而输出波形中因非线性产生的高次谐波的成分较小。当振荡频率较高时，可以直接利用晶体管的输入电容及输出电容作为回路元件，但振荡频率的稳定度不会太高。该类振荡器的振荡频率高于电感三点式振荡电路的振荡频率。缺点是改变电容来调节振荡频率时，反馈系数 F 也会随之改变，严重时会影响输出电压的稳定和起振条件。

4.2.4　改进型电容三点式振荡器

由于晶体管极间存在寄生电容，它们均与谐振回路并联，会使振荡频率发生偏移，而且晶体管极间电容的大小会随晶体管工作状态变化而变化，这将引起振荡频率的不稳定。为了减少晶体管极间电容的影响，可采用克拉泼电路（Clapp），它为改进型电容三点式振荡电路（见图 4–9）。与电容三点式振荡电路相比较，仅在谐振回路电感支路增加了一个电容 C_3，其取值比较小，要求 $C_3 \ll C_1$、$C_3 \ll C_2$。

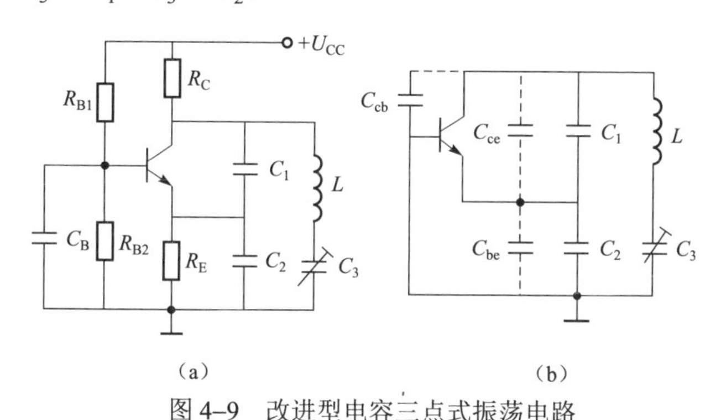

图 4–9　改进型电容三点式振荡电路

（a）原理电路；（b）交流通路

从图 4–9（b）所示的交流通路，可见 C_{ce}、C_{be}、C_{cb} 分别为晶体管 C–E 和 B–E 和 C–B 之间的极间电容，它们都并接在 C_1、C_2 上，而不影响 C_3 的值，因此，谐振回路的总电容量为

$$C = \frac{1}{\dfrac{1}{C_1} + \dfrac{1}{C_2} + \dfrac{1}{C_3}} \approx C_3$$

式中略去了晶体管极间电容的影响，并联谐振回路的谐振频率即振荡频率为

$$f_0 \approx \frac{1}{2\pi\sqrt{LC}} = \frac{1}{2\pi\sqrt{LC_3}}$$

由此可见，C_1、C_2 对振荡频率的影响显著减小，那么与 C_1、C_2 并接的晶体管极间电容的影响也就很小，C_3 越小，振荡频率的稳定度就越高。但为了满足相位平衡条件，L、C_3 串联支路应呈感性，所以实际振荡频率稳定度提高了，改变 C_3 反馈系数可保持不变，但谐振回路接入 C_3 后，使晶体管输出端（C、E）与回路的耦合减弱，晶体管的等效负载减小，放大器的放大倍数下降，振荡器输出幅度减小。C_3 越小，放大倍数越小，如 C_3 过小振荡器因不满足振幅起振条件而会停止振荡。

4.2.5 振荡器的频率稳定和振幅稳定

振荡器除了它的输出信号要满足一定的频率和幅度外，还必须保证输出信号频率和幅度的稳定，频率稳定度和振幅稳定度是振荡器两个重要的性能指标。

1. 频率稳定

1）频率稳定度

它是指在规定时间内，规定的温度、湿度、电源电压等变化范围内，振荡频率的相对变化量。

（1）绝对频率稳定度。它是指在一定条件下实际振荡频率 f 与标准频率 f_0 的偏差 Δf，即

$$\Delta f = f - f_0$$

（2）相对频率稳定度。它是指在一定条件下，绝对频率稳定度与标准频率之间的比值，即

$$\frac{\Delta f}{f_0} = \frac{f - f_0}{f_0}$$

频率稳定度常用的是相对频率稳定度，简称频率稳定度。例如，一个振荡频率为 1 MHz 的振荡器，实际工作在 0.999 99 MHz 上，它的相对频率稳定度为 $\Delta f/f_0$=（f–f_0）/ f_0= 10 Hz/1 MHz=1×10^{-5}。

$\Delta f/f_0$ 越小，频率稳定度越高。上面所说的一定条件可以分为以下几种情况。

短期稳定度——1 h 内的相对频率稳定度，一般用来评价测量仪器和通信设备中主振荡器的频率稳定指标。

中期稳定度——1 天内的相对频率稳定度。

长期稳定度——数月或 1 年内的相对频率稳定度。

频率稳定度用 10 的负几次方表示，次方绝对值越大，稳定度越高。中波广播电台发射机的中期稳定度是 10^{-5} 数量级，电视发射机的为 10^{-7} 数量级，普通信号发生器的为 10^{-3}～10^{-5} 数量级，作为频率标准振荡器的则要求达到 10^{-8}～10^{-9} 数量级。

2）造成频率不稳定的因素

振荡器的频率主要取决于回路的参数，也与晶体管的参数有关，这些参数不可能固定不变，所以振荡频率也不能绝对稳定。

（1）LC 回路参数的不稳定。温度变化是使 LC 回路参数不稳定的主要因素。温度改变会使电感线圈和回路电容几何尺寸变形，因而会改变电感 L 和电容 C 的数值。一般 L 具有正温度系数，即 L 随温度的升高而增大。而电容由于介电材料和结构的不同，电容器的温度系数可正可负。

（2）晶体管参数的不稳定。当温度变化或电源变化时，必定引起静态工作点和晶体管结电容的改变，从而使振荡频率不稳定。

3）高频率稳定度的主要措施

振荡器的频率稳定度好坏决定振荡电路的稳频性能。为了提高频率稳定度，一方面应选用高质量的电感、电容构成谐振回路，使回路有较高的品质因数；其次在电路设计时应力求使电路的振荡频率接近回路的谐振频率。

引起频率不稳定的原因是外界因素的变化。但是引起频率不稳定的内因则是决定振荡频率的谐振回路对外因变化的敏感性。因此，要提高振荡频率的稳定度可以从以下两方面入手。

（1）减小外界因素的变化。减小外界因素变化的措施很多。例如，减小温度的影响；采用稳定电源电压；减小负载的影响等。

（2）提高谐振回路的标准性。采用参数稳定的回路电感器和电容器；采用温度补偿法改进安装工艺，缩短引线，加强引线机械强度。元件和引线安装牢固，可减小分布电容和分布电感及其变化量。晶体管与回路之间的连接采用松耦合。

2. 振幅稳定

振荡器在外界因素的影响下，输出电压将会发生波动。为了维持输出电压的稳定，振荡器应具有自动稳幅性能，即当输出电压增大时，振荡器的环路增益 AF 应自动减小，迫使输出电压下降，反之亦然。为了衡量振荡器稳幅性能的好坏，常引用振幅稳定度这一性能指标。即在规定的条件下，输出信号幅度的相对变化量。如振荡器输出电压标称值为 U_0，实际输出电压与标称值之差为 ΔU，则振幅稳定度为 $\Delta U/U_0$。提高输出振幅稳定度的措施有外稳幅、内稳幅和采用高稳定的直流稳压电源供电等。

4.3　石英晶体振荡器

现代科学技术的发展对正弦波振荡器的稳定度要求越来越高。作为频率标准的振荡器的频率稳定度要求达到 10^{-8} 以上，而对于 LC 振荡器，尽管采取各种稳频措施，但理论分析和实践都表明，其频率稳定度一般只能达到 10^{-5}，究其原因主要是 LC 回路的 Q 值不能做得很高（约在 200 以下）。石英晶体振荡器是以石英晶体谐振器取代 LC 振荡器中构成谐振回路的电感、电容元件所组成的正弦波振荡器，它的频率稳定度可达 10^{-10}～10^{-11} 数量级，所以得到极为广泛的应用。

石英晶体振荡器之所以具有极高的频率稳定度，关键是采用了石英晶体这种具有高 Q 值的谐振元件。

4.3.1　石英谐振器及其特性

石英是矿物质硅石的一种，化学成分是 SiO_2，形状是呈角锥形的六棱结晶体。石英晶体具有压电效应。当交流电压加在晶体两端时，晶体先随电压变化产生应变，然后机械振动又使晶体表面产生交变电荷。当晶体几何尺寸和结构一定时，它本身有一个固有的机械振动频率。当外加交流电压的频率等于晶体的固有频率时，晶体片的机械振动最大，晶体表面电荷量最多，外电路中的交流电流最强，于是产生了谐振。因此，将石英晶体按一定方位切割成片，两边敷以电极，焊上引线，再用金属或玻璃外壳封装即构成石英晶体谐振器（简称石英晶振）。

石英晶体谐振器在电路中的符号如图 4–10（a）所示，其等效电路如图 4–10（b）所示。图中 C_0 是晶片的静态电容，它相当于一个平板电容，即由晶片作为介质，镀银电极和支架引线作为极板所构成的电容，它的大小与晶片的几何尺寸和电极的面积有关，一般在几个皮法到十几个皮法之间。图中，L_q 和 C_q 分别为晶片振动时的等效动态电感和电容，而 r_q 等效为晶片振动时的摩擦损耗。晶片的等效电感 L_q 很大，为几十到几百毫亨，而动态电容 C_q 很小，约百分之几皮法，r_q 数值从几欧到几百欧，所以石英晶片的品质因数 Q 值很高，一般可达 10^5 数量级以上。又由于石英晶片的力学性能十分稳定，因此用石英谐振器作为选频网络构成振荡器就会有很高的回路标准性，因而有很高的频率稳定度。

若略去等效电阻 r_q 的影响，可定性作出等效电路的电抗曲线。当加在回路两端的信号频率很低时，两个支路的容抗都很大，因此电路总的等效阻抗呈容性；信号频率增加，容抗减小，当 C_q 的容抗与 L_q 感抗相等时，C_q、L_q 支路发生串联谐振，回路总电抗 X=0，此时的频率用 f_s 表示，称为晶片的串联谐振频率；当频率继续升高时，C_q、L_q 串联支路呈感性，当感抗增加到刚好和 C_0 的容抗相等时，回路产生并联谐振，回路总电抗趋于无穷大，此时的频率用 f_p 表示，称为晶片的并联谐振频率；当 $f>f_p$ 时，C_0 支路的容抗减小，对回路的分流起主要作用，回路总的电抗又呈容性，图 4–11 所示为石英谐振器的电抗频率特性曲线。

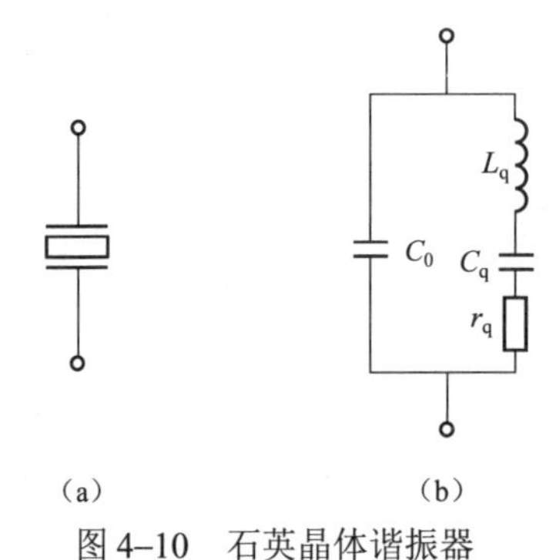

图 4–10　石英晶体谐振器

（a）石英晶体谐振器电路符号；（b）等效电路

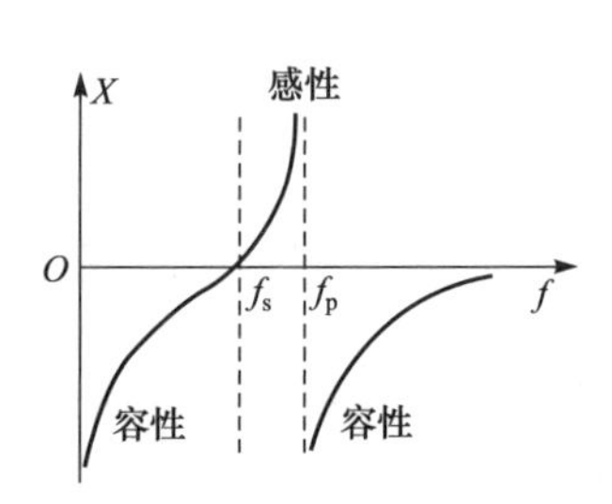

图 4–11　石英晶体谐振器的电抗频率特性曲线

由此可见，石英晶体谐振器具有两个谐振频率，一个是串联谐振频率，即

$$f_s = \frac{1}{2\pi\sqrt{L_q C_q}}$$

另一个是并联谐振频率，即

$$f_p = \frac{1}{2\pi\sqrt{L_q \dfrac{C_0 C_q}{C_0 + C_q}}} = f_s\sqrt{1+\frac{C_q}{C_0}}$$

由于 $C_0 \gg C_q$，所以 f_p 与 f_s 间隔很小，因而在 f_s～f_p 感性区间，石英晶振具有陡峭的电抗频率特性，曲线斜率大，利于稳频。若外部因素使谐振频率增大，则根据晶振电抗特性，必然使等效电感 L 增大，但由于振荡频率与 L 的平方根成反比，所以又促使谐振频率下降，趋近于原来的值。

在石英晶体谐振器使用时必须注意以下几点。

（1）石英晶片都规定要外接一定量的电容，称为负载电容 C_L，标在晶体外壳上的振荡频率（称晶体的标称频率）就是接有规定负载电容后晶片的并联谐振频率。通常对于基频晶体，

C_L 规定为 30 pF 或者 50 pF。

（2）石英晶片工作时必须要有合适的激励电平。若激励电平过大频率稳定度会显著变坏，甚至可能将晶片振坏；若激励电平过小，则噪声影响加大，振荡输出减小，甚至可能停振。所以在振荡器中必须注意不超过晶片的额定激励电平，并尽量保持激励电平的稳定。

4.3.2　石英晶体振荡器

根据石英晶体在电路中的作用，电路可分为两类。当石英晶体作为等效电感时，电路为并联型晶体振荡器。当石英晶体作为短路元件并工作于串联谐振频率上时，电路为串联型晶体振荡器。

1. 并联型晶体振荡器

图 4–12 所示为并联型晶体振荡器的原理电路及其交流通路。石英晶体与外部电容构成并联谐振回路，在回路中起电感作用，构成改进型电容三点式 LC 振荡器。电路中 C_3 用来微调电路的振荡频率，使振荡器振荡在石英晶体的标称频率上。

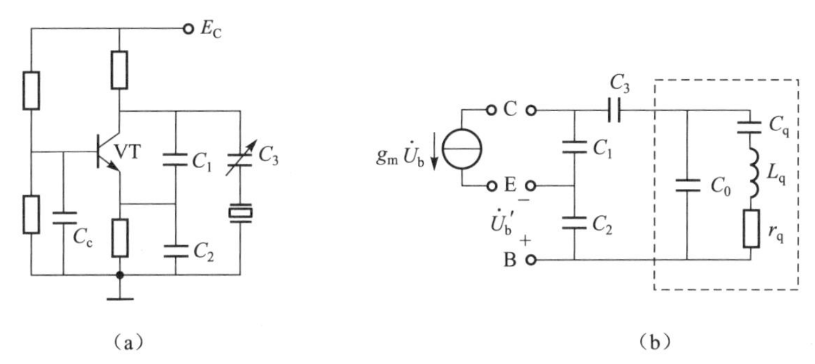

图 4–12　并联型晶体振荡器

（a）原理电路；（b）交流通路

2. 串联型晶体振荡器

图 4–13 所示为一串联型晶体振荡器的实际电路和等效电路。在串联型晶体振荡器中，晶体接在振荡器要求低阻抗的两点之间，通常接在反馈电路中。

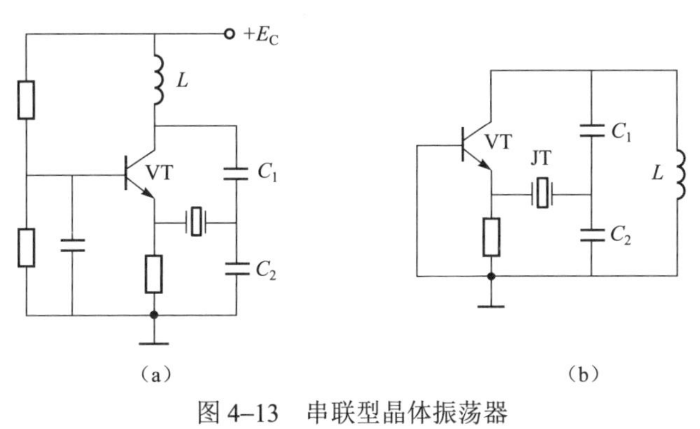

图 4–13　串联型晶体振荡器

（a）原理电路；（b）交流通路

4.4 *RC* 正弦波振荡器

采用 *RC* 选频网络构成的振荡器，称为 *RC* 振荡器，它适用于低频振荡，一般用于产生 1 Hz～1 MHz 的低频信号，但是 *RC* 选频网络的选频作用比 *LC* 谐振回路差很多，所以 *RC* 振荡器输出波形和频率稳定度都比 *LC* 振荡器差。

常用的 *RC* 振荡器有 *RC* 桥式振荡器和 *RC* 移相振荡器。前者采用 *RC* 串并联选频网络，后者采用 *RC* 超前或滞后移相电路。

4.4.1 *RC* 桥式振荡器

1. *RC* 串并联选频网络

RC 串并联选频网络如图 4–14 所示。

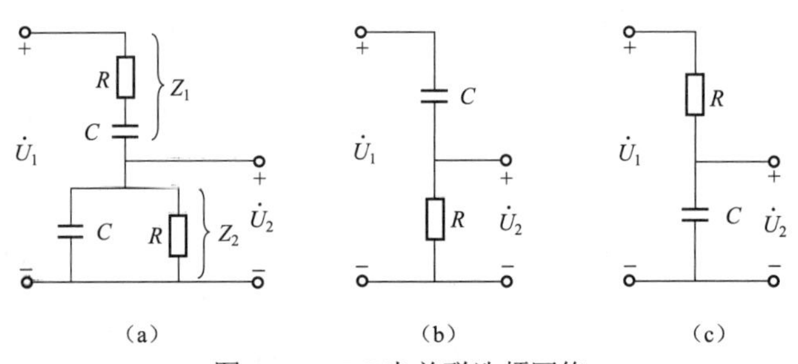

图 4–14 *RC* 串并联选频网络

（a）原理电路；（b）低频等效电路；（c）高频等效电路

由图 4–14 所示可写出 *RC* 串并联网络的电压传输系数为

$$\dot{F}=\frac{\dot{U}_2}{\dot{U}_1}=\frac{Z_2}{Z_1+Z_2}$$

其中：

$$Z_1=R+\frac{1}{\mathrm{j}\omega C}$$

$$Z_2=\frac{R\dfrac{1}{\mathrm{j}\omega C}}{R+\dfrac{1}{\mathrm{j}\omega C}}$$

得

$$\dot{F}=\frac{1}{3+\mathrm{j}\left(\omega RC-\dfrac{1}{\omega RC}\right)}$$

令 $\omega_0=\dfrac{1}{RC}$ 化简得

$$\dot{F}=\frac{1}{3+\mathrm{j}\left(\frac{\omega}{\omega_0}-\frac{\omega_0}{\omega}\right)}$$

从而得到 RC 选频网络的幅频特性为

$$F=\frac{1}{\sqrt{3^2+\left(\frac{\omega}{\omega_0}-\frac{\omega_0}{\omega}\right)^2}}$$

相频特性为

$$\varphi_{\mathrm{f}}=-\arctan\left(\frac{\frac{\omega}{\omega_0}-\frac{\omega_0}{\omega}}{3}\right)$$

对应作出幅频特性曲线和相频特性曲线如图 4–15 所示，当 $\omega=\omega_0$ 时，F 达最大值，等于 1/3，即输出电压是输入电压的 1/3。当 $\omega=\omega_0$ 时，相位角 $\varphi_{\mathrm{f}}=0°$。即输出电压与输入电压同相位。所以 RC 串并联网络具有选频作用。

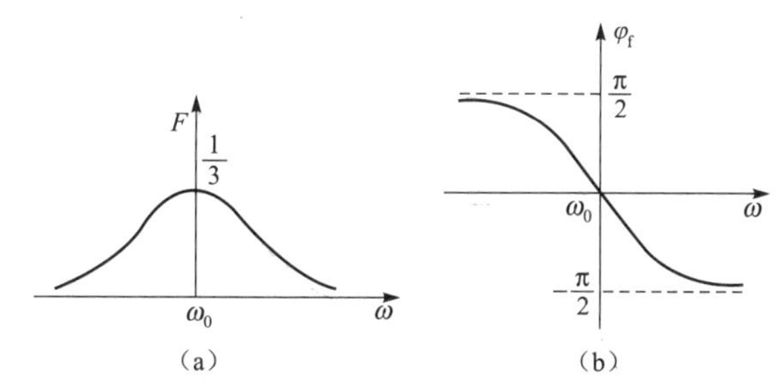

图 4–15　RC 串并联选频网络的频率特性

（a）幅频特性；（b）相频特性

2. RC 桥式振荡器

它由集成运算放大器、RC 串并联正反馈选频网络和负反馈电路组成，如图 4–16（a）所示。把 RC 串并联正反馈网络中的 Z_1、Z_2 和负反馈电路中的 R_1、R_2 改画成图 4–16（b）所示电路，则它们构成了文氏电桥电路，放大器的输入端与输出端分别接到电桥的两对角线上，

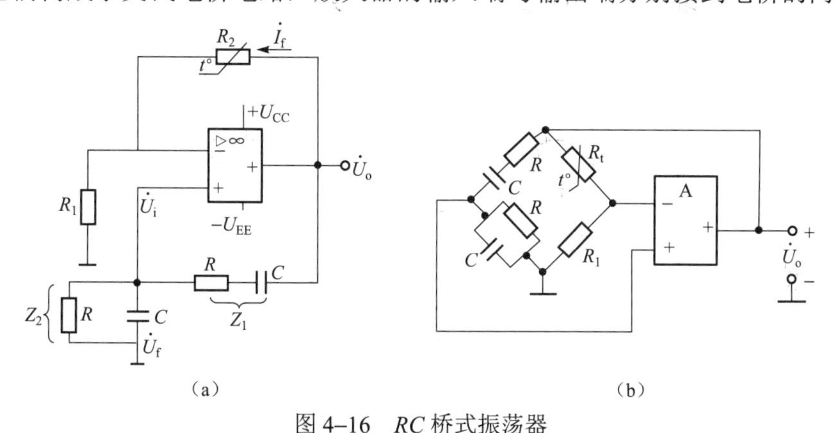

图 4–16　RC 桥式振荡器

（a）原理电路；（b）文氏电桥等效电路

所以把这种 RC 振荡器称为文氏电桥振荡器，简称桥式振荡器。

4.4.2　RC移相振荡器

采用集成运算放大器与 RC 超前移相电路构成的移相振荡电路如图 4–17 所示。三节 RC 超前移相电路构成振荡器的正反馈网络。由于集成运算放大器接成反相放大器产生相移 180°，为满足振荡的相位平衡条件，要求反馈网络对某频率的信号再移相位 180°，由于一节 RC 电路的最大移相趋于 90°，不满足移相要求，两节 RC 电路的最大相移可趋于 180°，但当移相趋于 180° 时，输出电压已接近于零，故也不能满足起振的幅度条件，所以采用三节 RC 移相电路，对不同频率信号所产生的移相是不同的，但其中总有某一个频率的信号，通过此移相电路产生的移相刚好为 180°，使振荡电路满足相位平衡条件而产生振荡，该频率即为振荡频率 f_0。根据相位平衡条件，可求得振荡频率为

$$f_0=\frac{1}{2\pi\sqrt{6}RC}$$

RC 移相振荡器具有结构简单、使用方便等优点，主要缺点是输出信号的频率和幅度均不够稳定，波形比较差，且频率调节不方便，所以一般用于振荡频率固定、稳定性要求不高的场合。

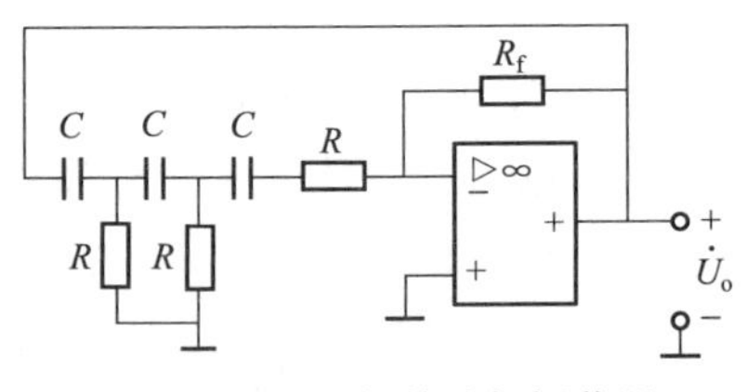

图 4–17　RC 超前移相振荡器

4.5　集成电路振荡器

在集成电路振荡器里，广泛采用图 4–18（a）所示的差分对管振荡电路，其中 VT_2 管集电极外接的 LC 回路调谐在振荡频率上。图 4–18（b）所示为其交流等效电路。R_{ee} 为恒流源 I_0 的交流等效电阻。可见，这是一个共集—共基反馈电路。由于共集电路与共基电路均为同相放大电路，且电压增益可调至大于 1，根据瞬时极性法判断，在 VT_1 管基极断开后，有 $u_{b1}\uparrow\rightarrow u_{e1}$（$u_{e2}$）$\uparrow\rightarrow u_{c2}\uparrow\rightarrow u_{b1}\uparrow$，所以是正反馈。在振荡频率点，并联 LC 回路阻抗最大，正反馈电压 u_f（u_o）最强，且满足相位稳定条件。综上所述，此振荡器电路能正常工作。

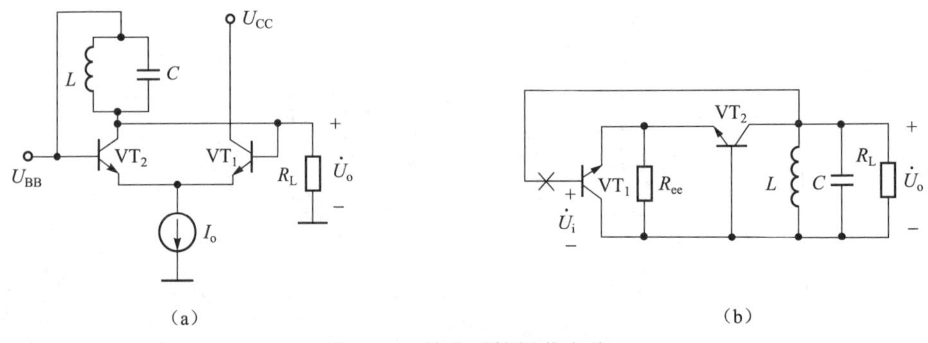

图 4–18　差分对管振荡电路

（a）电路；（b）交流通路

4.6　技能训练 4：*LC* 与晶体振荡器应用实训

1. 实训目的

（1）了解电容三点式振荡器和晶体振荡器的基本电路及其工作原理。

（2）比较静态工作点和动态工作点，了解工作点对振荡波形的影响。

（3）测量振荡器的反馈系数、波段覆盖系数、频率稳定度等参数。

（4）比较 *LC* 与晶体振荡器的频率稳定度。

（5）通过实训操作培养学生一丝不苟的工匠精神，实训数据分析及实训报告撰写培养学生严谨求实的科学精神，实训任务分工合作培养学生的团结协作能力。

2. 实训预习要求

实训前预习本章有关内容。

3. 实训仪器设备

（1）TKGPZ–1 型高频电子线路综合实训箱。

（2）双踪示波器。

（3）万用表。

4. 实训内容与步骤

开启实训箱，在实验板上找到与本次实训内容相关的单元电路，并对照实训原理图，认清各个元器件的位置与作用，特别是要学会如何使用“短路帽”来切换电路的结构形式。

作为第一次接触本实训箱，特对本次实训的具体线路作以下分析，如图 4–19 所示。

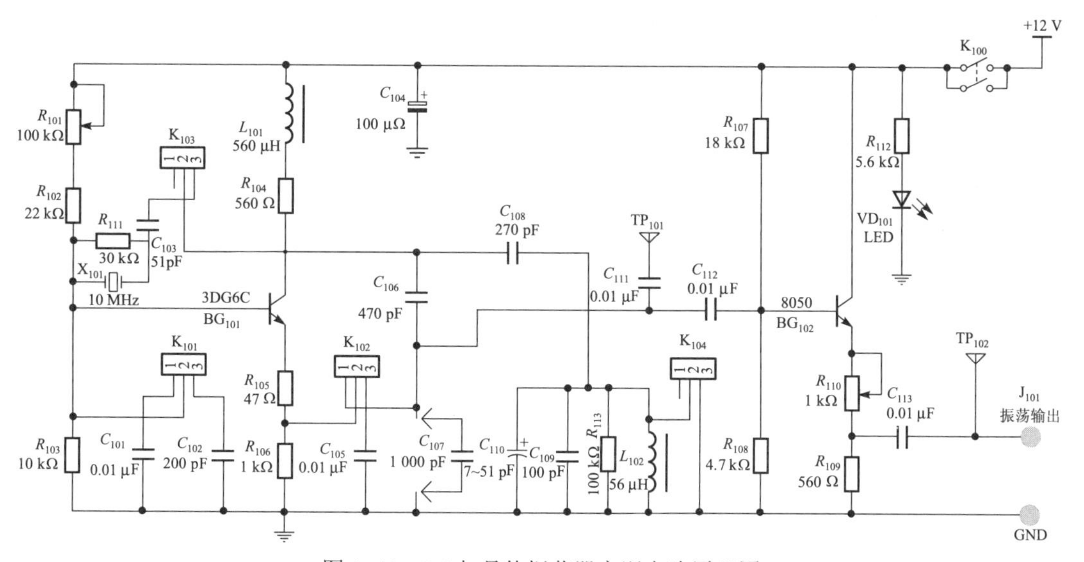

图 4–19　*LC* 与晶体振荡器实训电路原理图

电阻 R_{101}～R_{106} 为三极管 BG_{101} 提供直流偏置工作点，电感 L_{101} 既为集电极提供直流通路，又可防止交流输出对地短路，在电阻 R_{105} 上可生成交、直流负反馈，以稳定交、直流工作点。用“短路帽”短接切换开关 K_{101}、K_{102}、K_{103} 的 1 和 2 接点（以后简称“短接 K_{xxx} ×–×”）便成为LC西勒振荡电路，改变C_{107}可改变反馈系数，短接 K_{101} 2–3、K_{102} 2–3、K_{103} 2–3，并去除电容C_{107}后，便成为晶体振荡电路，电容C_{106}起耦合作用，R_{111}为阻尼电阻，用于降低晶体等效电感的Q值，以改善振荡波形。在调整LC振荡电路静态工作点时，应短接电感L_{102}（即短接K_{104} 2–3）。三极管BG_{102}等组成射极跟随电路，提供低阻抗输出。本实训中LC振荡器的输出频率约为1.5 MHz，晶体振荡器的输出频率为10 MHz，调节电阻R_{110}，可调节输出的幅度。

经过以上分析后，可进入实训操作。接通交流电源，然后按下实验板上的+12 V 的总电源开关K_1和实训单元的电源开关K_{100}，电源指示发光二极管VD_{101}点亮。

根据实训电路完成以下几组测试。

（1）调整和测量西勒振荡器的静态工作点，并比较振荡器射极直流电压（U_E、U_{EQ}）和直流电流（I_E、I_{EQ}）。

① 调整静态工作点。C_{107}=1 000 pF，短接K_{104} 2–3（即短接电感L_{102}），使振荡器停振，并测量三极管BG_{101}的发射极电压U_{EQ}；然后调整电阻R_{101}的值，使U_{EQ}=0.5 V，并计算出电流I_{EQ}（=0.5 V/1 kΩ = 0.5 mA）。

② 测量发射极电压和电流：短接K_{104} 1–2，使西勒振荡器恢复工作，测量BG_{102}的发射极电压U_E和I_E。

③ 调整振荡器的输出。改变电容 C_{110} 和电阻 R_{110} 值，使 LC 振荡器的输出频率 f_0 为1.5 MHz，输出幅度U_{Lo}为1.5 V_{P-P}。

（2）观察反馈系数K_{fu}对振荡电压的影响。

（3）测量振荡电压U_L与振荡频率f之间的关系曲线，计算振荡器波段覆盖系数f_{max}/f_{min}。

（4）观察振荡器直流工作点I_{EQ}对振荡电压U_L的影响。

（5）比较两类振荡器的频率稳定度。

① LC振荡器。保持C_{107}=1 000 pF，U_{EQ}=0.5 V，f_0=1.5 MHz不变，分别测量f_1在TP_{101}处和f_2在TP_{102}处的频率，观察有何变化？

② 晶体振荡器。短接K_{101} 2–3、K_{102} 2–3、K_{103}2–3，并去除电容C_{107}，再观测TP_{102}处的振荡波形，记录幅度U_L和频率f_0的值。

波形：________；

幅度U_L=________；

频率f_0=________。

然后将测试点移至TP_{101}处，测得频率f_1=________。

根据以上测量结果，试比较两种振荡器频率的稳定度$\Delta f/f_0$。

LC振荡器　$\Delta f / f_0 = (f_0 - f_1) / f_0 \times 100\% =$ _____ %

晶体振荡器　$\Delta f / f_0 = (f_0 - f_1) / f_0 \times 100\% =$ _____ %

5. 实训报告

（1）整理实训数据，绘制出相应的曲线。

（2）谈谈你对两类振荡器的认识。

（3）总结实训的体会与意见等。

本章小结

（1）反馈型正弦波振荡器是由放大电路、选频网络、反馈网络和稳幅电路四个环节构成的，必须满足起振、平衡、稳定三个条件，每个条件都包含振幅和相位两个方面的要求。

（2）*LC* 正弦波振荡器的主要形式是三点式振荡器，构成原则是“射同它异”，分为电容三点式和电感三点式两种基本类型。主要内容包括振荡频率估算、起振条件分析以及两种电路特点的比较。克拉波振荡器和西勒振荡器是两种改进型电容三点式电路。

（3）频率稳定度是振荡器的一项重要性能指标。通过减小外界因素变化、提高回路标准性和减小三极管极间电容影响等方法可以提高频率稳定度。

（4）石英晶体振荡器分为并联型和串联型两类。对于并联型晶体振荡器，晶体在电路中等效为电感元件；对于串联型晶体振荡器，晶体在电路中起短路线作用。石英晶体振荡器由于回路元件标准性很高，所以频率稳定度很高。

（5）*RC* 正弦波振荡器适用于低频振荡，分为 *RC* 桥式振荡器和 *RC* 移相振荡器。其振荡频率决定于 *RC* 选频网络的电阻和电容值。

思考与练习题

4.1　反馈型 *LC* 振荡器从起振到平衡，放大器的工作状态是怎样变化的？它与电路的哪些参数有关？

4.2　图 4–20 是四个变压器反馈振荡器的交流等效电路，请标明满足相位条件的同名端。

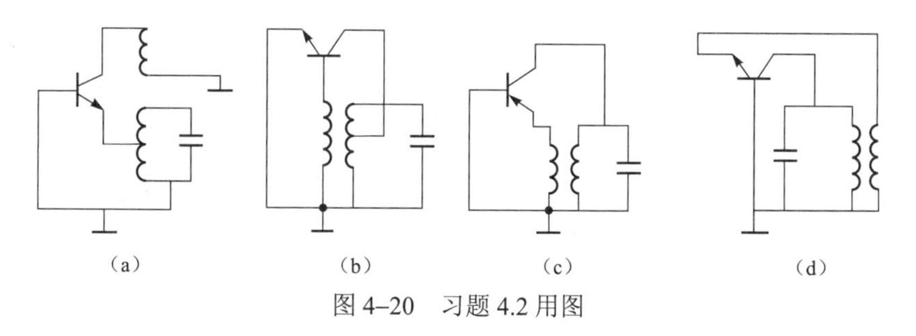

图 4–20　习题 4.2 用图

4.3　电容三点式振荡器电路如图 4–21 所示。

（1）画出其交流等效电路。

（2）若给定回路谐振电阻 R_e 及各元件，求起振条件（R_e 为从电感两端看进去的谐振阻抗，管子输入、输出阻抗影响可忽略）。

4.4　电感三点式振荡器如图 4–22 所示。

（1）画出交流通路。

（2）给定 R_e、L_1' 及 L_2'，计算起振条件（R_e 为从电容两端看进去的谐振阻抗；L_1'、L_2' 是

把电感 L 的两部分等效为相互间不再含有互感的两个独立电感时的数值，它们与总电感 L 之比为匝数之比，即 $L_1'/L=N_1/N$，$L_2'/L=N_2/N$。管子输入、输出阻抗影响可忽略）。

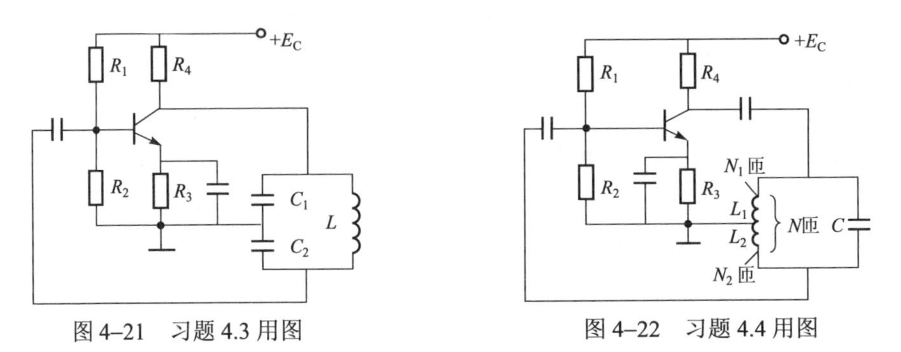

图 4–21　习题 4.3 用图　　　　图 4–22　习题 4.4 用图

4.5　在振幅条件已满足的前提下，用相位条件去判断图 4–23 所示各振荡器（所画为其交流等效电路）哪些必能振荡？哪些必不能振荡？哪些仅当电路元件参数之间满足一定条件时方能振荡？并相应说明其振荡频率所处的范围以及电路元件参数之间应满足的条件。

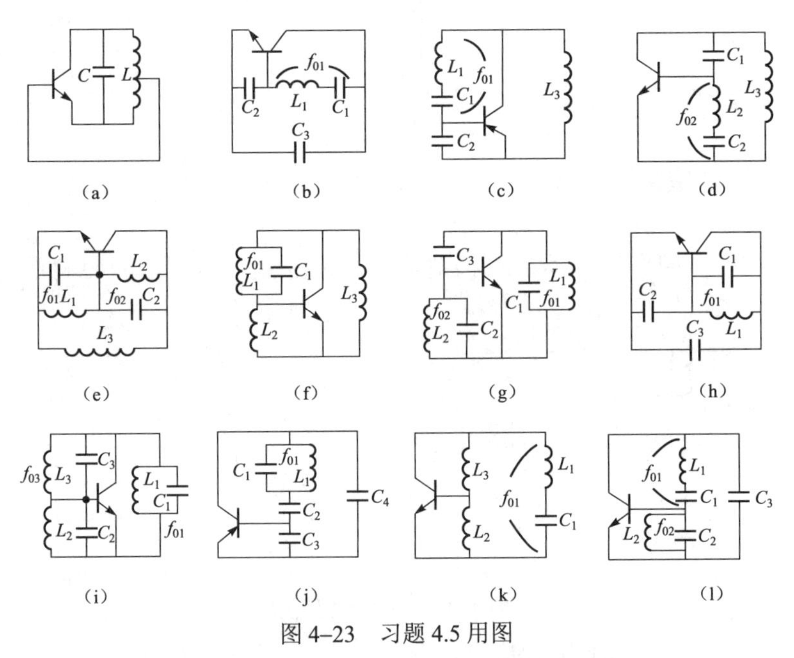

图 4–23　习题 4.5 用图

4.6　图 4–24 所示为一个三回路振荡器，试确定以下四种情况下的振荡频率范围。

（1）$L_1C_1>L_2C_2>L_3C_3$；

（2）$L_1C_1<L_2C_2<L_3C_3$；

（3）$L_1C_1=L_2C_2>L_3C_3$；

（4）$L_1C_1<L_2C_2=L_3C_3$。

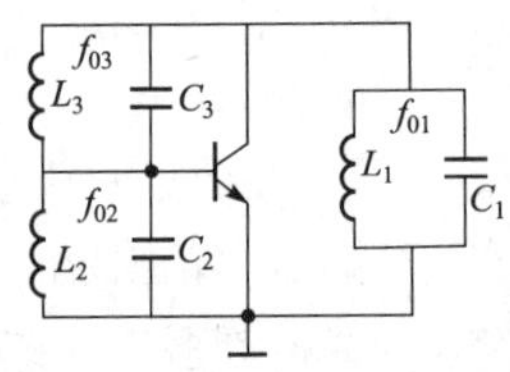

图 4–24　习题 4.6 用图

4.7　图 4–25 所示各电路中，哪些能振荡？哪些不能振荡？

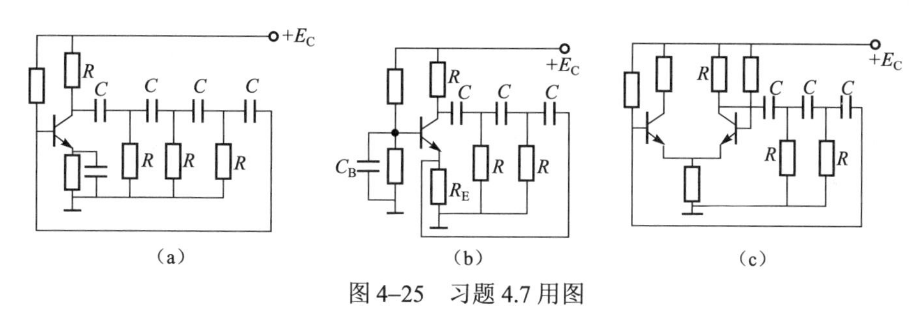

图 4–25　习题 4.7 用图

4.8　图 4–26 所示为石英晶体振荡器电路，试说明：

（1）电路是否满足相位条件；

（2）石英晶体的作用。

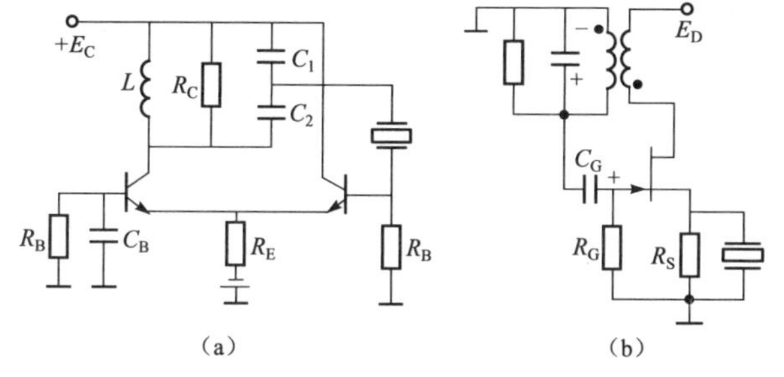

图 4–26　习题 4.8 用图

第5章 振幅调制器、解调器及混频器的应用

学习目标

（1）理解振幅调制器、解调器及混频器的工作原理和分析方法。

（2）掌握振幅调制器、解调器及混频器的应用。

能力目标

能够分析振幅调制器、解调器及混频器的工作过程及特点。

5.1 信号变换概述

本书第2章与第3章分别介绍的通信小信号放大电路与功率放大电路均为线性放大电路。线性放大电路的特点是其输出信号与输入信号具有某种特定的线性关系。从时域上讲，输出信号波形与输入信号波形相同，只是在幅度上进行了放大；从频域上讲，输出信号的频率分量与输入信号的频率分量相同。然而，在通信系统和其他一些电子设备中，需要一些能实现频率变换的电路。这些电路的特点是其输出信号的频谱中产生了一些输入信号频谱中没有的频率分量，即发生了频率分量的变换，故称为频率变换电路。

频率变换电路属于非线性电路，其频率变换功能应由非线性元器件产生。在高频电子电路里，常用的非线性元器件有非线性电阻性元器件和非线性电容性元器件。前者在电压—电流平面上具有非线性的伏安特性。如不考虑晶体管的电抗效应，它的输入特性、转移特性和输出特性均具有非线性的伏安特性，所以晶体管可视为非线性电阻性器件。后者在电荷—电压平面上具有非线性的库伏特性，如变容二极管就是一种常用的非线性电容性器件。

虽然在线性放大电路里也使用了晶体管这一非线性器件，但是必须采取一些措施来尽量避免或消除它的非线性效应或频率变换效应，而主要利用它的电流放大作用。例如，使小信号放大电路工作在晶体管非线性特性中的线性范围内，在丙类谐振功放中利用选频网络取出输入信号中的有用频率分量而滤除其他无用的频率分量等。

1. 采用调制发射的原因

在无线电通信系统中，电信号是通过无线以电磁波的形式向空间辐射传输的。目前，几乎所有的无线电发射机都采用调制发射方式，即把调制信号（代表要传输的信息）调制在高频载波上，然后由天线辐射出去。那么，为什么要采用调制发射呢？

采用调制发射方式的原因是多方面的，但至少在以下两方面是最基本的。其一是与无线电波有效辐射的条件有关，其二是为了满足“多路复用”的需要。

由电磁场理论可知，只有当天线的尺寸与被辐射信号的波长相比拟时（波长λ的 1/10～1），信号才能被有效地辐射出去。对于频率f为 20 Hz～20 kHz 的音频信号，由$\lambda = c/f$知（c为光速，$c=3\times10^8$ m/s），相应的波长λ为 15 000～15 km，若采用$\lambda/4$ 天线，则天线长度至少应在 3.75 km 以上。显然，这是不可能实现的。采用调制就可以把低频调制信号调制在高频载波上，从而易于实现电信号的有效传输。另外，信号发送的功率与信号频率的四次方及信号电压的平方成正比。所以信号频率越高或信号电压越高发射功率越大，信号发射效率越高。如电视台、移动通信、卫星通信的发射信号频率都很高。

不同电台可以采用不同频带的高频电磁波，以避免相互之间的干扰，满足多路复用。例如，有一组音乐信号和一组语音信号要同时播出，若将这两组信号同时向空间辐射，则这两组信号的频谱就会发生混叠现象。当接收机收到这类信号后，无法将其彼此分开，在扬声器中同时发出音乐声与讲话声，显然这不符合实际要求。若采用调制，将音乐信号调在f_{c1}上，语言信号调在f_{c2}上，在接收机中，通过选台，分别接收、还原出原来的音乐或者语音信号。综合上述，基于上述两点使目前所有的无线通信、无线广播和电视广播均毫无例外地采用调制发射方式。

2. 调制类型

高频电子线路中，只讨论连续波的调制与解调。调制有三种类型：调幅、调频和调相，分别对应的解调方式为检波、鉴频和鉴相。

5.1.1　振幅调制

调制就是在发射端将要传送的信号“加载”到高频振荡信号上的过程。振幅调制是指用待传输的低频信号去控制高频载波信号的幅值，振幅调制简称调幅。根据调幅信号所含频谱及其相对大小不同，调幅可分为普通调幅（AM）、双边带调幅（DSB）和单边带调幅（SSB）等几种不同的方式。其中普通调幅是基本的，其他调幅信号都是由它演变而来的。

调制将涉及三个电压。

（1）要传送的信号，该信号相对于载波属于低频信号，称之为调制信号。

（2）高频振荡电压，称之为载波。

（3）调制以后的电压，称之为已调波或调幅波。

振幅调制电路有两个输入端和一个输出端，如图 5–1 所示。输入端有两个信号：一个是输入调制信号：$u_\Omega(t)=U_{\Omega m}\cos\Omega t=U_{\Omega m}\cos 2\pi Ft$，它含有所需传输的信息；另一个是输入高频等幅信号，即载波信号：$u_c(t)=U_{cm}\cos\omega_c t=U_{cm}\cos2\pi f_c t$。其中，$\omega_c=2\pi f_c$，为载波角频率；$f_c$为载波频率。输出为已调波。

1. 普通调幅

1）普通调幅（AM）电路模型

普通调幅信号是载波信号振幅按输入调制信号规律变化的一种振幅调制信号，简称调幅信号。普通调幅电路的模型可由一个乘法器和一个加法器组成，如图 5–2 所示。图中，A_M是乘法器的乘积常数，即增益系数。

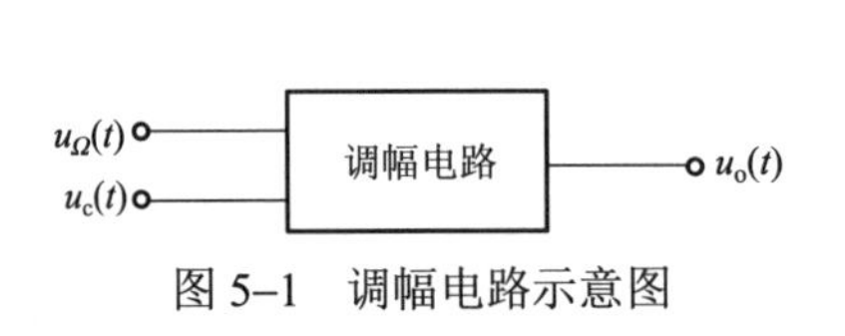

图 5–1　调幅电路示意图

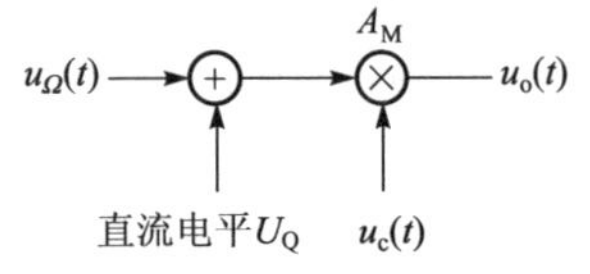

图 5–2　普通调幅电路的模型

2）普通调幅信号的数学表达式

输入单音调制信号，即

$$u_\Omega(t)=U_{\Omega m}\cos\Omega t=U_{\Omega m}\cos2\pi Ft$$

载波信号，即

$$u_c(t)=U_{cm}\cos\omega_c t=U_{cm}\cos2\pi f_c t$$

且$f_c\gg F$，根据普通调幅电路模型，可得输出调幅电压为

$$\begin{aligned}u_o(t)&=A_M[U_Q+u_\Omega(t)]U_{cm}\cos\omega_c t\\&=[A_MU_QU_{cm}+A_MU_{cm}u_\Omega(t)]\cos\omega_c t\\&=[U_{m0}+k_a u_\Omega(t)]\cos\omega_c t\end{aligned}$$

式中，A_M为乘法器的增益系数；$U_{m0}=A_MU_QU_{cm}$，是未经调制的输出载波电压振幅；$k_a=A_MU_{cm}$，是由乘法器和输入载波电压振幅决定的比例常数。

$$\begin{aligned}u_o(t)&=(U_{m0}+k_aU_{\Omega m}\cos\Omega t)\cos\omega_c t\\&=U_{m0}(1+m_a\cos\Omega t)\cos\omega_c t\end{aligned}\qquad（5–1）$$

式中，$m_a=k_aU_{\Omega m}/U_{m0}$，是调幅信号的调幅系数，称为调幅度。它表示调幅波受调制信号控制的程度。

3）普通调幅信号的波形

如图 5–3 所示，载波为高频等幅、等频波，其频率远远高于调制信号的频率。调幅后，载波的频率不变，振幅随调制信号的大小变化。当调制信号达到最大值时，调幅波的振幅达到最大值，对应调制信号的最小值，调幅波的振幅最小。将调幅波的振幅连接起来，称为“包络”，可以看到包络与调制信号的变化规律完全一致。

$U_{m0}(1+m_a\cos\Omega t)$是$u_o(t)$的振幅，它反映调幅信号的包络线变化。由图 5–3 可见，在输入调制信号的一个周期内，调幅信号的最大振幅为$U_{ommax}=U_{m0}(1+m_a)$，最小振幅为$U_{ommin}=U_{m0}(1-m_a)$。

由上两式可解出

$$m_a=\frac{U_{ommax}-U_{ommin}}{U_{ommax}+U_{ommin}}\qquad（5–2）$$

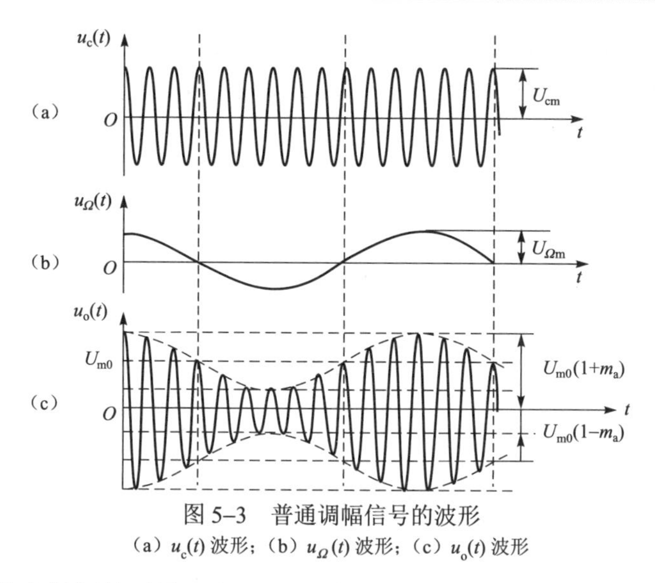

图 5–3　普通调幅信号的波形

（a）$u_c(t)$ 波形；（b）$u_\Omega(t)$ 波形；（c）$u_o(t)$ 波形

当 m_a=1 时，最小振幅等于零；当 m_a>1 时，调幅波的波形如图 5–4（a）、（b）所示。这两种情况的包络均产生了严重的失真，称这两种情况为过调幅，这样的已调波解调后，将无法还原原来的调制信号。所以要求 $0 \leqslant m_a \leqslant 1$。

4）普通调幅信号的频谱结构和频谱宽度

将式（5–1）用三角函数展开，有

$$\begin{aligned} u_o(t) &= U_{m0}\cos\omega_c t + m_a U_{m0}\cos\Omega t\cos\omega_c t \\ &= U_{m0}\cos\omega_c t + \frac{1}{2}m_a U_{m0}\cos(\omega_c+\Omega)t + \frac{1}{2}m_a U_{m0}\cos(\omega_c-\Omega)t \end{aligned} \tag{5–3}$$

当调制信号为单频信号时，已调波中含有三个频率成分，即载频 ω_c、上边频 $\omega_c+\Omega$、下边频 $\omega_c-\Omega$。其中载波分量的振幅值为 U_{m0}、上下边频分量的振幅值为 $\frac{1}{2}m_a U_{m0}$。

由图 5–5 可得，调幅信号的频谱宽度 BW_{AM} 为调制信号频谱宽度的 2 倍，即

$$BW_{AM} = 2F \tag{5–4}$$

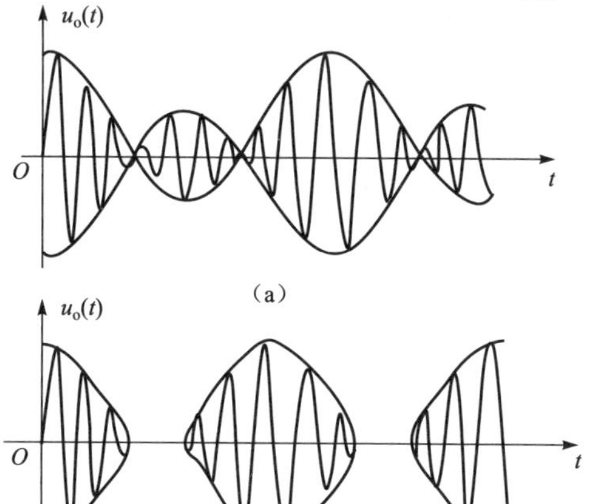

图 5–4　过量调幅失真

（a）$m_a=1$；（b）$m_a>1$

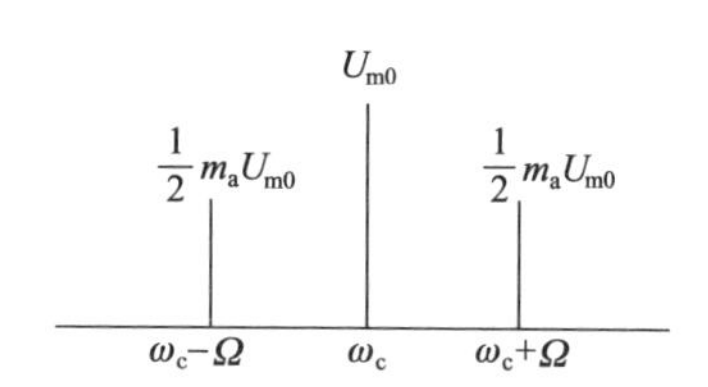

图 5–5　普通调幅的频谱

5）非余弦的周期信号调制

假设调制信号为非余弦的周期信号（或称多频调制信号），其傅里叶级数展开式为

$$u_{\Omega}(t)=\sum_{n=1}^{n_{\max}}U_{\Omega n}\cos n\Omega t$$

则输出调幅信号电压为

$$\begin{aligned}u_{\rm o}(t)&=[U_{\Omega\rm m}+k_{\rm a}u_{\Omega}(t)]\cos\omega_{\rm c}t\\&=\left[U_{\Omega\rm m}+k_{\rm a}\sum_{n=1}^{n_{\max}}U_{\Omega n}\cos n\Omega t\right]\cos\omega_{\rm c}t\\&=U_{\Omega\rm m}\cos\omega_{\rm c}t+\frac{k_{\rm a}}{2}\sum_{n=1}^{n_{\max}}U_{\Omega n}[\cos(\omega_{\rm c}+n\Omega)t+\cos(\omega_{\rm c}-n\Omega)t]\end{aligned} \tag{5-5}$$

可以看到，$u_{\rm o}(t)$的频谱结构中，除载波分量外，还有由乘法器产生的上、下边频分量，其角频率为（$\omega_{\rm c}\pm\Omega$）、（$\omega_{\rm c}\pm2\Omega$）、…、（$\omega_{\rm c}\pm n_{\max}\Omega$）。这些上、下边频分量是将调制信号频谱不失真地搬移到$\omega_{\rm c}$两边，如图 5–6 所示，形成上下边带，但频带内各频率成分之间的相互关系并不发生改变。这种频谱单纯的搬移过程属于频率的线性变换。

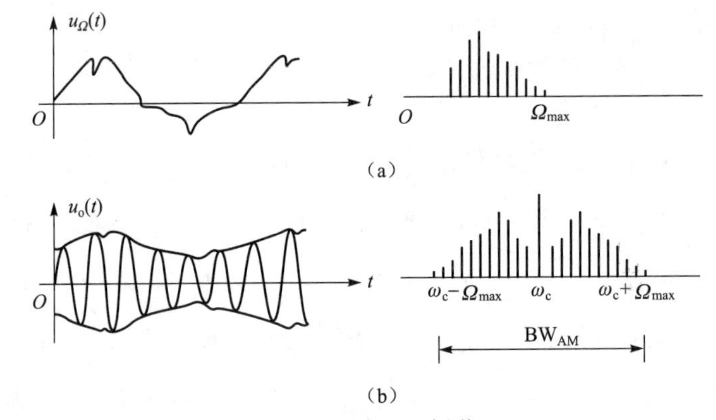

图 5–6　波形及频谱

（a）$u_{\Omega}(t)$ 波形及频谱；（b）$u_{\rm o}(t)$ 波形及频谱

不难看出，调幅信号的频谱宽度为调制信号频谱宽度的 2 倍，即

$$\mathrm{BW_{AM}}=2F_{\max} \tag{5-6}$$

6）功率分配关系

将式（5–1）所表示的调幅波电压加到电阻 R 的两端，则可分别得到载波功率为

$$P_0=\frac{1}{2}\frac{U_{\rm cm}^2}{R} \tag{5-7}$$

每个边频功率为

$$P_1=P_2=\frac{1}{2}\left(\frac{m_{\rm a}}{2}U_{\rm cm}\right)^2\frac{1}{R}=\frac{m_{\rm a}^2}{4}P_0 \tag{5-8}$$

在调制信号的一个周期内，调幅波输出的平均总功率为

$$P_{\Sigma}=P_0+P_1+P_2=\left(1+\frac{m_{\rm a}^2}{2}\right)P_0 \tag{5-9}$$

由式（5–9）可见，总功率由边频功率及载波功率组成。

式（5–9）表明调幅波的输出功率随 m_a 增加而增加。当 m_a=1 时，有

$$P_0=\frac{2}{3}P_\Sigma,\quad P_1+P_2=\frac{1}{3}P_\Sigma$$

被传送的信息包含在边频功率中，而载波功率是不含有要传送的信息的。当 m_a=1 即最大时，含有信息的边频功率只占总平均功率的 1/3。事实上，调幅系数只有 0.3 左右，则边频功率只占总平均功率的 5%左右，而不含信息的载波功率占总平均功率的 95%左右。可是选择晶体管却要按 $P_{\Sigma\max}$ 进行选择，可见，这种普通调幅的功率利用率和晶体管的利用率都是极低的。

2. 双边带调制和单边带调制

1）双边带调制（DSB）

DSB 调幅是在调幅电路中抑制掉载频，只输出上、下边频（边带）。

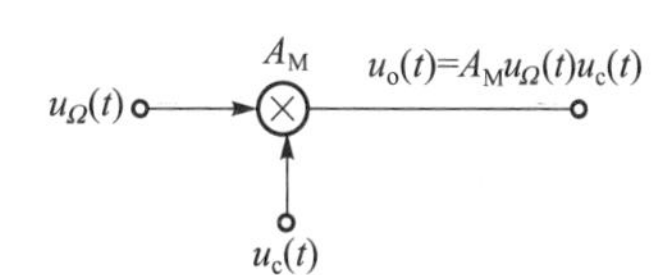

图 5–7　双边带调制电路的模型

双边带调制电路的模型如图 5–7 所示。

双边带调幅信号数学表达式为

$$u_o(t)=A_M u_c(t) u_\Omega(t)=A_M U_{\Omega m}\cos\Omega t\, U_{cm}\cos\omega_c t \tag{5–10}$$

由式（5–10）可得双边带调幅信号的波形及频谱，如图 5–8 所示。根据式（5–10）可得双边带调幅信号的频谱表达式为

$$u_o(t)=\frac{1}{2}A_M U_{\Omega m}U_{cm}[\cos(\omega_c+\Omega)t+\cos(\omega_c-\Omega)t] \tag{5–11}$$

双边带信号的频谱宽度为

$$BW_{DSB}=2F \tag{5–12}$$

从以上分析可见，双边带调制与普通调幅信号的区别就在于其载波电压振幅不是在 U_{om} 上、下按调制信号规律变化。需要注意的是，双边带调幅信号其包络正比于 $|u_\Omega(t)|$，不再反映原调制信号的形状。在调制信号的负半周，已调波高频与载波反相。在调制信号的正半周，已调波高频与载波同相，即已调波在调制信号过零处有 180° 突变。

2）单边带调制（SSB）

单边带调制已成为频道特别拥挤的短波无线电通信中最主要的一种调制方式。这种调制方式不仅可保持双边带调制波、节省发射功率的优点，而且还可将已调信号的频谱宽度压缩一半，即

$$BW_{SSB}=F \tag{5–13}$$

其数学表达式是只要将 DSB 调幅表达式（5–11）中的一个边频去掉即可，即

$$u_o(t)=\frac{1}{2}A_M U_{\Omega m}U_{cm}\cos(\omega_c+\Omega)t$$

此外，其波形也大不同于前两种调幅。由数学模型可见，SSB 调幅波的波形为等幅波，信息包含在相位中。单边带调幅的波形及频谱如图 5–9 所示。

单边带调制电路有两种实现模型：一种是由乘法器和带通滤波器组成，如图 5–10 所示，称为滤波法。但对边带滤波器的性能要求很高，因为双边带信号中，上、下边频的频率间隔

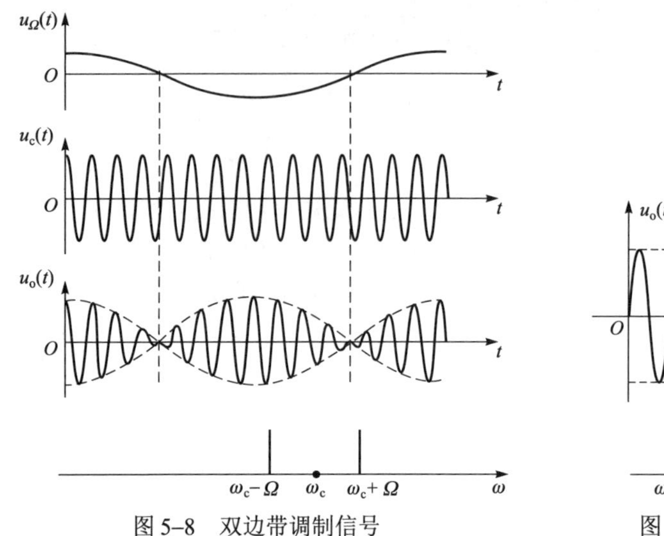

图 5–8 双边带调制信号

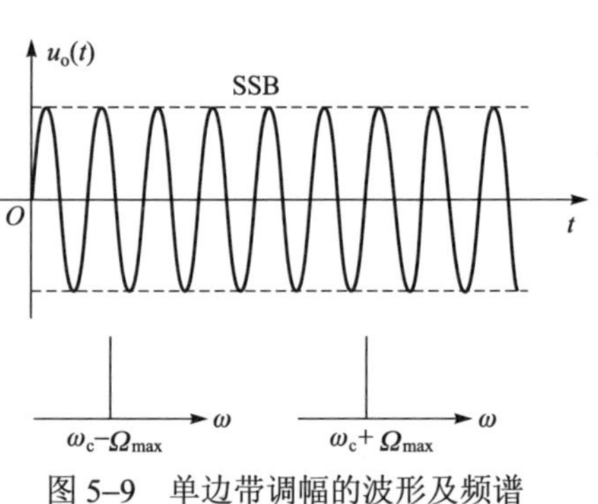

图 5–9 单边带调幅的波形及频谱

为 $2F_{min}$（一般为几十 Hz），所以为了达到好的滤波效果，滤除一个边带而保留另一个边带，就要求边带滤波器具有相当陡峭的衰减特性。同时 $f_c \gg F_{min}$，故边带滤波器的相对带宽很窄，实现起来很困难。

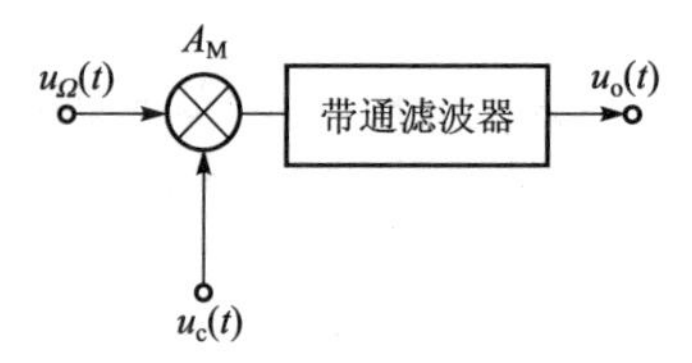

图 5–10 采用滤波法的单边带调制电路模型

在实际应用中适当降低第一次调制的载波频率，就增大了边带滤波器的相对带宽，使滤波器便于制作。然后再经过多次调幅和滤波逐步把载频提高到要求的数值，如图 5–11 所示。

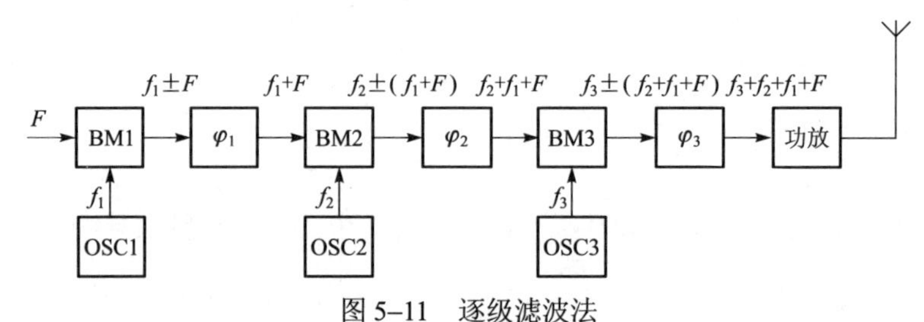

图 5–11 逐级滤波法

BM—平衡调幅器；φ—边带滤波器；OSC—本地振荡器

通过带通滤波器滤除 DSB 信号中的一个边带，就可以获得 SSB 信号。滤波法的关键是带通滤波器，目前常用的带通滤波器有机械滤波器、石英晶体滤波器和陶瓷滤波器。

另一种是由移相器和乘法器等组成，如图 5–12 所示，称为移相法。

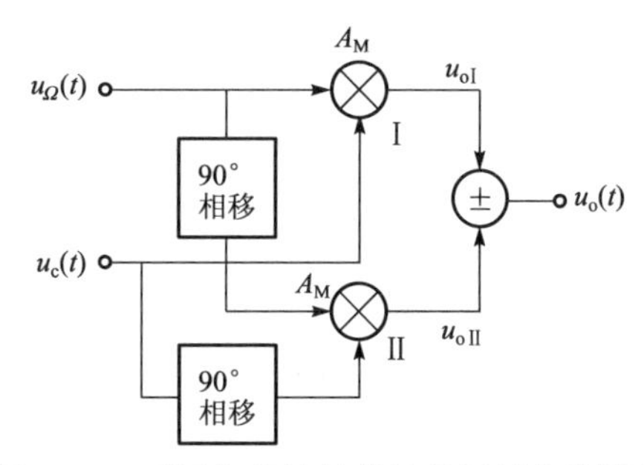

图 5–12　采用相移法的单边带调制电路模型

移相法的关键是移相器，要求精确移相 90° 且幅频特性为常数。对于单频调制信号，采用移相法比较适宜。而对于多频调制信号采用移相法不可行，因为保证每个频率分量都准确相移 90° 是很困难的。

5.1.2　振幅解调

解调与调制过程相反，从高频已调信号中取出原调制信号的过程，称为振幅解调，也称振幅检波，简称检波。

在频域上，振幅检波电路的作用就是将振幅已调信号频谱不失真地搬回到零频率附近。因此对于同步检波来说，检波电路模型可由一个乘法器和一个低通滤波器组成，如图 5–13 所示。图中，$u_s(t)$为输入振幅已调信号，$u_r(t)$为输入同步信号，$u_o(t)$为解调后输出的调制信号。

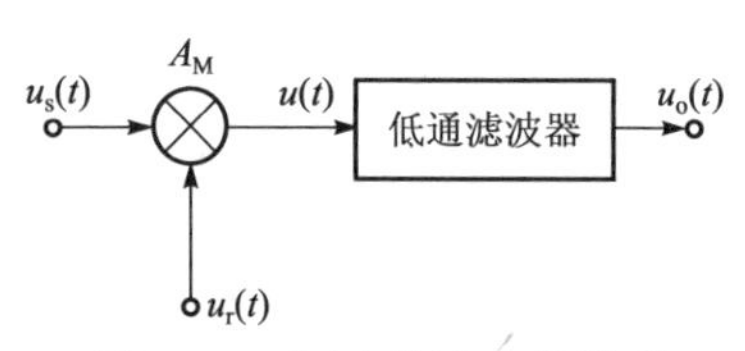

图 5–13　同步检波电路模型

在图 5–13 中，$u_r(t)$为一等幅余弦波，其与调幅波的载频同频同相，故把它称为同步信号，把这种检波电路称为同步检波电路。设输入的调幅波信号$u_s(t)$为一双边带调幅信号，载频为ω_c，其频谱如图 5–14 所示。$u_s(t)$与 $u_r(t)$经乘法器后，$u_s(t)$的频谱被搬移到ω_c的两边，一边搬到 $2\omega_c$ 上，它是无用的寄生分量，另一边搬到零频率上。而后用低通滤波器将无用的寄生分量滤除，即可取出所需的解调电压。可见，在频域上，振幅检波电路的作用就是将振幅调制信号频谱不失真地搬回到零频率附近。

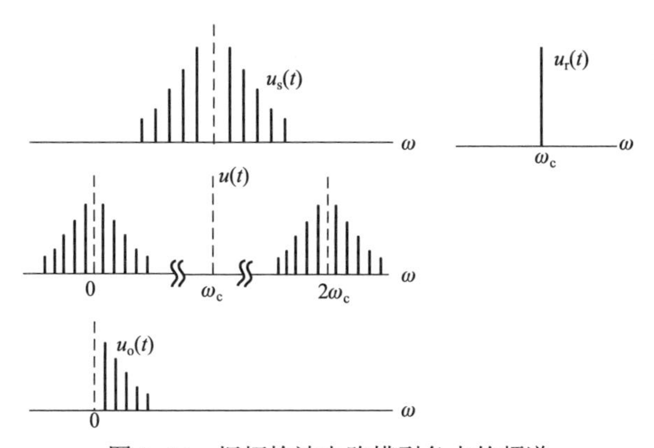

图 5–14　振幅检波电路模型各点的频谱

同步检波电路对于 DSB、SSB 和 AM 调幅信号都可进行解调。但 AM 调幅信号的解调通常采用包络检波电路更简便。有关包络检波电路工作原理将在后面叙述。

5.1.3 混频

混频器是超外差接收机的核心。在无线电通信系统中，接收机能接收来自各个发射台的信号，而一般到达接收机的信号是非常微弱的，仅为微伏数量级，对于如此微弱的信号，接收机无法不失真地对接收到的信号进行解调，需要将接收到的信号先放大，然后才能解调。然而在高频、宽带条件下，高增益的放大器要稳定工作是不容易实现的。

因此，在超外差接收机中，往往是把来自不同发射台的不同频率的高频已调信号通过混频器将其频率降低到某一固定的中频频率上（例如 AM 收音机的中频为 465 kHz，FM 收音机的中频为 10.7 MHz），然后使用窄带中频放大器放大（窄带中频放大器容易做到高的增益），使接收机的灵敏度和选择性都得到保障，即通过混频先将接收信号的频率降低为便于放大的中频，然后进行放大。混频器的用途广泛，它是很多电子设备的重要组成部分。

混频是指利用非线性器件对两个不同频率的信号进行频率求和或求差。把能完成这种功能的电路叫混频器。

混频电路又称为变频电路，其作用是将已调信号的载频变换成另一载频。变化后新载频已调波的调制类型和调制参数均保持不变。混频电路如图 5–15 所示。图中，$u_s(t)$是载频为f_c的普通调幅波，$u_L(t)$是频率为 f_L 的本振信号，$u_I(t)$是载频为中频 f_I 的调幅波，通常也将 $u_I(t)$称为中频信号。

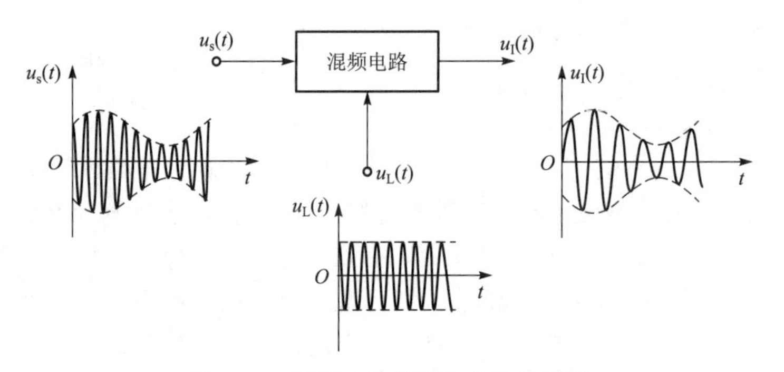

图 5–15　混频电路模型与各信号波形

混频电路输出的中频频率可取 f_c 与 f_L 的和频或差频，即

$$f_I=f_c+f_L$$

或

$$f_I=f_c-f_L \quad (f_c>f_L，若 f_c<f_L，取 f_I=f_L-f_c) \tag{5-14}$$

输入已调波的载频是变化的，本振频率也跟随其变化，以保证输出的中频固定不变。从频谱看，混频电路的作用是将已调波的频谱不失真地从 f_c 搬移到中频 f_I 的位置上。因此，可以用乘法器和带通滤波器来实现这种搬移，如图 5–16（a）所示。

混频电路的频谱如图 5–16（b）所示，设输入调幅信号为一普通调幅波，本振信号 $u_L(t)$与 $u_s(t)$经乘法器后输出电压 $u_o(t)$。图中$\omega_L>\omega_c$，$u_s(t)$的频谱被不失真地搬移到本振角频率ω_L的两边，一边搬移到$\omega_L+\omega_c$上，另一边搬移到$\omega_L-\omega_c$上。若带通滤波器调谐在$\omega_I=\omega_L-\omega_c$上，则前者为无用的寄生分量，后者经带通滤波器取出，便可得到中频调制信号。

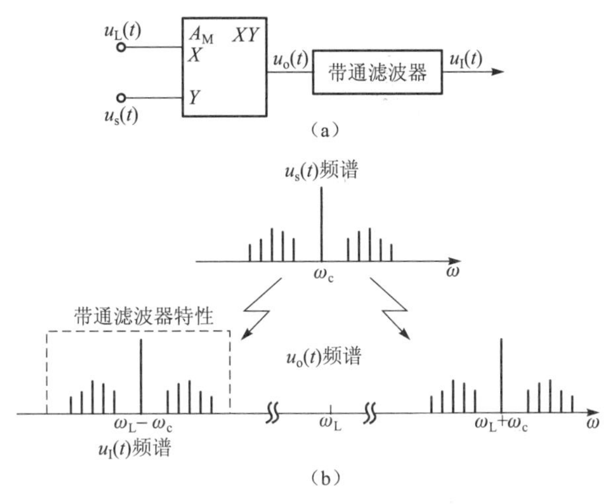

图 5–16　混频电路的组成及频谱

（a）混频电路的组成；（b）频谱变化

5.2　振幅调制电路

5.2.1　模拟乘法器

模拟乘法器是对两个以上互不相关的模拟信号实现相乘功能的非线性函数电路。通常它有两个输入端（X 端和 Y 端）及一个输出端，其电路符号如图 5–17（a）、（b）所示。表示相乘特性的方程为

$$u_o(t) = A_M u_X(t) u_Y(t) \tag{5–15}$$

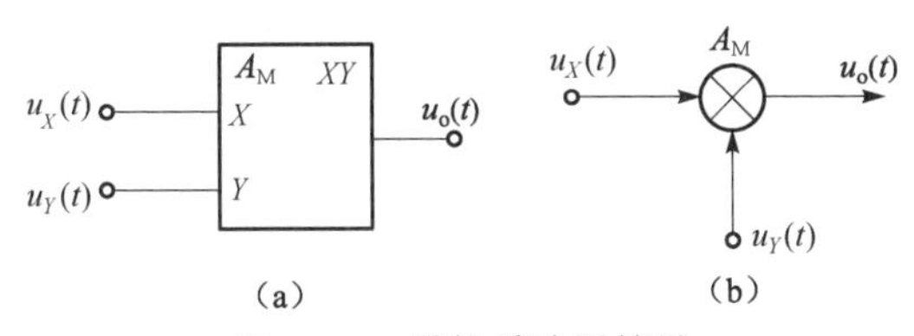

图 5–17　模拟乘法器符号

5.2.2　双差分对管模拟乘法器

1）电路的结构

双差分对管模拟乘法器电路如图 5–18 所示，它是电压输入、电流输出的乘法器。它由三个基本的差分电路组成，也可看成由两个单差分对电路组成。VT_1、VT_2、VT_5 组成差分对电路Ⅰ，VT_3、VT_4、VT_6 组成差分对电路Ⅱ，两个差分对电路的输出端交叉耦合。

静态分析：当 $u_1=u_2=0$ 时，$I_{C5}=I_{C6}=I_0/2$，$I_{C1}=I_{C2}=I_{C3}=I_{C4}=I_0/4$，$I_{13}=I_{C1}+I_{C3}=I_0/2$，$I_{24}=I_{C2}+I_{C4}=I_0/2$。

根据差分电路的原理，可以证明

$$i_{C1}-i_{C2}=i_{C5}\text{th}\frac{u_1}{2U_T}$$
$$i_{C4}-i_{C3}=i_{C6}\text{th}\frac{u_1}{2U_T} \tag{5–16}$$
$$i_{C5}-i_{C6}=I_0\text{th}\frac{u_2}{2U_T}$$

式中，U_T 为温度电压当量，在常温 T=300 K 时，$U_T\approx$26 mV。

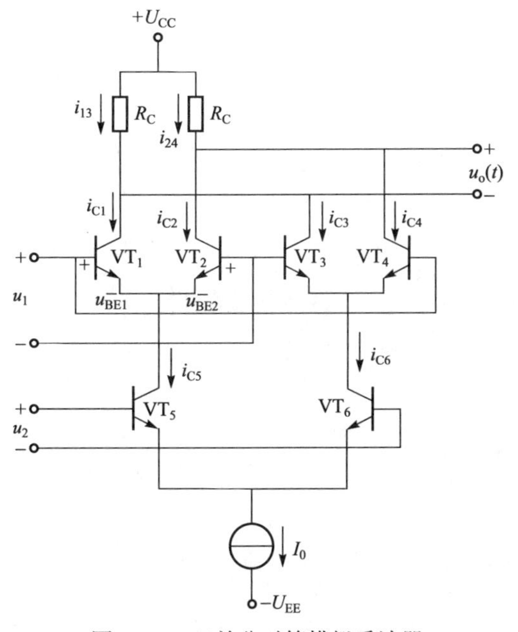

图 5–18　双差分对管模拟乘法器

故

$$\begin{aligned} i &= i_{13}-i_{24}=(i_{C1}+i_{C3})-(i_{C2}+i_{C4}) \\ &=(i_{C1}-i_{C2})-(i_{C4}-i_{C3}) \\ &=(i_{C5}-i_{C6})\text{th}\frac{u_1}{2U_T} \\ &=I_0\text{th}\frac{u_1}{2U_T}\text{th}\frac{u_2}{2U_T} \end{aligned} \tag{5–17}$$

式（5–17）表明，i 和 u_1、u_2 之间是双曲正切函数关系，u_1 和 u_2 不能实现乘法运算关系。只有当 u_1 和 u_2 均限制在 U_T=26 mV 以下时，才能够实现理想的相乘运算，即

$$i=I_0\frac{u_1u_2}{4U_T^2} \tag{5–18}$$

2）扩展 u_2 的动态范围电路

如图 5–19 所示，利用 R_Y 的负反馈作用，可以扩展 u_2 的动态范围。当 $R_Y\gg r_e$（r_e 为发射结电阻）时，有

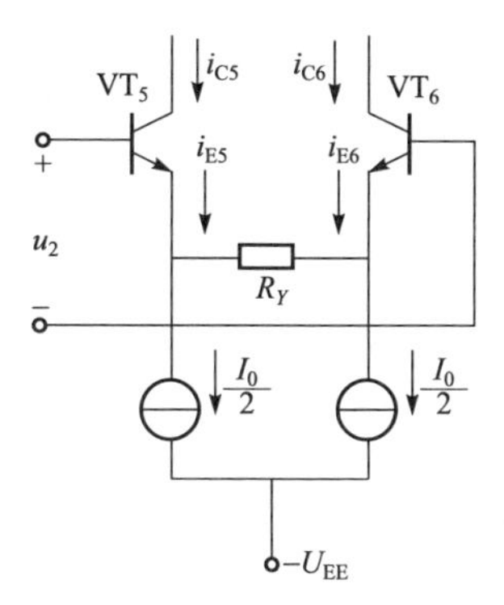

图 5–19　扩展 u_2 的动态范围

$$i_{E5} \approx \frac{I_0}{2} + \frac{u_2}{R_Y}$$

$$i_{E6} \approx \frac{I_0}{2} - \frac{u_2}{R_Y}$$

$$i_{C5} - i_{C6} \approx i_{E5} - i_{E6} = \frac{2u_2}{R_Y}$$

可得乘法器的输出差值电流为

$$i \approx \frac{2u_2}{R_Y} \text{th} \frac{u_1}{2U_T} \tag{5–19}$$

扩展后 u_2 的动态范围为

$$-\left(\frac{I_0}{4}R_Y + U_T\right) \leqslant u_2 \leqslant \frac{I_0}{4}R_Y + U_T \tag{5–20}$$

3）典型的集成电路 MC1496

根据双差分对管模拟乘法器基本原理制成的单片集成乘法器 MC1496 的内部电路如图 5–20 所示，VT_8、VT_9 组成多路电流源，外接 R_5 调节 $I_0/2$ 的大小。同时利用 R_Y 负反馈作用扩大输入电压 u_2 的动态范围。

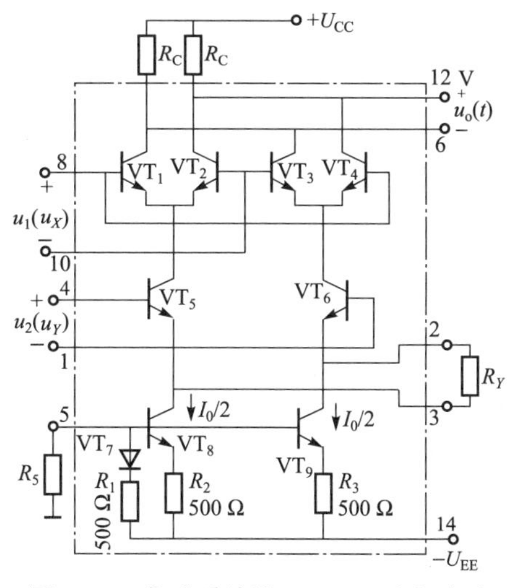

图 5–20　集成乘法器 MC1496 内部电路

4）MC1595 集成乘法器

作为通用的模拟电路，还需将 u_1 的动态范围进行扩展。MC1595 就是在 MC1496 的基础上增加了 u_1 动态范围扩展电路，使之成为具有四象限相乘功能的通用集成器件，其外接电路及引脚排列如图 5–21（a）、（b）所示。

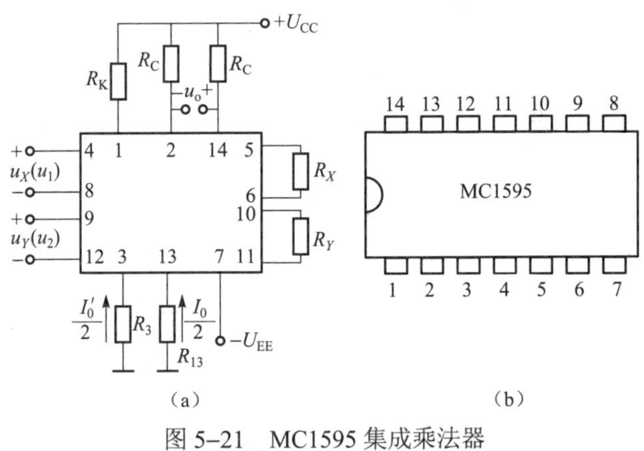

图 5–21　MC1595 集成乘法器

（a）外接电路；（b）引脚排列

当接入补偿电路后，双差分对管的输出差值电流为

$$i=\frac{4u_1u_2}{I_0'R_{e1}R_{e2}} \tag{5–21}$$

可以计算出 u_1、u_2 允许的最大动态范围为

$$\begin{cases}-\left(\dfrac{1}{4}I_0'R_{e1}+U_T\right)\leqslant u_1\leqslant\dfrac{1}{4}I_0'R_{e1}+U_T\\-\left(\dfrac{1}{4}I_0'R_{e2}+U_T\right)\leqslant u_2\leqslant\dfrac{1}{4}I_0'R_{e2}+U_T\end{cases} \tag{5–22}$$

5.2.3　低电平调制电路

1. 概述

对调幅电路的要求主要有失真小、调制线性范围大、调制效率高。按输出功率的高低分，可分为低电平调幅和高电平调幅。

低电平调幅电路的调制在发送设备的低电平级实现，然后经线性功率放大器放大（工作于欠压区）。它对 DSB 和 SSB 调制方式适用。它的主要优点是调制线性度好、载漏小。载漏是指边带分量/泄漏载波分量（dB）。载漏值越大则泄漏载波分量越小，对载波的抑制能力就越强。

主要实现电路有二极管环形调幅电路、双差分对管模拟乘法器调幅电路，其中，在几百兆赫兹工作频段内双差分对管模拟乘法器使用更为广泛。

2. 双差分对管模拟乘法器调幅电路

采用双差分对管模拟乘法器可构成性能优良的调幅电路。图 5–22 所示为采用 MC1496 构成的双边带调幅电路，图中接于正电源电路的电阻 R_8、R_9 用来分压，以便提供乘法器内部 VT_1～VT_4 管的基极偏压；负电源通过 R_P、R_1、R_2 及 R_3、R_4 的分压供给乘法器内部 VT_5、VT_6

管的基极偏压，R_P 称为载波调零电位器，调节 R_P 可使电路对称以减小载波信号输出，使载漏最小；R_C 为输出端的负载电阻，接于 2、3 端的电阻 R_Y 用来扩大 u_Ω 的线性动态范围。

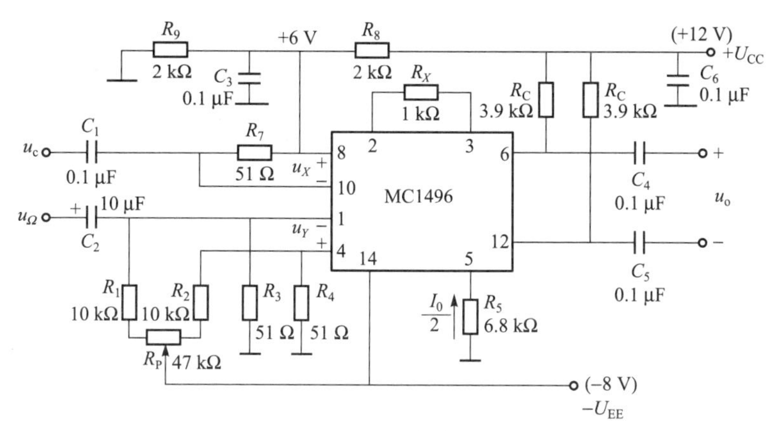

图 5–22　MC1496 模拟乘法器调幅电路

根据图 5–22 中负电源值及 R_5 的阻值，可得 $I_0/2\approx 1$ mA，这样不难得到模拟乘法器各引脚的直流电压分别为

$$U_8 = U_{10} \approx 6\ \text{V}\ ,\quad U_1 = U_4 \approx 0\ \text{V}, U_2 = U_3 \approx -0.7\ \text{V}$$

$$U_5 = -R_5 I_0 / 2 = -6.8\ \text{V}$$

$$U_6 = U_{12} = U_{CC} - R_C I_0 / 2 = 8.1\ \text{V}$$

MC1496 各引脚直流电位的一般要求如下。

$$U_1 = U_4\ ,\quad U_8 = U_{10}\ ,\quad U_6 = U_{12}\ ,$$

$$U_{6(12)} - U_{8(10)} \geqslant 2\ \text{V}\ ,\quad U_{8(10)} - U_{4(1)} \geqslant 2.7\ \text{V}\ ,\quad U_{4(1)} - U_5 \geqslant 2.7\ \text{V}$$

注意：DSB 调制时要将载漏调至最小；调节方法：不接 u_Ω，只接 u_c，调节 R_P 使输出信号最小。

工程上，载波信号常采用大信号输入，即 $U_{cm}\geqslant$260 mV，此时工作在开关状态，这时调幅电路输出电压由式（5–19）可得

$$u_o = \frac{2R_C}{R_Y} u_\Omega(t) S_2(\omega_c t) \tag{5–23}$$

式中，$S_2(\omega_c t)$ 为受 u_c 控制的双向开关函数。

由式（5–23）可见，双差分对管模拟乘法器工作在开关状态实现双边带调幅时，输出频谱比较纯净，只含有 $p\omega_c \pm \Omega$（p 为奇数）的频率分量，只要用带通滤波器滤除高次谐波分量，便可得到抑制载频的双边带调幅波，而且调制失真很小。同时，输出幅度不受 U_{cm} 大小的影响。

5.2.4　高电平调制电路

高电平调幅电路能实现调制与功放合一功能，在发送设备末级实现，适用普通调幅，整机效率高。其主要电路利用丙类谐振功率放大器实现，主要要求：兼顾输出功率大、效率高、调制线性度好。根据调制信号所加的电极不同，有基极调幅、集电极调幅等。

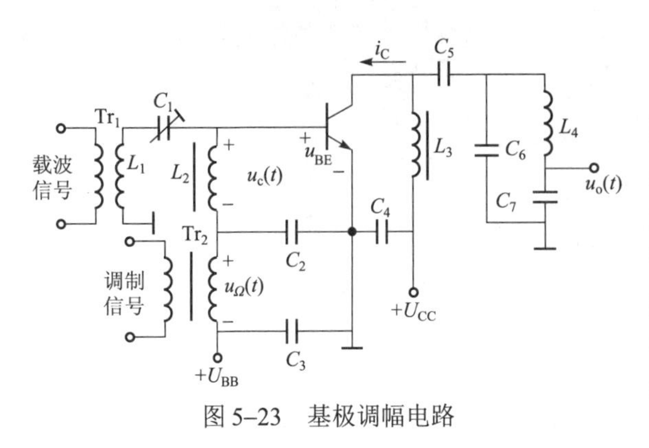

图 5–23　基极调幅电路

1. 基极调幅

基极调幅电路如图 5–23 所示，高频载波信号 $u_c(t)$通过高频变压器 Tr_1 和 L_1、C_1 构成的 L 型网络加到晶体管的基极电路，低频调制信号 $u_\Omega(t)$通过低频变压器 Tr_2 加到晶体管的基极电路。C_2 为高频旁路电容，用来为载波信号提供通路；C_3 为低频旁路电容，用来为低频信号提供通路。通过谐振回路调谐在载频f_c上，在输出端获得不失真调幅信号。

载波信号为

$$u_c(t)=U_{cm}\cos\omega_c t$$

调制信号为

$$u_\Omega(t)=U_{\Omega m}\cos\Omega t$$

则发射结电压为

$$u_{BE}=U_{BB}+U_{\Omega m}\cos\Omega t+U_{cm}\cos\omega_c t$$

基极调幅的原理是利用丙类功率放大器在电源电压 U_{CC}、输入信号振幅 U_{bm}、谐振电阻 R_P 不变的条件下，在欠压区改变 U_{BB}，其输出电流随 U_{BB} 接近线性变化这一特性来实现调幅的。所以，基极调幅的集电极效率较低，适用于小功率发射机。

2. 集电极调幅

集电极调幅电路如图 5–24 所示，低频调制信号加到集电极回路，T_1、T_2 为高频变压器；T_3 为低频变压器。低频调制信号 $u_\Omega(t)$与丙类放大器的直流电源相串联，因此放大器的有效集电极电源电压 $u_{cc}(t)$等于两个电压之和，它随调制信号变化而变化。图中的电容 C_1、C_2 是高频旁路电容，C_2 的作用是避免高频电流通过调制变压器 T_3 的次级线圈以及直流电源，因此它对高频相当于短路，而对调制信号频率应相当于开路。

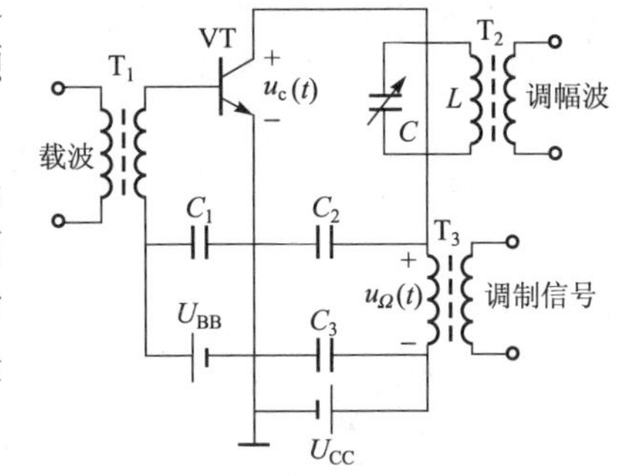

图 5–24　集电极调幅电路

调制信号通过变压器 T_3 加到集电极电路中，加到晶体管集电极电压 $u_{cc}(t)=U_{CC}+U_{\Omega m}\cos\Omega t$ 将随 $u_\Omega(t)$变化而变化。在过压区，集电极电流脉冲幅度才会随集电极有效电源电压的变化而变化。因此，集电极调幅必须工作于过压区。

根据丙类谐振功率放大器工作原理可知，只有当放大器工作于过压状态，才能使集电极脉冲电流的基波振幅 I_{c1m} 随 $u_\Omega(t)$成正比变化，实现调幅。其效率高，适用于大功率发射机。

5.3 振幅解调电路

检波是调幅的逆过程。调制过程是频谱的搬移过程，是将低频信号的频谱搬移到载频附近。在接收端需要恢复原低频信号，就要从已调波的频谱中将已搬到载频附近的信号频谱再搬回来。

检波电路有两种类型，即包络检波电路和同步检波电路。前者只能对普通调幅进行检波，后者可以对任何调幅波进行解调。对振幅检波电路的主要要求是检波效率高、失真小，并具有较高的输入电阻。

5.3.1　二极管包络检波电路

包络检波器由于电路简单、效率高，在普通接收机中使用非常广泛。

1. 二极管包络检波电路的工作原理

二极管包络检波电路有两种电路形式，即二极管串联型和二极管并联型，二极管与 R_L 串联的检波电路称为串联型检波器，二极管与 R_L 并联的检波电路称为并联型检波器，如图 5–25（a）、（b）所示。下面主要讨论二极管串联型包络检波电路。

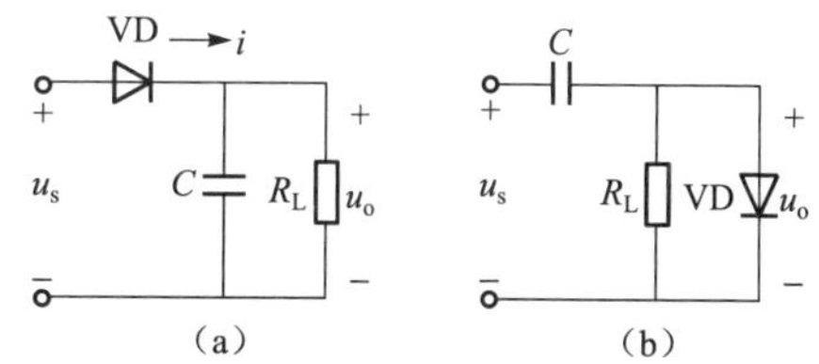

图 5–25　二极管包络检波原理电路

（a）VD 与 R_L 串联；（b）VD 与 R_L 并联

图 5–25（a）是二极管 VD 和低通滤波器 R_LC 相串接而构成的二极管包络检波电路。要求输入信号的幅度在 0.5 V 以上，所以二极管处于大信号工作状态，称为大信号检波器。

设 u_s 为普通调幅波输入信号，如图 5–26（a）所示。二极管为理想器件，由于二极管的单向导电性，当载波的正半周时，二极管导通，电容 C 被充电。由于二极管的正向导通电阻很小，故充电时间常数很小，很快充到输入信号的峰值。当输入信号下降时，电容 C 上的电压大于输入信号电压，二极管截止。电容通过电阻放电。由于放电时间常数远大于充电时间常数，故放电缓慢。当下一个正半周时，从输入电压大于电容 C 上的电压时开始，二极管重新导通，再重复前面的过程。输出电压具有频率为载频的波纹，经低通滤波器的滤波，可将其滤掉。取出电压的变化将与包络的变化一致，达到检波目的。其输出波形见图 5–26（c）。

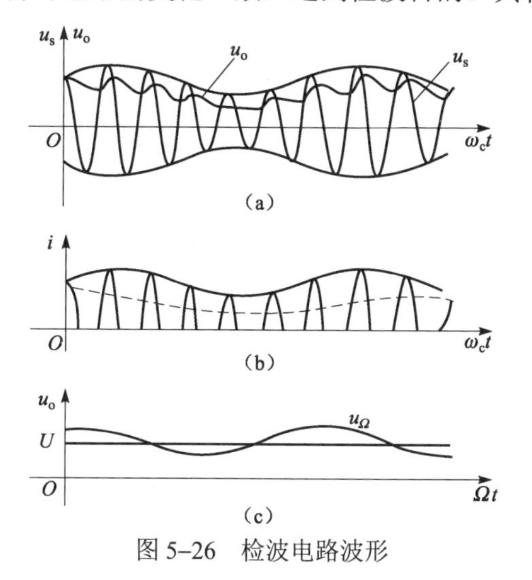

图 5–26　检波电路波形

图中，设

$$u_s = U_{m0}(1 + m_a \cos \Omega t)\cos \omega_c t$$

则

$$u_o = \eta_d U_{m0}(1 + m_a \cos\Omega t) = \eta_d U_{m0} + \eta_d m_a U_{m0} \cos\Omega t \tag{5-24}$$

式中，$\eta_d U_{m0}$ 为检波器输出电压中的直流成分；$\eta_d U_{m0} m_a \cos\Omega t$ 即为解调输出的原调制信号电压。η_d 是检波器的电压传输系数，也称为检波效率，它是指检波器的输出电压与输入高频电压振幅的比。η_d 小于而近似等于 1，实际电路中约为 80%。

2. 检波器输入电阻

检波器电路作为前级放大器的输出负载，可用检波器输入电阻 R_i 来表示，如图 5–27（a）所示。其定义为输入高频电压振幅 U_{sm} 与二极管电流中基波分量 I_{1m} 振幅的比值，即

$$R_i = \frac{U_{sm}}{I_{1m}} \tag{5-25}$$

若输入为调幅信号，根据输入检波电路的高频功率与检波负载所获得的平均功率近似相等，可求得输入电阻 $R_i \approx R_L/2$。可见，在大信号情况下，检波器的输入电阻约为负载电阻的一半。负载电阻越大，输入电阻越大，检波器对前级电路的影响越小。

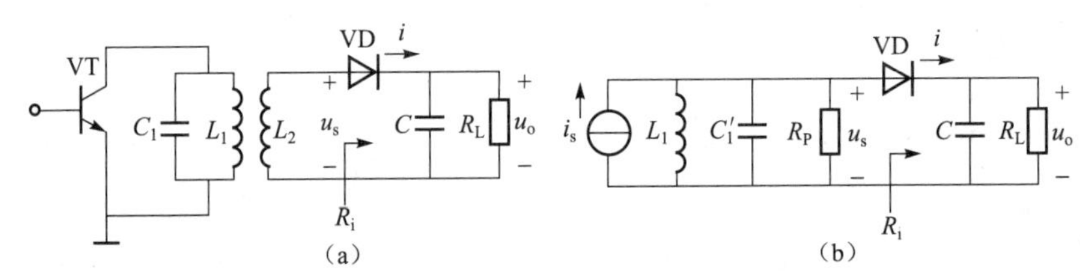

图 5–27　放大器和检波器级联

（a）检波电路；（b）检波等效电路

3. 二极管包络检波电路中的失真

二极管包络检波器工作在大信号检波状态时，具有较理想的线性解调性能，输出电压能不失真地反映输入调幅波的包络变化。但是如果电路参数选择不当，二极管包络检波器就有可能产生惰性失真和负峰切割失真。

1）惰性失真

惰性失真是由于 $R_L C$ 取值过大、放电速度过慢，使 C 上电压不能跟随输入调幅波幅度下降而造成的。由于这种失真是电容的较大惰性造成的，故称其为惰性失真。波形如图 5–28 所示。

避免产生惰性失真的措施如下：减小 $R_L C$，使

$$R_L C \leqslant \frac{\sqrt{1 - m_a^2}}{\Omega m_a} \tag{5-26}$$

多频调制时，使

$$R_L C \leqslant \frac{\sqrt{1 - m_{amax}^2}}{m_{amax}\Omega_{max}} \tag{5-27}$$

2）负峰切割失真

通常检波电路的负载是低频放大器。在两者之间有耦合隔直电容 C_C，以去掉检波器输出电压中的直流成分。为分析方便，将放大器的输入端用 R_L 等效到检波器的输出端。电路如图 5–29（a）所示。造成负峰切割失真的原因是因为耦合电容 C_C 的存在。为了有效地将检波器输出的低频信号传送到下一级，耦合电容 C_C 的容量应较大，使检波器输出的直流分量几乎全部降落在耦合电容上，电阻 R 将与 R_L 分压，为

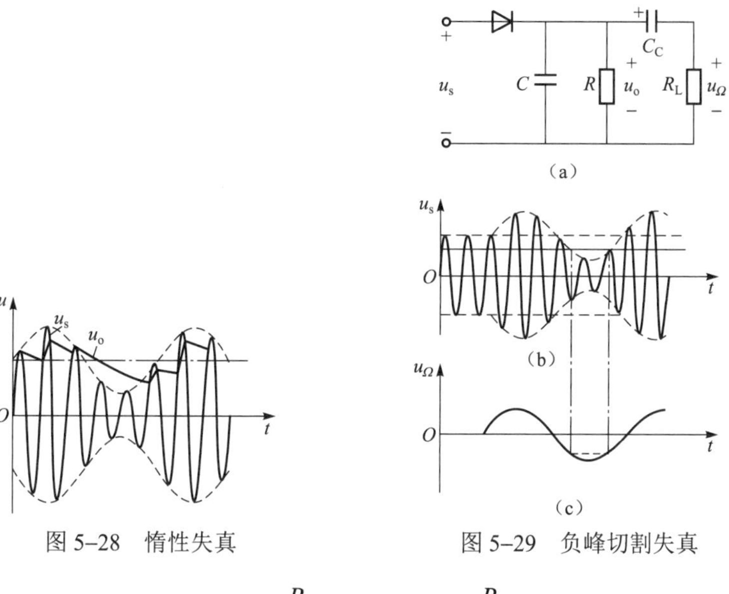

图 5–28　惰性失真

图 5–29　负峰切割失真

$$U_{R_L}=\frac{R}{R_L+R}U_C\approx U_{im}\frac{R}{R_L+R}$$

该电压对二极管来说是反向偏压，当输入电压小于该电压时，也就是包络的底部，二极管会截止，则小于 U_{R_L} 的包络线不能被提取，输出电压的底部被切割，所以叫作底部切割失真。其波形如图 5–29（b）、（c）所示。

为了避免这种失真，必须保证 U_{R_L} 的电平低于包络的最小值，即

$$\frac{R}{R_L+R}U_{om}\leqslant U_{om}(1-m_a)$$

可得

$$R_L'/R\geqslant m_{amax}\qquad (R_L'=R//R_L)\tag{5-28}$$

5.3.2　同步检波电路

同步检波电路与包络检波不同，检波时需要同时加入与载波信号同频同相的同步信号，因而称之为同步检波器。同步检波器可以对任何调幅波进行解调，分为叠加型同步检波电路、乘积型同步检波电路两种。

1. 叠加型同步检波电路

1）输入为 DSB 信号

叠加型同步检波电路是将调幅信号与同步信号先进行叠加，然后用二极管包络检波器进

行解调的电路，如图 5–30 所示。

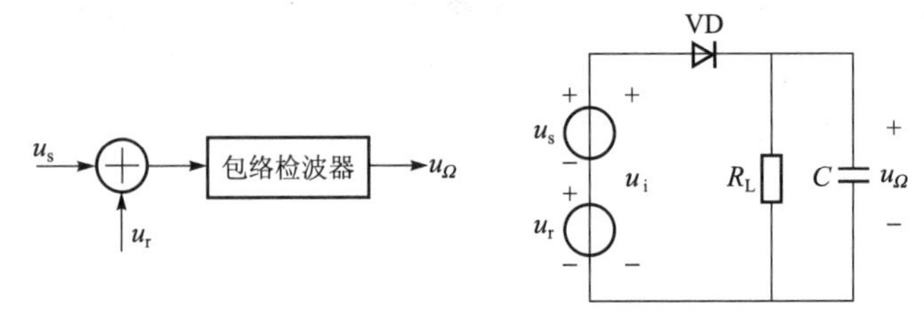

图 5–30　叠加型同步检波电路模型

设输入调幅波

$$u_s = U_{sm}\cos\Omega t\cos\omega_c t$$

同步信号

$$u_r = U_{rm}\cos\omega_c t$$

则叠加后有

$$\begin{aligned} u_i &= u_s + u_r \\ &= U_{rm}\cos\omega_c t + U_{sm}\cos\Omega t\cos\omega_c t \\ &= U_{rm}\left(1+\frac{U_{sm}}{U_{rm}}\cos\Omega t\right)\cos\omega_c t \end{aligned} \tag{5–29}$$

当 $U_{rm} > U_{sm}$ 时，$m_a = \dfrac{U_{sm}}{U_{rm}} < 1$，可以合成不失真的普通调幅波。

2）输入为 SSB 信号

设输入调幅波

$$u_s = U_{sm}\cos(\omega_c + \Omega)t$$

则有

$$\begin{aligned} u_i &= u_s + u_r = U_{rm}\cos\omega_c t + U_{sm}\cos(\omega_c + \Omega)t \\ &= U_{rm}\cos\omega_c t + U_{sm}\cos\omega_c t\cos\Omega t - U_{sm}\sin\omega_c t\sin\Omega t \\ &= U_{rm}\left(1+\frac{U_{sm}}{U_{rm}}\cos\Omega t\right)\cos\omega_c t - U_{sm}\sin\Omega t\sin\omega_c t \\ &= U_m\cos(\omega_c t + \varphi) \end{aligned} \tag{5–30}$$

其中：

$$U_m = \sqrt{(U_{rm} + U_{sm}\cos\Omega t)^2 + (U_{sm}\sin\Omega t)^2}$$

$$\varphi \approx -\arctan\left(\frac{U_{sm}\sin\Omega t}{U_{rm} + U_{sm}\cos\Omega t}\right) \tag{5–31}$$

当 $U_{rm} \gg U_{sm}$ 时，可得

$$U_m \approx U_{rm}\sqrt{1+\frac{2U_{sm}}{U_{rm}}\cos\Omega t} \approx U_{rm}\left[1+\frac{U_{sm}}{U_{rm}}\cos\Omega t\right],\quad \varphi \approx 0 \tag{5–32}$$

可见，两个不同频率的高频信号叠加后的合成电压是调幅调相波。当两者幅度相差较大时，合成电压近似为 AM 波。

2. MC1596 模拟乘法器构成的乘积型同步检波电路

由 MC1596 模拟乘法器构成的乘积型同步检波电路如图 5–31 所示。$u_r(t)$是同步信号，通常足够大，使乘法器工作在开关状态，$u_s(t)$是调幅信号，为小信号输入。R_6、C_5、C_6 组成Π型低通滤波器，电路为单电源供电方式。

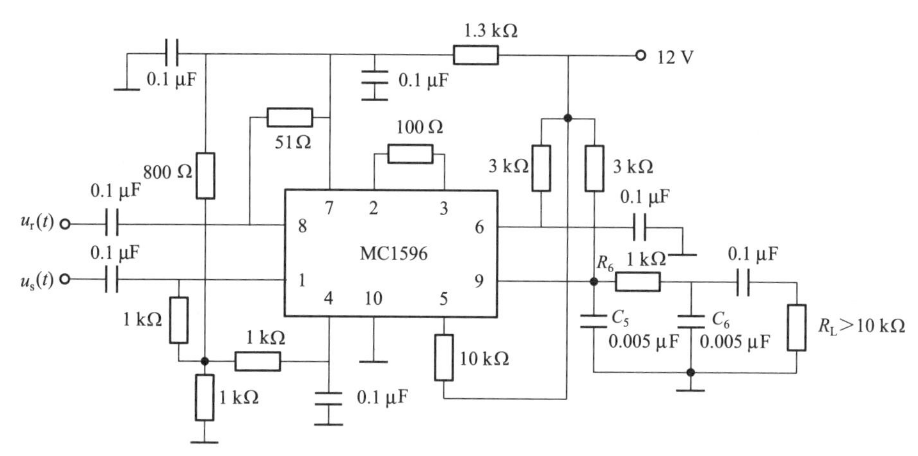

图 5–31　MC1596 接成同步检波电路

5.4　混频电路

混频电路与本地振荡的组合称为变频电路。它的作用是将接收机接收的外来已调波的载频变换为固定的中频，而保持调制规律不变。这样可以提高接收机的灵敏度和邻道选择性，从而大大提高接收机的性能。

混频器的主要指标如下。

（1）混频增益 A_c。混频器输出电压 U_I（或功率 P_I）与输入信号电压 U_s（或功率 P_s）的比值，用分贝数表示，即

$$A = 20\lg\frac{U_I}{U_s},\qquad G = 10\lg\frac{P_I}{P_s} \tag{5–33}$$

（2）噪声系数 N_F。输入端高频信号信噪比与输出端中频信号信噪比的比值，用分贝数表示，即

$$N_F = 10\lg\frac{\dfrac{P_s}{P_N}}{\dfrac{P_I}{P_N}} \tag{5–34}$$

5.4.1 混频电路概述

1. 二极管双平衡混频电路

二极管混频电路具有电路简单、噪声低、动态范围大、组合频率少等优点，因而在接收机中使用广泛。其缺点是混频增益低。

采用四只二极管组成的环形混频器可以进一步减少组合频率干扰，使输出电流中的组合频率成分少了很多。此外，中频分量的振幅值是平衡混频器的 2 倍。因此，环形混频器的灵敏度和抑制干扰的能力都更优于平衡混频器，如图 5–32（a）所示。电路中二极管同样工作于受本振电压控制的开关状态。

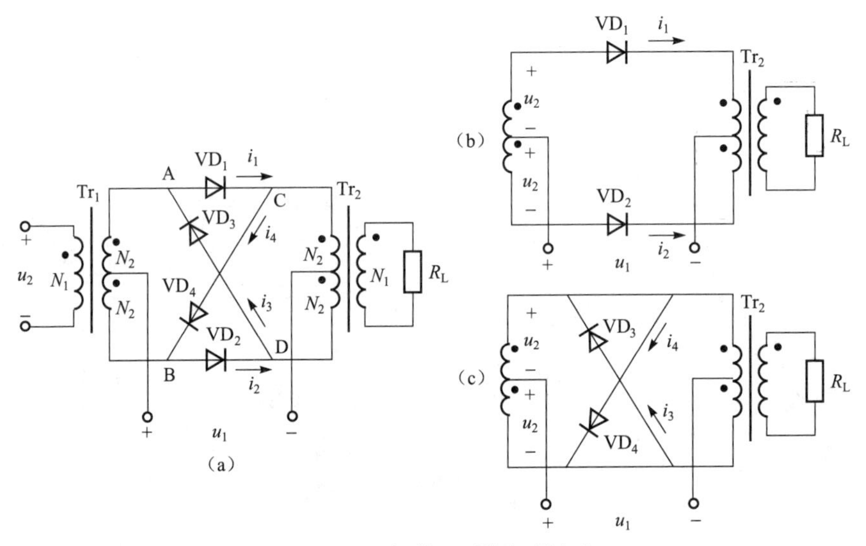

图 5–32 二极管双平衡混频电路

$u_1=U_{1m}\cos\omega_1 t$ 为大信号，$u_2=U_{2m}\cos\omega_2 t$ 为小信号。在 u_1 正半周时，VD_1、VD_2 导通，VD_3、VD_4 截止，可得图 5–32（b）。由图可得

$$i_1 = g_D S_1(\omega_1 t)(u_1 + u_2)$$

$$i_2 = g_D S_1(\omega_1 t)(u_1 - u_2)$$

在 u_1 负半周时，VD_3、VD_4 导通，VD_1、VD_2 截止，可得图 5–32（c）。由图可得

$$i_3 = g_D S_1(\omega_1 t - \pi)(-u_1 - u_2)$$

$$i_4 = g_D S_1(\omega_1 t - \pi)(-u_1 + u_2)$$

通过 R_L 的总电流为

$$\begin{aligned} i &= (i_1 - i_2) + (i_3 - i_4) \\ &= 2g_D u_2 \left[S_1(\omega_1 t) - S_1(\omega_1 t - \pi) \right] \\ &= 2g_D u_2 S_2(\omega_1 t) \end{aligned} \tag{5-35}$$

实际应考虑负载的反作用，则要用 g'_D 代替 g_D，即 $g'_D = 1/(r_D + 2R_L)$。

$S_1(\omega_1 t)$是单向开关函数，$S_2(\omega_1 t)$是双向开关函数。可分别展开成下列傅里叶级数，如图 5–33 所示。

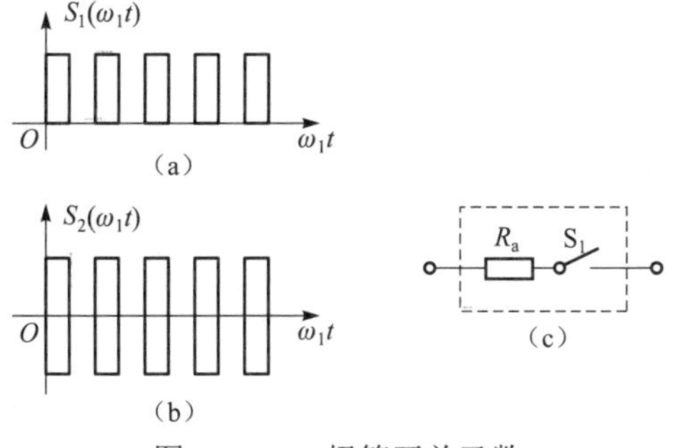

图 5-33　二极管开关函数

(a) 单向开关函数；(b) 双向开关函数；(c) 等效电路示意

$$S_1(\omega_1 t)=\frac{1}{2}+\frac{2}{\pi}\cos\omega_1 t-\frac{2}{3\pi}\cos 3\omega_1 t+\frac{2}{5\pi}\cos 3\omega_1 t+\cdots$$
$$S_2(\omega_1 t)=\frac{4}{\pi}\cos\omega_1 t-\frac{4}{3\pi}\cos 3\omega_1 t+\frac{4}{5\pi}\cos 5\omega_1 t+\cdots \tag{5-36}$$

于是总电流为

$$\begin{aligned}i&=2g_{\rm D}u_2 S_2(\omega_1 t)\\&=2g_{\rm D}U_{\rm 2m}\cos(\omega_2 t)\left[\frac{4}{\pi}\cos(\omega_1 t)-\frac{4}{3\pi}\cos(3\omega_1 t)+\cdots\right]\\&=\frac{4}{\pi}g_{\rm D}U_{\rm 2m}\left\{\cos[(\omega_1+\omega_2)t]+\cos[(\omega_1-\omega_2)t]\right\}-\\&\quad\frac{4}{3\pi}g_{\rm D}U_{\rm 2m}\left\{\cos[(3\omega_1+\omega_2)t]+\cos[(3\omega_1-\omega_2)t]\right\}+\cdots\end{aligned}$$

当 u_1 为本振信号，u_2 为已调波信号时，再通过带通滤波器，则可将中频信号提取出来，实现混频作用。

2. 晶体三极管混频电路

晶体管混频电路具有增益高、噪声低的优点，常用于广播、电视等接收机中。其缺点是混频失真较大、本振泄漏较严重。

1）晶体三极管混频电路的工作原理

在图 5-34 中，本振电压 $u_{\rm L}$、信号电压 $u_{\rm s}$ 和直流电压 $U_{\rm BB}$ 相加后，作用在晶体管的发射结，并利用三极管的 $i_{\rm C}$ 与 $u_{\rm BE}$ 之间的非线性实现混频和放大，通过集电极回路中的中频滤波电路取得中频输出电压。

三极管的转移特性如图 5-35 所示，称为三极管的跨导。这时跨导也随时间不断变化，称为时变跨导，用 $g(t)$ 表示，即

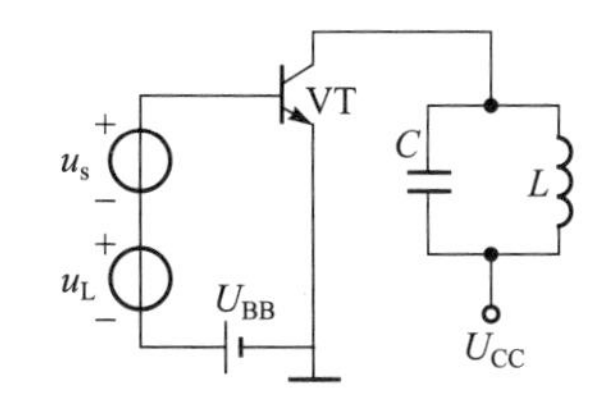

图 5-34　晶体管混频电路原理

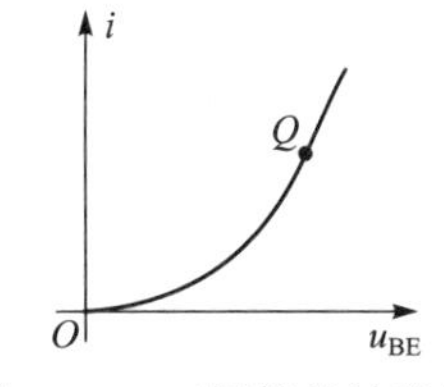

图 5-35　三极管的转移特性

$$g = \frac{\partial i_C}{\partial u_{BE}}\Big|_{u_s} = 0$$

三极管的集电极电流为

$$i_C = f(u_{BE}) = f(U_{BB} + u_L) + f'(U_{BB} + u_L)u_s \tag{5-37}$$

式中，$f(U_{BB}+u_L)$和 $f'(U_{BB}+u_L)$ 都随 u_L 变化，即随时间变化，故分别用时变静态集电极电流 $I_{CQ}(u_L)$和时变跨导 $g_m(u_L)$表示，即

$$i_C = I_{CQ}(u_L) + g_m(u_L)u_s \tag{5-38}$$

在时变偏压作用下，$g_m(u_L)$的傅里叶级数展开式为

$$g_m(u_L) = g_m(t) = g_0 + g_{m1}\cos\omega_L t + g_{m2}\cos 2\omega_L t + \cdots \tag{5-39}$$

$g_m(t)$中的基波分量 $g_{m1}\cos\omega_L t$ 与输入信号电压 u_s 相乘，可得输出有用信号，即

$$g_{m1}\cos\omega_L t \bullet U_{sm}\cos\omega_c t = \frac{1}{2}g_{m1}U_{sm}[\cos(\omega_L - \omega_c)t + \cos(\omega_L - \omega_c)t] \tag{5-40}$$

2）晶体三极管混频电路应用

图 5–36 所示为广播收音机中中波常用的混频电路，此电路混频和本振都由晶体管完成，故又称为变频电路，中频 f_I=f_L–f_c=465 kHz。由 L_1、C_o、C_{1a} 组成的输入回路从天线接收到的无线电波中选出所需频率的信号，经 L_1、L_2 的互感耦合加到三极管基极。本振部分由晶体管、L_4、C_5、C_3、C_{1b} 组成振荡回路及反馈线圈 L_3 等构成。对于本地振荡而言，电路构成了变压器反馈振荡器。本振电压通过 C_2 加到发射极，即发射极注入本振电压，基极输入信号。C_4、L_5 为输出中频电路，选出混频后的中频信号 465 kHz。

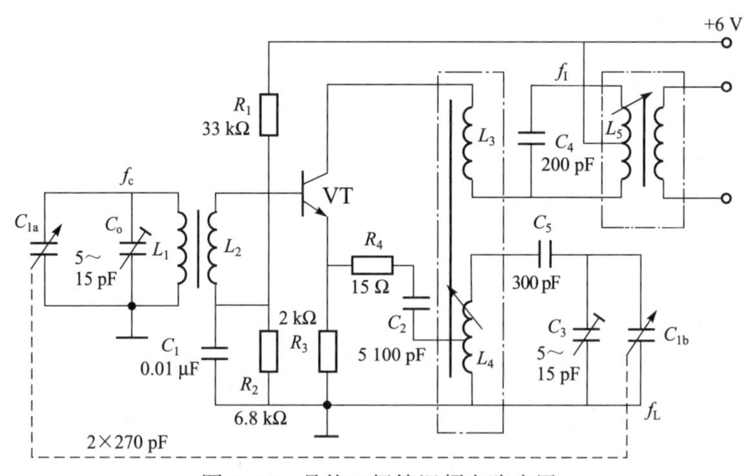

图 5–36　晶体三极管混频电路应用

3. MC1496 构成的混频电路

图 5–37 所示为 MC1496 构成的混频电路。它是利用非线性器件实现两个信号相乘。

u_L 本振信号从 10 端输入，u_s 输入信号从 1 端输入。为了减小输出波形失真，应调节 51 kΩ 的可调电位器，使 1、4 端的直流电位差为零。u_o 为Π型滤波器输出混频后的中频电压。

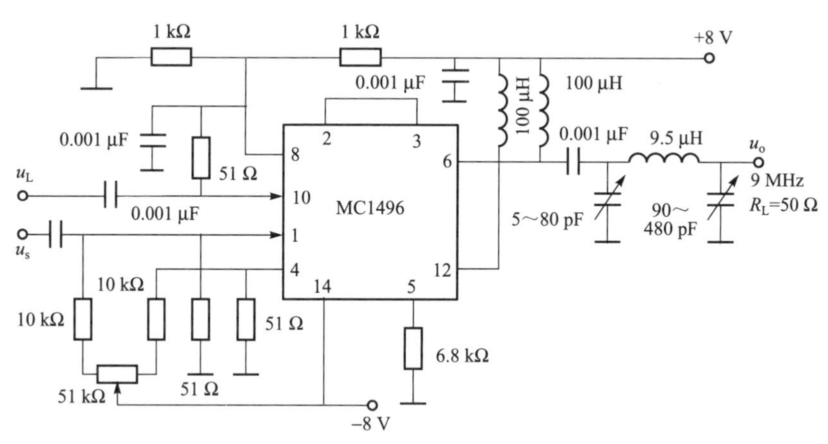

图 5–37　MC1496 组成的混频器

5.4.2　混频过程中产生的干扰和失真

信号经混频后，只应有频谱搬移，其相对关系不应改变，不应出现新的且落在有用频谱内的分量；否则称为产生了干扰。造成混频时产生干扰的原因来自以下两个方面。

① 混频器件的非理想相乘特性。

② 有用信号频率、本振频率和干扰信号频率构成某种特殊关系。

有些干扰和噪声是由上面两种原因之一造成的，有些则是上面两种原因综合影响的结果。

1. 混频器的干扰

混频器在信号电压和本振电压的共同作用下，产生了许多组合频率分量，它们可表示为

$$f=|\pm pf_L \pm qf_c| \quad (p\text{、}q\ \text{为任意正整数})$$

2. 常见的混频干扰

1）组合频率干扰

混频的过程是一个频率变换的过程，在这过程中除了产生直流成分、中频成分、本振频率成分及其各次谐波外，还会产生组合频率成分，如

$$f_{p,q}=pf_L+qf_c \approx f_I \qquad (p\text{、}q=0,\ \pm1,\ \pm2,\cdots) \tag{5–41}$$

这种干扰也称为啃声干扰。满足该式的组合频率恰好落在混频器的中频滤波器的通带内，无法被抑制掉，与中频信号一起送入检波器，对负载形成干扰。

例如，在广播中波波段，信号频率 f_c=931 kHz，本振频率 f_L=1 396 kHz，中频 f_I=465 kHz，这样它和有用中频信号同时进入中放、检波，产生差拍，在接收机输出产生 1 kHz 的啃叫声。

2）寄生波道干扰（副波道干扰）

这种干扰是外来的干扰信号通过混频器的某个寄生通道与本振组合变换后，恰好为中频而产生的。其条件为

$$\left|\pm pf_L \pm nf_N\right|=f_I \tag{5–42}$$

式中，f_N 为外来的干扰信号频率；p、n=0，1，2，3，…。

（1）当中频干扰时，即 f_N=f_I，外来的干扰信号与中频相同，故称为中频干扰，此时 p=0、n=1，该信号可直通滤波器，对后边的电路造成严重的影响。

（2）当镜频干扰时，即 $f_N = f_L + f_I$，而 $f_L = f_c + f_I$，此时 $p = n = 1$，因而，$f_N = f_L + f_I = f_c + 2f_I$，这三个频率之间的关系可用图 5–38 来说明。

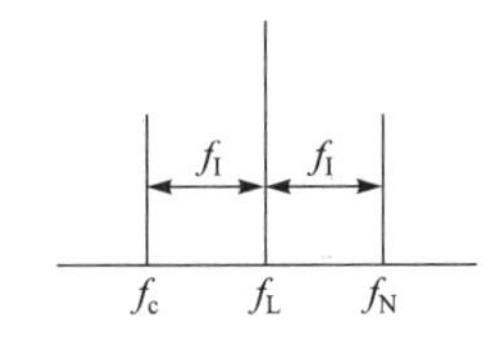

图 5–38　镜频干扰示意图

显然，干扰信号频率与有用信号频率对本振频率恰好为对称关系，所以称为镜频干扰。

3）互调干扰

互调干扰是两个或更多个外来干扰信号经接收机的输入端，进入混频器与本振频率组合产生的组合频率接近中频的干扰。其条件为

$$\left|\pm f_L \pm mf_{N1} \pm nf_{N2}\right| = f_I \tag{5–43}$$

式中，f_{N1}、f_{N2} 分别为外来的干扰信号频率。显然，产生互调干扰的通式为 $\pm m f_{N1} \pm n f_{N2}=f_c$，其中，$m$=1、$n$=2 与 m=2、n=1 时的组合频率产生的干扰最为严重。它们是由于器件的三次方特性产生的，即 $m+n$=3，故也称为三阶互调干扰。

4）交调干扰

交调干扰就是由于混频器的非线性，干扰信号的调制信号转移到有用信号的载波上。

它所反映出的现象是当调谐在有用信号的频率上时，能听到干扰电台的调制信号，而对有用信号失谐时，干扰电台的调制信号随之减弱。当有用信号消失时，干扰电台的调制信号随之消失。交调干扰与有用信号的频率及干扰信号的频率无关，只要它们能通过混频器之前的选频网络，而且强度足够强，就可能产生交调干扰。可见，它是一种危害性较大的干扰。

3. 克服干扰的措施

（1）提高混频器前端选频电路的选择性，以减弱各干扰信号的幅度。

（2）选择合适的中频，如适当提高中频频率，使其离前端选频电路的截止频率更远，对减小中频干扰和镜频干扰十分有效。

（3）合理选用混频器件，如采用抗干扰能力较强的平衡混频器和模拟乘法器混频电路。

（4）合理选择器件的工作点及动态运用范围，以使混频器的非线性高次方项尽可能减小。

5.5　技能训练 5：幅度调制与解调实训

1. 实训目的

（1）加深理解幅度调制与检波的原理。

（2）掌握用集成模拟乘法器构成调幅与检波电路的方法。

（3）掌握集成模拟乘法器的使用方法。

（4）了解二极管包络检波的主要指标、检波效率及波形失真。

（5）通过实训操作培养学生一丝不苟的工匠精神，实训数据分析及实训报告撰写培养学生严谨求实的科学精神，实训任务分工合作培养学生的团结协作能力。

2. 实训预习要求

实训前预习本章有关内容。

3. 实训电路原理

1）集成四象限模拟乘法器 MC1496 简介

本器件的典型应用包括乘、除、平方、开方、倍频、调制、混频、检波、鉴相、鉴频、动态增益控制等。它有两个输入端（U_X、U_Y）和一个输出端（U_o）。一个理想乘法器的输出为 $U_o=KU_XU_Y$，而实际上输出存在着各种误差，其输出的关系为：$U_o=K(U_X+U_{XOS})(U_Y+U_{YOS})+U_{ZOX}$。为了得到好的精度，必须消除 U_{XOS}、U_{YOS} 与 U_{ZOX} 三项失调电压。集成模拟乘法器 MC1496 是目前常用的平衡调制解调器，内部电路含有 8 个有源晶体管。本实训箱在幅度调制、同步检波、混频电路三个基本实训项目中均采用 MC1496。

MC1496 的内部原理图和引脚功能如图 5–39 所示。

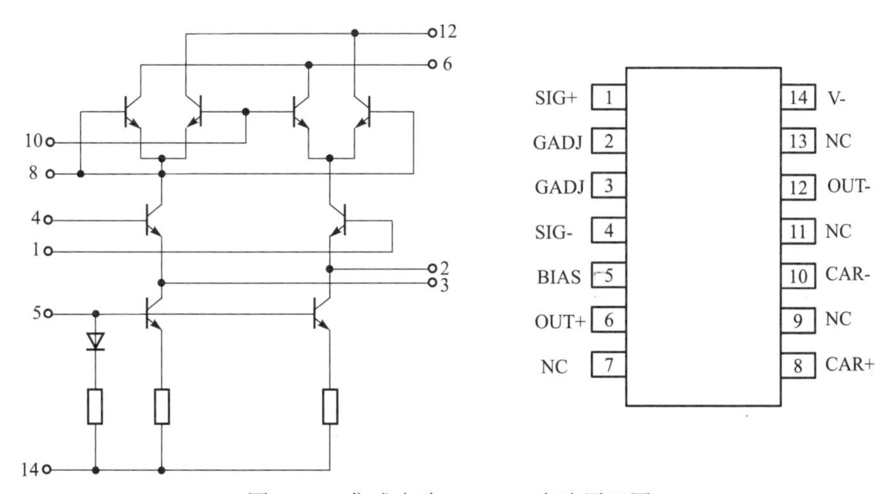

图 5–39　集成电路 MC1496 电路原理图

MC1496 各引脚功能如下。

（1）SIG+：信号输入正端。

（2）GADJ：增益调节端。

（3）GADJ：增益调节端。

（4）SIG–：信号输入负端。

（5）BIAS：偏置端。

（6）OUT+：正电流输出端。

（7）NC：空脚。

（8）CAR+：载波信号输入正端。

（9）NC：空脚。

（10）CAR–：载波信号输入负端。

（11）NC：空脚。

（12）OUT–：负电流输出端。

（13）NC：空脚。

（14）V−：负电源。

2）实际电路分析

实训电路如图 5−40 所示，图中 U_{301} 是幅度调制乘法器，音频信号和载波分别从 J_{301} 和 J_{302} 输入到乘法器的两个输入端，K_{301} 和 K_{303} 可分别将两路输入对地短路，以便对乘法器进行输入失调调零。R_{W301} 可控制调幅波的调制度，K_{302} 断开时，可观察平衡调幅波，R_{302} 为增益调节电阻，R_{309} 和 R_{304} 分别为乘法器的负载电阻，C_{309} 对输出负端进行交流旁路。C_{304} 为调幅波输出耦合电容，BG_{301} 接成低阻抗输出的射极跟随器。

U_{302} 是幅度解调乘法器，调幅波和载波分别从 J_{304} 和 J_{305} 输入，K_{304} 和 K_{305} 可分别将两路输入对地短路，以便对乘法器进行输入失调调零。R_{311}、R_{317}、R_{313} 和 C_{312} 的作用与 U_{301} 附属电路元件作用相同。

4. 实训仪器与设备

（1）TKGPZ−1 型高频电子线路综合实训箱。

（2）高频信号发生器。

（3）双踪示波器。

（4）万用表。

5. 实训内容与步骤

在实训箱上找到本次实训所用的单元电路，对照实训原理图熟悉元器件的位置和实际电路的布局，然后按下+12 V、−12 V 总电源开关 K_1、K_3，函数信号发生实训单元电源开关 K_{200}，本实训单元电源开关 K_{300}，与此相对应的发光二极管点亮。

准备工作：幅度调制实训需要加音频信号 U_L 和高频信号 U_H。调节函数信号发生器的输出为 0.3 V_{P-P}、1 kHz 的正弦波信号；调节高频信号发生器的输出为 0.6 V_{P-P}、10 MHz 的正弦波信号。

1）乘法器 U_{301} 失调调零

将音频信号接入调制器的音频输入口 J_{301}，高频信号接入载波输入口 J_{302} 或 TP_{302}，用双踪示波器同时监视 TP_{301} 和 TP_{303} 的波形。通过电路中有关的切换开关和相应的电位器对乘法器的两路输入进行输入失调调零。具体步骤参考如下。

（1）短接 K_{301} 的 2−3、K_{303} 的 1−2、K_{302} 的 2−3、调节 R_{W302} 至 TP_{303} 输出最小。

（2）短接 K_{301} 的 1−2、K_{303} 的 2−3、K_{302} 的 1−2、调节 R_{W303} 和 R_{W301}，至 TP_{303} 输出最小。

（3）短接 K_{301} 的 1−2、K_{303} 的 1−2、K_{302} 的 1−2、微调 R_{W302}，即能得到理想的 10 MHz 调幅波。

2）观测调幅波

在乘法器的两个输入端分别输入高、低频信号，调节相关的电位器（R_{W301} 等），短接 K_{302} 的 1−2，在输出端观测调频波 u_o，并记录 u_o 的幅度和调制度。此外，在短接 K_{302} 的 2−3 时可观测平衡调幅波 u_o，记录 u_o 的幅度。

3）观测解调输出

（1）参照实训步骤 1）的方法对解调乘法器进行失调调零。

（2）在保持调幅波输出的基础上，将调制波和高频载波输入解调乘法器 U_{302}，即分别连接 J_{303} 和 J_{304}、J_{302} 和 J_{305}，用双踪示波器分别监视音频输入和解调器的输出，然后在乘法器

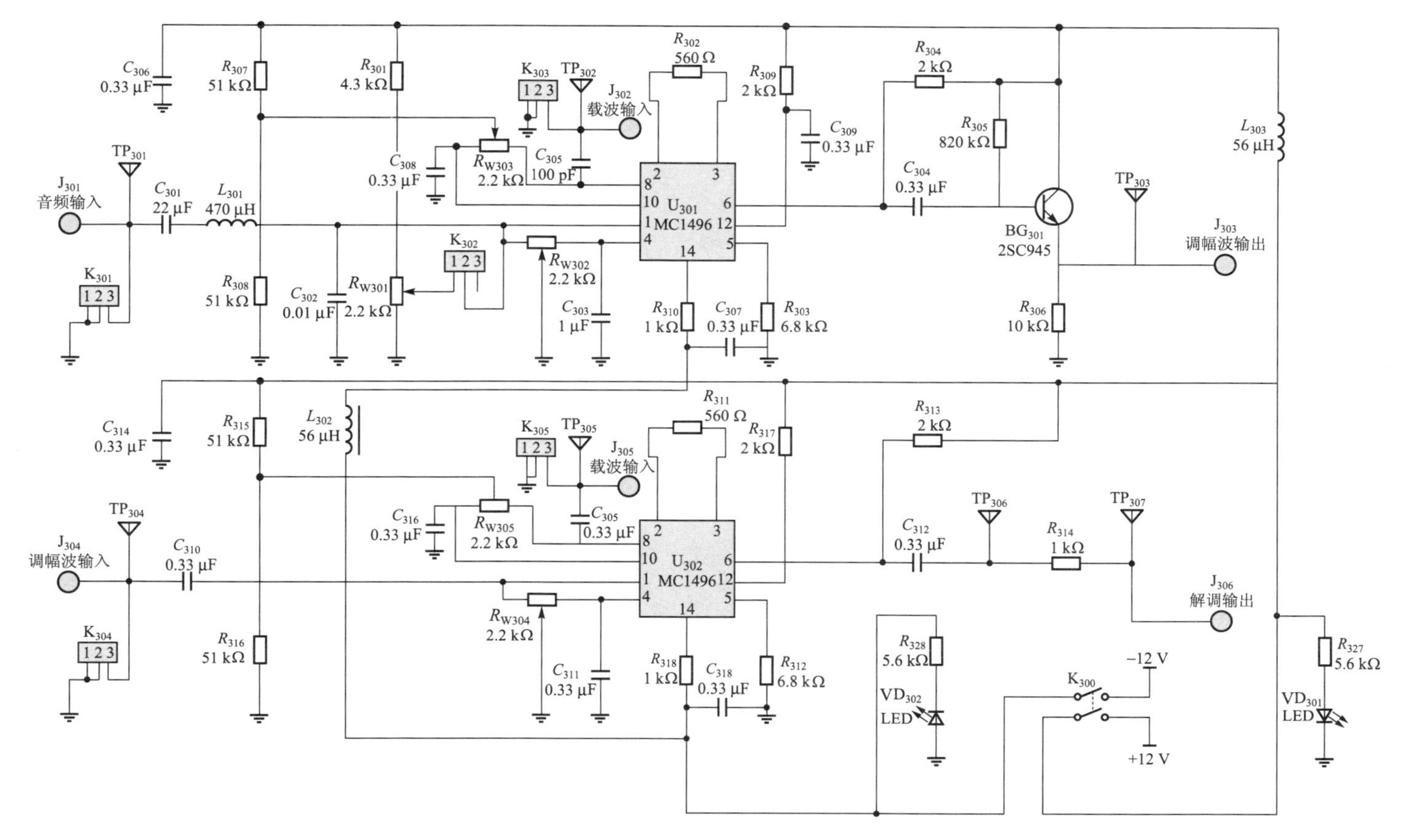

图 5－40　幅度调制与解调实训电路原理图

的两个输入端分别输入调幅波和载波。用示波器观测解调器的输出，记录其频率和幅度。若用平衡调幅波输入（将 K_{302} 的 2–3 短接），再观察解调器的输出并记录之。

6. 实训注意事项

（1）为了得到准确的结果，乘法器的失调调零至关重要，而且又是一项细致的工作，必须认真完成这一实训步骤。

（2）用示波器观察波形时，探头应保持衰减 10 倍的位置。

7. 预习思考题

（1）三极管调幅与乘法器调幅各自有何特点？当它们处于过调幅时两者的波形有何不同？

（2）如果平衡调幅波出现图 5–41 所示的波形，是何缘故？

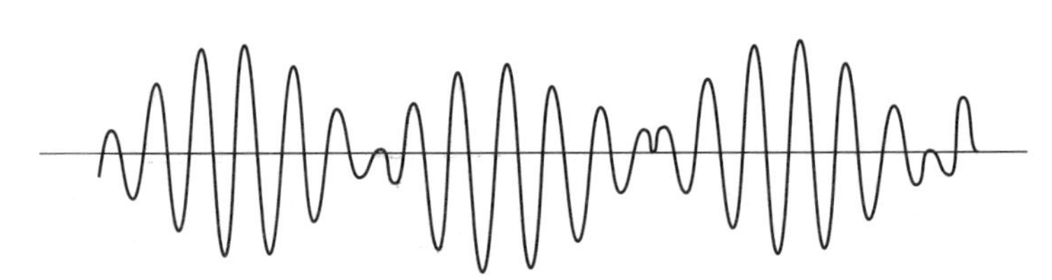

图 5–41　平衡调幅波

（3）检波电路的电压传输系统 K_d 如何定义？

8. 实训报告

（1）根据观察结果绘制相应的波形图，并做详细分析。

（2）回答预习思考题。

（3）总结其他体会与意见。

本章小结

（1）振幅调制是用调制信号去改变高频载波振幅的过程，而从已调信号中还原出原调制信号的过程称为振幅解调，也称振幅检波；把已调波的载频变为另一载频已调波的过程称为混频。

振幅调制、解调和混频电路都属于频谱搬移电路，它们都可以用乘法器和滤波器组成的电路模型来实现。其中乘法器的作用是将输入信号频率不失真地搬移到参考信号频率两边，滤波器用来取出有用频率分量，抑制无用频率分量。调幅电路的输入信号是低频调制信号，参考信号为等幅载波信号，采用中心频率为载频的带通滤波器，输出为已调高频波；检波电路的输入信号是高频已调波，而参考信号是与已调信号的载波同频同相的等幅同步信号，采用低通滤波器，输出为低频信号；混频电路输入信号是已调波，参考信号为等幅本振信号，采用中心频率为中频的带通滤波器，输出为中频已调信号。

（2）振幅调制有普通调幅信号（AM）、双边带调幅信号（DSB）和单边带调幅信号（SSB）。

AM 信号频谱中含有载频、上边带和下边带，其中，上、下边带频谱结构均反映调制信号频谱的结构（下边带频谱与调制信号频谱成倒置关系），其表示式为 $u_o(t)=[U_{m0}+k_a u_\Omega(t)]\cdot\cos\omega_c t$，其振幅在载波振幅 U_{m0} 上下按调制信号 $u_\Omega(t)$的规律变化，即已调波的包络直接反映调制信号的变化规律。

DSB 信号频谱中只含有上、下边带，没有载频分量，其表示式为 $u_o(t)=k_a u_\Omega(t)\cos\omega_c t$，其振幅在零值上下按调制信号的规律变化。其包络不再反映原调制信号的形状。

SSB 信号频谱中只含有上边带或下边带分量，已调波包络也不直接反映调制信号的变化规律。SSB 信号一般由双边带信号经除去一个边带而获得，采用的方法有滤波法和移相法。

（3）非线性器件具有频率变换作用，其频率变换特性与器件的工作状态有关。当两个输入信号中的一个足够小时，非线性器件工作在线性时变状态，如果另一个输入信号幅度足够大，则非线性器件工作在开关状态。非线性器件工作在线性时变状态和开关状态（它是线性时变工作状态的一个特例），可减小无用组合频率分量，适宜作为频谱搬移电路。

（4）乘法器是频谱搬移电路的重要组成部分，目前在通信设备和其他电子设备中广泛采用二极管环形乘法器和双差分对管集成模拟乘法器，它们利用电路的对称性进一步减少了无用组合频率分量而获得理想的相乘结果。

（5）常用的调幅电路有低电平调幅电路和高电平调幅电路。在低电平级实现的调幅称为低电平调幅，它主要用来实现双边带和单边带调幅，广泛采用二极管环形乘法器和双差分对管集成模拟乘法器。在高电平级实现的调幅称为高电平调幅，常采用丙类谐振功率放大器产生大功率的普通调幅波。

（6）常用的振幅检波电路有二极管峰值包络检波电路和同步检波电路。由于 AM 信号的包络能直接反映调制信号的变化规律，所以 AM 信号可采用电路很简单的二极管包络检波电路。由于 SSB 和 DSB 信号的包络不能直接反映调制信号的变化规律，所以必须采用同步检波电路。为获得良好的检波效果，要求同步信号与载波信号严格同频、同相。

（7）混频电路是超外差接收机的重要组成部分。目前高质量通信设备中广泛采用二极管环形混频器和双差分对管模拟乘法器，而在简易接收机中，常采用简单的晶体管混频电路。

混频干扰是混频电路中要注意的重要问题，常见的有哨声干扰、寄生通道干扰（主要是中频干扰、镜频干扰）、交调干扰和互调干扰等。必须采取措施，选择合适的电路和工作状态，尽量减小混频干扰。

思考与练习题

5.1　理想模拟乘法器的增益系数 $A_M=0.1\,V^{-1}$，若 u_X、u_Y 分别输入下列各信号，试写出输出电压表示式并说明输出信号的特点。

（1）$u_X=u_Y=3\cos(2\pi\times10^6 t)$V；

（2）$u_X=2\cos(2\pi\times10^6 t)$V，$u_Y=\cos(2\pi\times1.465\times10^6 t)$V；

（3）$u_X=3\cos(2\pi\times10^6 t)$V，$u_Y=2\cos(2\pi\times10^3 t)$V；

（4）$u_X=3\cos(2\pi\times10^6 t)$V，$u_Y=[4+2\cos(2\pi\times10^3 t)]$V。

5.2　已知调幅信号的频谱如图 5–42 所示，试写出该信号的数学表达式并画出其波形，求出频带宽度。

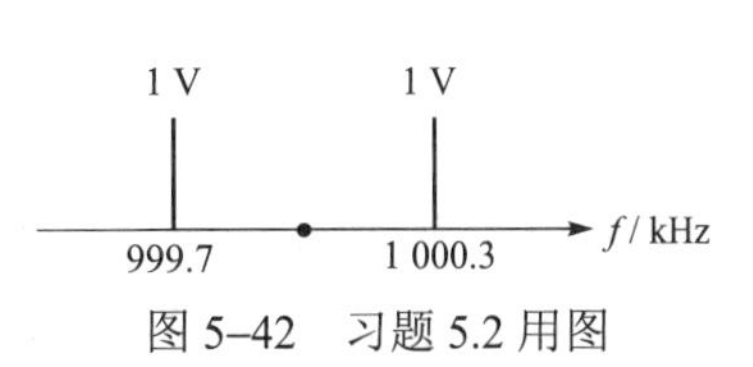

图 5–42　习题 5.2 用图

5.3　已知 $u_\Omega(t)=4\cos(2\pi\times10^3 t)$V，载波输出电压 $u_c(t)=10\cos(2\pi\times10^6 t)$V，当 $k_a=1$ 时，试写出普通调幅表达式，求出 m_a、BW，画出波形及频谱图（必须在图中标出

数值）。

5.4　已知调制信号为$u_c(t)=\cos(2\pi\times10^3 t)\text{V}$，指出下列表达式各是什么已调信号，并画出解调各信号的电路模型。

（1）$u(t)=[\cos 2\pi(10^7+10^3)t+\cos 2\pi(10^7-10^3)t]\text{V}$；

（2）$u(t)=[\cos(2\pi\times10^7 t)+0.8\cos(2\pi\times10^3 t)\cos(2\pi\times10^7 t)]\text{V}$；

（3）$u(t)=3\cos(2\pi\times10^7 t+2\pi\times10^3 t)\text{V}$。

5.5　已知下列已调信号的电压表示式：

（1）$u(t)=8\cos(2\pi\times3\times10^3 t)\cos(2\pi\times10^6 t)\text{V}$；

（2）$u(t)=[8+4\cos(2\pi\times3\times10^3 t)]\cos(2\pi\times10^6 t)\text{V}$；

（3）$u(t)=8\cos[2\pi\times10^6 t+10\sin(2\pi\times3\times10^3 t)]\text{V}$。

试说明各已调信号的电压为何种已调信号？计算频带宽度 BW 及单位电阻上的平均功率 P_{AV}。

5.6　已知负载$R_L=50\,\Omega$上的输出电压波形如图 5–43 所示，试求该信号的调幅系数m_a、载波功率P_0、边频功率P_{SSB1}、平均功率P_{AV}以及峰值包络功率P_{max}。

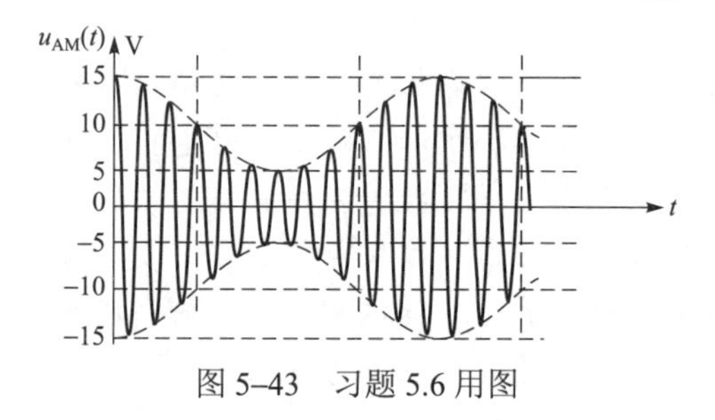

图 5–43　习题 5.6 用图

5.7　已知调幅信号的频谱如图 5–44 所示。试：（1）写出该调幅信号的数学表达式并求出调幅系数及频带宽度；（2）画出调幅信号的波形图并在图中标出最大值和最小值。

5.8　已知调幅波的频谱如图 5–45 所示，试写出它的表示式，并求出频带宽度及单位电阻上的平均功率。

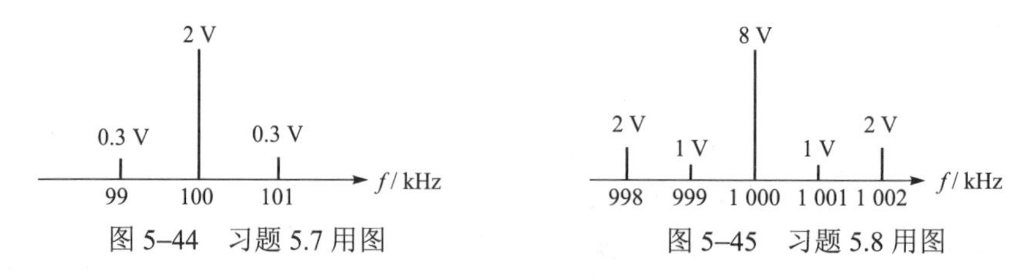

图 5–44　习题 5.7 用图　　图 5–45　习题 5.8 用图

5.9　分别画出下列各电压信号的波形和频谱图，并说明它们各为何种调幅信号，已知Ω为低频、ω_c为载频。

（1）$u(t)=(2+\cos\Omega t)\cos\omega_c t\ \text{V}$；

（2）$u(t)=[1.5\cos(\omega_c+\Omega)t+1.5\cos(\omega_c-\Omega)t]\text{V}$；

（3）$u(t)=\cos(\omega_c+\Omega)t\ \text{V}$。

5.10　已知调幅波的表达式为$u(t)=[5\cos(2\pi\times10^5 t)+2\cos(4\pi\times10^3 t)\cos(2\pi\times10^5 t)]\text{V}$，试：（1）求输出载波电压振幅$U_{m0}$、载频$f_c$、调幅系数$m_a$以及频带宽度 BW。

（2）画出调幅波波形及频谱图。

（3）当 $R_{\rm L}=100\,\Omega$ 时，求载波功率 P_0、边频功率 $P_{\rm SSB1}$、调制信号一周期内平均功率 $P_{\rm AV}$ 及最大瞬时功率 $P_{\max}$。

5.11　电路模型如图 5–46 所示，写出输出电压表达式，指出电路名称。图 5–46（a）中，$u_Y(t)=U_{\Omega\rm m}\cos\Omega t$，$u_X(t)=U_{\rm cm}\cos\omega_{\rm c}t$；图 5–46（b）中，$u_X(t)=U_{\rm sm}\cos(\omega_{\rm c}+\Omega)t$，$u_Y(t)=U_{\rm rm}\cos\omega_{\rm c}t$；图 5–46（c）中，$u_X(t)=U_{\rm sm}\cos\Omega t\cos\omega_{\rm c}t$，$u_Y(t)=U_{\rm Lm}\cos\omega_{\rm L}t$，带通滤波器的中心频率等于 $\omega_{\rm c}-\omega_{\rm L}$。上列式中，$\Omega$ 为低频，$\omega_{\rm c}$ 和 $\omega_{\rm L}$ 均为高频。

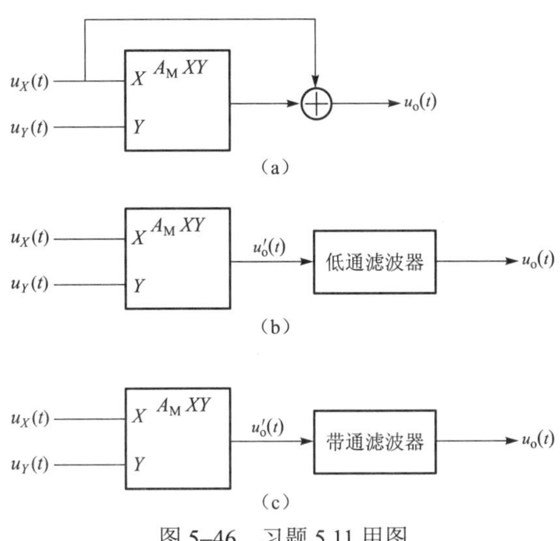

图 5–46　习题 5.11 用图

5.12　理想模拟乘法器如图 5–47 所示，已知增益系数 $A_{\rm M}=0.1\,{\rm V}^{-1}$，输入信号 $u_X(t)=2\cos(2\pi\times10^5t)\,{\rm V}$，$u_Y(t)=2\cos(4\pi\times10^3t)\,{\rm V}$，试：（1）写出输出电压 $u_{\rm o}(t)$ 的表示式，说明电路实现了什么功能？（2）画出输出电压波形并指出波形的特点；（3）画出输出电压的频谱图并求出频带宽度。

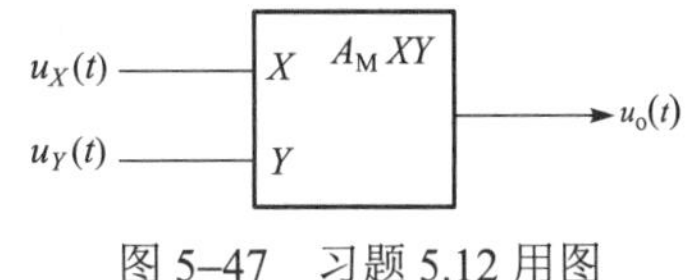

图 5–47　习题 5.12 用图

5.13　已知调幅信号为：$u(t)=5\cos(2\pi\times10^6t)+2\cos[(2\pi\times(10^6+10^3)t]+2\cos[(2\pi\times(10^6-10^3)t]\,{\rm V}$，说明这是什么调幅信号？画出该信号的波形及频谱图，求出 $m_{\rm a}$、BW 以及单位电阻上的平均功率 $P_{\rm AV}$。

5.14　电路组成框图如图 5–48 所示，已知 $A_{\rm M}=0.1\,{\rm V}^{-1}$，$u_X(t)=3\cos(2\pi\times10^5t)\,{\rm V}$，$u_Y(t)=[\cos(2\pi\times101\times10^3t)+2\cos(2\pi\times102\times10^3t)]\,{\rm V}$，低通滤波器具有理想特性，通带传输系数为 1，试写出输出电压 $u_{\rm o}'(t)$ 和 $u_{\rm o}(t)$ 的数学表示式，指出电路名称。

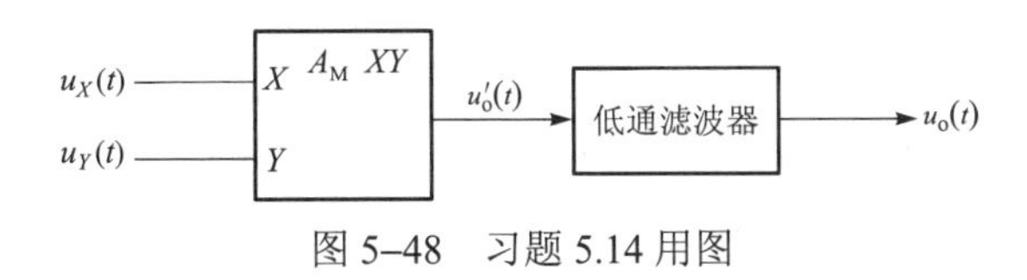

图 5–48　习题 5.14 用图

5.15　已知图 5–49（a）中，$u_X(t)=U_{\rm cm}\cos\omega_{\rm c}t$，$u_Y(t)=U_{\Omega\rm m}\cos\Omega t$；图 5–49（b）中，$u_X(t)=U_{\rm sm}\cos\Omega t\cos\omega_{\rm c}t$，$u_Y(t)=U_{\rm rm}\cos\omega_{\rm c}t$。$\omega_{\rm c}$ 为高频，Ω 为低频，试写出输出电压 $u_{\rm o}'(t)$ 和 $u_{\rm o}(t)$ 的

数学表示式，指出图中哪个可实现双边带调幅？哪个可实现同步检波？

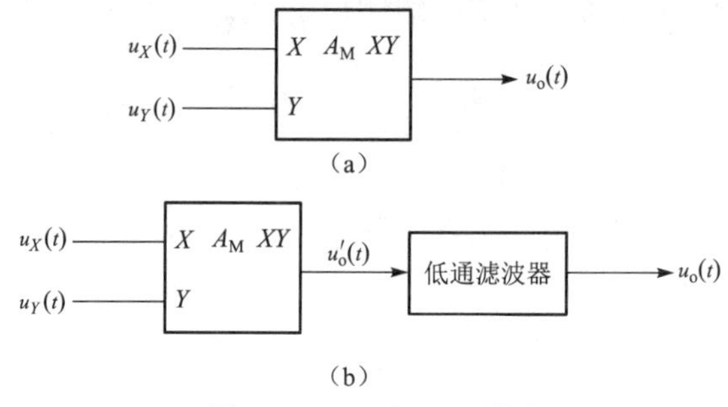

图 5–49　习题 5.15 用图

5.16　双差分对管模拟乘法器中，输入电压 $u_1 = U_{cm}\cos\omega_c t$ 为载波信号，$u_2 = U_{\Omega m}\cos\Omega t$ 为调制信号。（1）当 u_1、u_2 均为小于 26 mV 的小信号时，试定性画出输出电压波形，并分析其中频谱成分；（2）当 $U_{cm} \geqslant 260\,\text{mV}$，$U_{\Omega m} \leqslant 26\,\text{mV}$ 时，试定性画出输出电压波形，并分析其中频谱成分。

5.17　超外差式调幅广播接收机的中频频率为 465 kHz，中频带通滤波器具有理想特性，混频增益 $A_c = 10$，当混频器输入电压为 $u_s(t) = 10[1 + 0.5\cos(2\pi\times10^3 t)]\cos(2\pi\times10^6 t)$ mV 时，试写出混频器输出电压表示式，说明该信号的包络、m_a、BW、载波信号有哪些变化？

5.18　二极管包络检波电路如图 5–50 所示，其检波效率为 0.8，已知 $u_i(t) = [4\cos(2\pi\times10^6 t) + \cos 2\pi(10^3 + 10^6)t + \cos 2\pi(10^6 - 10^3)t]$ V，试对应画出输入电压 $u_i(t)$ 以及输出电压 $u_{AB}(t)$ 和 $u_o(t)$ 的波形。

5.19　已知某振幅调制信号 $u(t) = 3[1 + 0.3\cos(2\pi\times10^2 t)]\cos(2\pi\times10^6 t)$ V。

（1）说明该信号为什么形式的调幅波，并画出该信号的波形图，标明其最大值、最小值及 U_{m0} 的值。

（2）试问该信号如加在图 5–50 所示电路中，可完成什么功能？写出相应的 $u_{AB}(t)$、$u_o(t)$ 的数学表达式。

（3）说明 R 值过大时电路可能会出现什么失真？若 R_L 过小时又会产生什么失真？

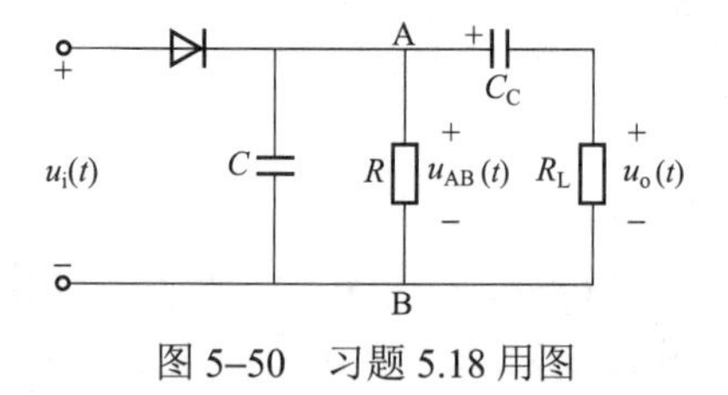

图 5–50　习题 5.18 用图

5.20　二极管电路如图 5–51 所示，已知 $u_1 = U_{1m}\cos\omega_1 t$，$u_2 = U_{2m}\cos\omega_2 t$，$U_{1m} \gg U_{2m}$ 并使二极管工作在开关状态，略去负载的反作用，写出电流 i_1、i_2 及输出电流 $i_1 - i_2$ 表达式，指出输出信号中所包含的频率分量，说明该电路能否实现相乘功能？

5.21　二极管平衡电路如图 5–52 所示，两个二极管特性一致，变压器 Tr_1、Tr_2 具有中心抽头，它们接成平衡电路，已知调制信号 $u_\Omega(t) = U_{\Omega m}\cos\Omega t$，载波信号 $u_c(t) = U_{cm}\cos\omega_c t$，$u_\Omega$ 为小信号，u_c 为大信号，二极管在 u_c 的作用下工作在开关状态，试分析输出信号中所包含的频率分量，并说明电路实现了何种调幅。

5.22 超外差式广播收音机中，中频 $f_I=f_L-f_c=465$ kHz，试分析下列两种现象属于何种干扰。

（1）当接收 $f_c=560$ kHz 电台信号时，还能听到频率为 1 490 kHz 强电台的信号。

（2）当接收 $f_c=1\ 460$ kHz 电台信号时，还能听到频率为 730 kHz 强电台的信号。

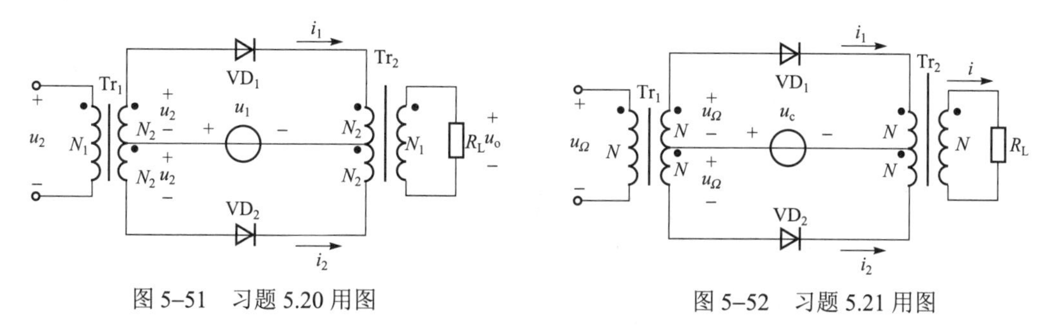

图 5-51 习题 5.20 用图

图 5-52 习题 5.21 用图

5.23 混频器输入端除了有用信号 $f_c=20$ MHz 外，同时还有频率分别为 $f_{N1}=19.2$ MHz、$f_{N2}=19.6$ MHz 的两个干扰电压，已知混频器的中频 $f_I=f_L-f_c=3$ MHz，试问这两个干扰电压会不会产生干扰？

角度调制器和解调器的应用

学习目标

（1）理解角度调制器与解调器的工作原理和分析方法。

（2）掌握变容二极管调频电路及几种典型鉴频器的工作特点与作用。

能力目标

能够分析角度调制器与解调器的工作过程及特点。

通信角度调制及解调电路与前面讨论的振幅调制与解调电路在变换的实现方法上不同，属于频谱非线性变换电路，在角度调制电路中，用调制信号去控制载波信号的频率或相位使载波信号的瞬时相位受到调变，已调高频已不再保持低频调制信号的频谱结构。若载波信号的频率随调制信号线性变化，则称为频率调制，简称调频（FM）；如果载波信号的相位随调制信号线性变化，则称为相位调制，简称调相（PM）。两种统称为角度调制，简称为调角。

调相是相位调制的简称，它是载波相位受所传信号控制的一种调制方法。载波为正弦波时称为调相（PM）；载波为脉冲序列时称为脉冲调相（PPM）；瞬时相位在两个或多个确定相角值上交替变化的称为二进制或多进制调相，它是数字通信常用的一种调制方式。

调相和调频有密切的关系。调相时，同时有调频伴随发生；调频时，也同时有调相伴随发生，不过两者的变化规律不同。实际使用时很少采用调相制，它主要是用来作为得到调频的一种方法。调相即载波的初始相位随着基带数字信号而变化，例如数字信号 1 对应相位 180°，数字信号 0 对应相位 0°。这种调相的方法又叫相移键控 PSK，其特点是抗干扰能力强，但信号实现的技术比较复杂。

调频，全称“频率调制”。它是使载波的瞬时频率按照所需传递信号的变化规律而变化的调制方法，是一种使受调波瞬时频率随调制信号而变的调制方法。实现这种调制方法的电路称为调频器，广泛用于调频广播、电视伴音、微波通信、锁相电路和扫频仪等方面。对调频器的基本要求是调频频移大、调频特性好、寄生调幅小。由调频方法产生的无线电波叫作调频波，其基本特征是载波的振荡幅度保持不变，振荡频率随调制信号而变。调频（FM），就是高频载波的频率不是一个常数，是随调制信号而在一定范围内变化的调制方式，其幅值则是一个常数。与其对应的，调幅就是载频的频率是不变的，其幅值随调制信号而变。

调频与调幅相比有如下优点。

（1）调频比调幅抗干扰能力强。

外来的各种干扰、加工业和天电干扰等，对已调波的影响主要表现为产生寄生调幅，形成噪声。调频制可以用限幅的方法，消除干扰所引起的寄生调幅。而调幅制中已调幅信号的幅度是变化的，因而不能采用限幅，也就很难消除外来的干扰。

另外，信号的信噪比越大，抗干扰能力就越强。而解调后获得的信号的信噪比与调制系数有关，调制系数越大，信噪比越大。由于调频系数远大于调幅系数，因此，调频波信噪比高，调频广播中干扰噪声小。

（2）调频波比调幅波频带宽。

频带宽度与调制系数有关，即调制系数越大，频带越宽。调频中常取调频系数大于 1，而调幅系数是小于 1 的，所以，调频波的频带宽度比调幅波的频带宽度大得多。

（3）调频制功率利用率大于调幅制。

发射总功率中，边频功率为传送调制信号的有效功率，而边频功率与调制系数有关，调制系数越大，边频功率越大。由于调频系数 m_f 大于调幅系数 m_a，所以，调频制的功率利用率比调幅制高。

本章首先讨论角度调制的基本原理，然后讨论调频与解调电路的工作原理。

6.1　角度调制原理

6.1.1　调频信号与调相信号

调频与调相是广泛采用的两种基本调制方式。其中调频（FM）是使高频振荡波的频率按调制信号规律变化的一种调制方式，调相（PM）是使高频振荡波的相位按调制信号规律变化的一种调制方式。高频振荡波作为载波输出电压为

$$u_c(t) = U_m \cos(\omega_c t + \varphi_0) \tag{6-1}$$

若用矢量表示，则式（6–1）中的 U_m 是矢量的长度，$\varphi(t)=\omega_c t+\varphi_0$ 是矢量转动的瞬时角度，作为调频信号，当输入调制信号 $u_\Omega(t)$后，相应的矢量长度为恒值 U_m，而矢量的转动角速度在载波角频率ω_c上叠加按调制信号规律变化的瞬时角频率 $\Delta\omega(t)=k_f u_\Omega(t)$，即

$$\omega(t)=\omega_c+k_f u_\Omega(t)=\omega_c+\Delta\omega(t) \tag{6-2}$$

式中，k_f为比例常数，其单位为 rad/（S • V），因而它的总瞬时相角为

$$\varphi(t) = \int_0^t \omega(t)dt + \varphi_0 = \omega_c t + k_f \int_0^t u_\Omega(t)dt + \varphi_0 = \omega_c t + \Delta\varphi + \varphi_0 \tag{6-3}$$

则调频信号的表示式为

$$u_{o}(t)=U_{m}\cos\left[\omega_{c}t+k_{f}\int_{0}^{t}u_{\Omega}(t)dt\right] \tag{6-4}$$

可见，在调频信号中，叠加在ω_c的瞬时角频率按调制信号规律变化，而叠加在$\omega_c t+\varphi_0$上的瞬时相角则按调制信号的时间积分值规律性变化。

作为调相信号，相应的矢量长度为恒值U_m，而矢量的瞬时相角在参效值$\omega_c t+\varphi_0$上叠加按调制信号规律变化的附加相角$\Delta\varphi(t)=k_p u_\Omega(t)$，即

$$\varphi(t)=\omega_c t+k_p u_\Omega(t)+\varphi_0=\omega_c t+\Delta\varphi(t)+\varphi_0 \tag{6-5}$$

式中，k_p为比例常数，单位为rad/V。因而，相应的调相信号表示式为

$$u_o(t)=U_m\cos[\omega_c t+k_p u_\Omega(t)+\varphi_0] \tag{6-6}$$

而它的瞬时角频率即$\varphi(t)$的时间导数值为

$$\omega(t)=d\varphi(t)/dt=\omega_c+k_p(du_\Omega(t)/dt)=\omega_c+\Delta\omega(t) \tag{6-7}$$

可见，在调相信号中，叠加在$\omega_c t+\varphi_0$上的附加相角按调制信号规律变化，而叠加在ω_c上的瞬时角频率$\Delta\omega(t)$则按调制信号的时间导数规律性变化。

在上述的信号调制中，无论是调相信号还是调频信号，它们的$\omega(t)$和 $\varphi(t)$都同时受到调变，它们之间仅在于按调制信号规律变化的物理量不同，在调相信号中是$\Delta\varphi(t)$而在调频信号中是$\Delta\omega(t)$。

例 6–1 调频调相信号波形，如图 6–1 所示。

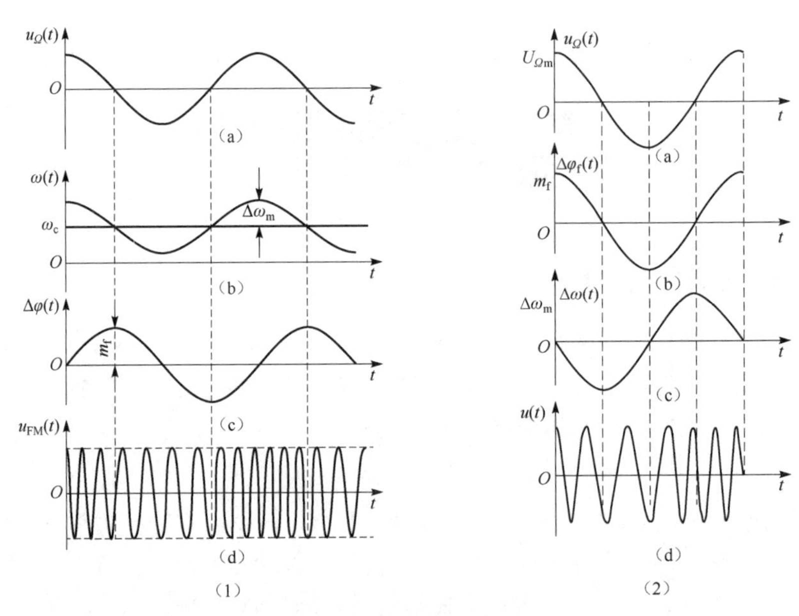

图 6–1 调频调相信号波形

（1）调频信号波形；（2）调相信号波形

例 6–2 调频信号与调相信号的关系，见表 6–1。

表 6–1　调频与调相信号比较

调制信号 $u_\Omega(t)=U_{\Omega m}\cos\Omega t$，载波信号 $u_c(t)=U_m\cos\omega_c t$		
类型／表示式	调频信号	调相信号
瞬时角频率	$\omega(t)=\omega_c+k_f u_\Omega(t)=\omega_c+\Delta\omega_m\cos\Omega t$	$\omega(t)=\omega_c+k_p\dfrac{du_\Omega(t)}{dt}=\omega_c-\Delta\omega_m\sin\Omega t$
瞬时相位	$\varphi(t)=\omega_c t+k_f\int_0^t u_\Omega(t)dt=\omega_c t+m_f\sin\Omega t$	$\varphi(t)=\omega_c t+k_p u_\Omega(t)=\omega_c t+m_p\cos\Omega t$
最大角频偏	$\Delta\omega_m=k_f U_{\Omega m}=m_f\Omega$	$\Delta\omega_m=k_p U_{\Omega m}=m_p\Omega$
最大相位偏移	$m_f=\dfrac{\Delta\omega_m}{\Omega}=k_p U_{\Omega m}$	$m_p=\dfrac{\Delta\omega_m}{\Omega}=k_p U_{\Omega m}$
数学表示式	$u_o(t)=U_m\cos[\omega_c t+k_f\int_0^t u_\Omega(t)dt]$ $=U_m\cos(\omega_c t+m_f\sin\Omega t)$	$u_o(t)=U_m\cos[\omega_c t+k_p u_\Omega(t)]$ $=U_m\cos(\omega_c t+m_p\cos\Omega t)$

调频信号与调相信号，其瞬时频率和瞬时相位都是随时间变化而变化的，只是它们的变化规律不同。对调频信号，其瞬时角频率的变化与调制信号的瞬时值成正比，瞬时相位的变化与调制信号的积分值成正比；对调相信号，其瞬时相位的变化与调制信号的瞬时值成正比，瞬时角频率的变化与调制信号的微分值成正比。由于频率变化和相位变化是相联系的，调频和调相可以互相转换。

图 6–2 绘出了当调制信号幅度不变，$\Delta\omega_m$ 和最大相位偏移 m_f 或 m_p 随 Ω 变化的曲线。

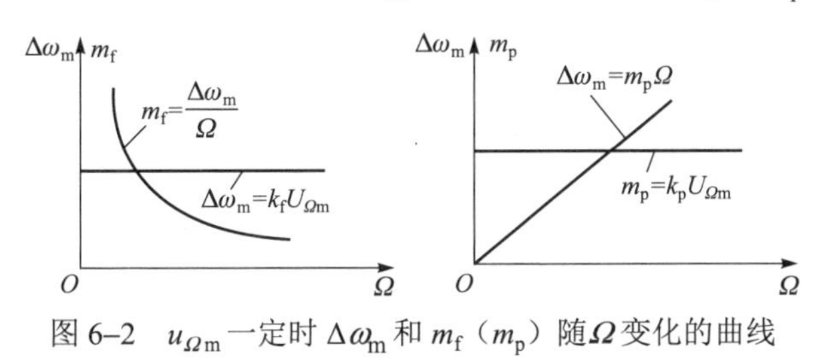

图 6–2　$u_{\Omega m}$ 一定时 $\Delta\omega_m$ 和 m_f（m_p）随 Ω 变化的曲线

必须强调指出，单音调制时两种调制波均有含义截然不同的三个频率参数：载波角频率 ω_c，表示瞬时角频率变化的平均值；调制角频率 Ω，表示瞬时角频率变化的快慢程度；最大角频幅 $\Delta\omega_m$，表示角频率偏离 ω_c 的最大值。

6.1.2　调角信号的频谱与带宽

1. 调角信号的频谱

调频信号与调相信号受同一单音调制信号调变时，它们的频谱结构是类似的，而且它们的分析方法又是相同的，这里以单音调制的调频信号为例，介绍调角信号频谱的分析方法，以及单音调制时调角信号频谱结构上的特点。

调角信号表示式可写成

$$u_o(t)=U_m\cos(\omega_c t+m\sin\Omega t) \tag{6–8}$$

利用三角函数公式将式（6–8）改写成

$$u_o(t)=U_m\cos(m\sin\Omega t)\cos\omega_c t-U_m\sin(m\sin\Omega t)\sin\omega_c t \tag{6–9}$$

在贝塞尔函数理论中，已证明存在下列关系式，即

$$\cos(m\sin\Omega t)=J_0(m)+2\Sigma J_{2n}(m)\cos(2n\Omega t)$$

$$\sin(m\sin\Omega t)=2\Sigma J_{2n+1}(m)\sin[(2n+1)\Omega t] \tag{6–10}$$

式中，$J_0(m)$在贝塞尔函数理论中是以 m 为宗数的 n 阶第一类贝塞尔函数，将上面关系式代入式（6–9），则得

$$\begin{aligned}u_o(t)=&U_m[J_0(m)\cos\omega_c t-2J_1(m)\sin(\Omega t)\sin(\omega_c t)+\\&2J_2(m)\cos(2\Omega t)\cos(\omega_c t)-2J_3(m)\sin(3\Omega t)\sin(\omega_c t)]\\=&U_mJ_0(m)\cos(\omega_c t)+U_mJ_1(m)[\cos(\omega_c+\Omega)t-\cos(\omega_c-\Omega)t]+\\&U_mJ_2(m)[\cos(\omega_c+2\Omega)t-\cos(\omega_c-2\Omega)t]+\\&U_mJ_3(m)[\cos(\omega_c+3\Omega)t+\cos(\omega_c-3\Omega)t]+\\&U_mJ_4(m)[\cos(\omega_c+4\Omega)t+\cos(\omega_c-4\Omega)t]+\\&U_mJ_5(m)[\cos(\omega_c+5\Omega)t-\cos(\omega_c-5\Omega)t]\end{aligned} \tag{6–11}$$

式（6–11）表明，单音调制时，调角信号可以用角频率为ω_c的载频分量与角频率为$\omega_c\pm n\Omega$的无限对上、下边频分量之和表示，这些边频分量和载频分量的角频相差 $n\Omega$，其中 n=1，2，3，…。当 n 为奇数时，上、下两边频分量的振幅相等、极性相反；而 n 为偶数时，上、下两边频分量的振幅相等、极性相同。U_m 是未调制时的载频振幅，有调制时载频分量和各边频分量的振幅则由 U_m 和贝塞尔函数 $J_n(m)$ 决定。当已知 m、n 后，各阶贝塞尔函数随 m 的变化曲线如图 6–3 所示。

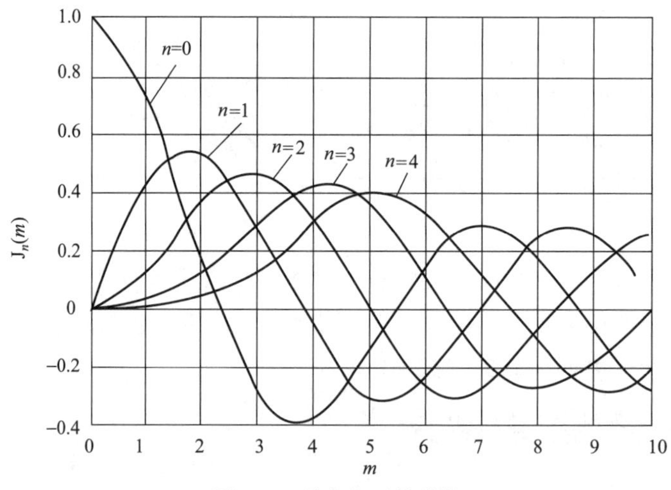

图 6–3　贝塞尔函数曲线

图 6–4 所示为在Ω相同、载波相同，m=1、m=2.4 和 m=5 时的调角波频谱图。由图可见，调制指数 m 越大，具有较大振幅的边频分量就越多，有些边频分量幅度超过载频分量幅度，当 m 为某些特定值时，载频分量可能为零，如 m=2、40、5、52 等，而当 m 为某些特定值时，又可能使某些边频分量振幅等于零。

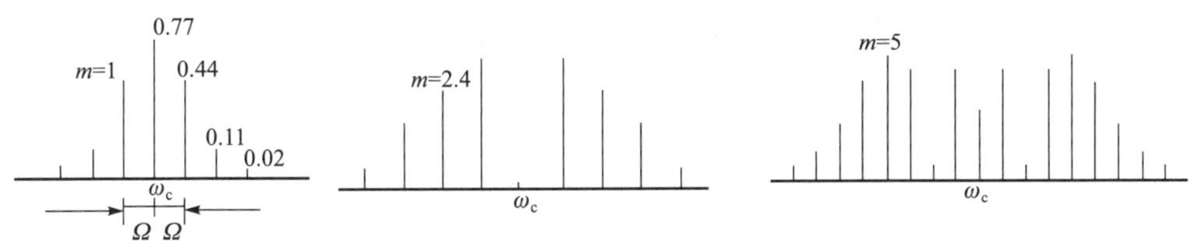

图 6–4　调角波的频谱

由于调角信号的振幅不变，当 U_m 一定时，调频波的平均功率也就一定，且等于未调制的载波功率，其值与调制指数无关，也就是说，改变 m 仅引起载波分量和各边频分量之间的重新分配，但不会引起总功率的改变。

2. 调角信号的频谱宽度

调频波的频谱包含无限多对边频分量，它的频谱宽度就应无限大。

实际上，由图 6–4 可见，当 m 一定时，随着 n 的增加，$J_n(m)$的数值虽有起伏，但它的趋势是减少的。在传送和放大的过程中，如果忽略这些高载频较远的边频振幅很小的边频分量，则调角波实际占据的有效频谱宽度是有限的。

当 $n>m+1$ 时，$J_n(m)$的数值都小于 0.1，略去振幅小于载频振幅为 10%的边频分量，即考虑上、下边频总数近似等于 $2(m+1)$。因此，调角波的有效频谱宽度可用式（6–12）进行计算，即

$$BW=2(m+1)F \tag{6–12}$$

由上式可见，当 $m\ll1$（工程上只需 $m<0.25$）时，有

$$BW\approx 2F \tag{6–13}$$

其值近似为调制频率的 2 倍，相当于调频波的频谱宽度。这时，调角波的频谱由载波分量和一对幅值相同、极性相反的上、下边频分量组成。通常将这种调角波称为窄带调角波。

反之，当 $m\gg1$ 时，有

$$BW\approx 2MF=2\Delta f_m$$

式中，M 为一个系数，F 为调频波频率。

通常将这种调角波称为宽带调角波。其中，作为调频波时，由于Δf_m与 $U_{\Omega m}$ 有关，因而，当 $U_{\Omega m}$ 即Δf_m 一定时，BW 也就一定，且其值与 F 无关。而作为调相波时，由于$\Delta f_m=m_pF$，其中 m_p 与 $U_{\Omega m}$ 成正比，因而，当 $U_{\Omega m}$ 一定时，BW 与 F 成正比地增大。

上面讨论了单音调制的调角信号有效频谱宽度。实践表明，复杂信号调制时，大多数调频信号占有的有效频谱宽度仍用式（6–12）表示，仅需要将其中的 F 用调制信号中的最高调制频谱 F_{max} 取代，Δf_m 用调制信号的频谱中所对应的最大频偏取代。例如，在调频广播系统中，按国家标准规定（Δf_m）$_{max}$=75 kHz，F_{max}=15 kHz，通过计算求得

$$BW=2[(\Delta f_m)_{max}/F_{max}+1]F_{max}=180\ \text{kHz}$$

实际选取的频谱宽度为 200 kHz。

由以上分析可知，由于调角信号为等幅信号，可采用限幅电路消除干扰引起的寄生幅度变化；另外可适当选择 m 的大小，使载波分量携带的功率极小，绝大部分功率由边频分量携带，从而极大地提高调频系统设备的利用率。因此，抗干扰能力强和设备利用率高是调角信号的显著优点。但是调角信号抗干扰能力提高是以增加有效频带宽度为代价的，这是角度调制的主要缺点。因此，目前的模拟通信中仍广泛采用调频制而较少采用调相制，不过在数字

通信中相位键控的抗干扰能力优于频率键控和幅度键控，因而调相制在数字通信中获得广泛的应用。

6.2 调频电路

由上面的讨论得知，频率调制和相位调制均为频谱非线性变换的调制，必须根据角度调制的固有特点，提出相应的实现方法。

就调频而言，有直接调频和间接调频两种基本方法。直接调频是用调频信号直接控制振荡器的振荡频率，使其不失真地反映调制信号的变化规律。这种电路简单，频偏较大，但中心频率不易稳定。

间接调频是先将调制信号积分，然后对载波进行调相，从而得到调频信号。间接调频电路的核心是调相。因此，调制时可以不在主振荡电路中进行，易于保持中心频率的稳定，但不易获得大的频偏。

6.2.1 直接调频电路

1. 变容二极管直接调频电路

变容二极管直接调频电路是目前应用最广泛的直接调频电路，它是利用变容二极管反偏时所呈现的可变电容特性实现调频作用的，具有工作频率高、固有损耗小等特点。

变容二极管实际上是一个电压控制可变电容元件。将变容二极管接入 LC 正弦波振荡器的谐振回路中，如图 6–5 所示，就可实现调频。图中，L 和变容二极管组成谐振回路，U_Q 用来提供变容二极管的反向偏压，其取值应保证变容二极管在调制信号电压 $u_\Omega(t)$ 的变化范围内始终工作在反偏状态，同时还应保证由 U_Q 值决定的振荡频率等于所要求的载波频率。$u_\Omega(t)$ 为调制信号电压；C_1 为隔直电容，用来防止直流电压 U_Q 通过 L 短路，其高频容抗很小，可视为短路；L_1 为高频扼流圈，它对高频视为开路，对调制信号视为短路，使调制信号电压有效地加到变容二极管两端；C_2 为高频旁路电容，对高频可视为短路，为了防止调制信号被分流，要求其低频容抗很大。这时振荡频率由回路电感 L 和变容二极管结电容 C_j 所决定，其振荡角频率为

$$\omega = \frac{1}{\sqrt{LC_j}} \tag{6–14}$$

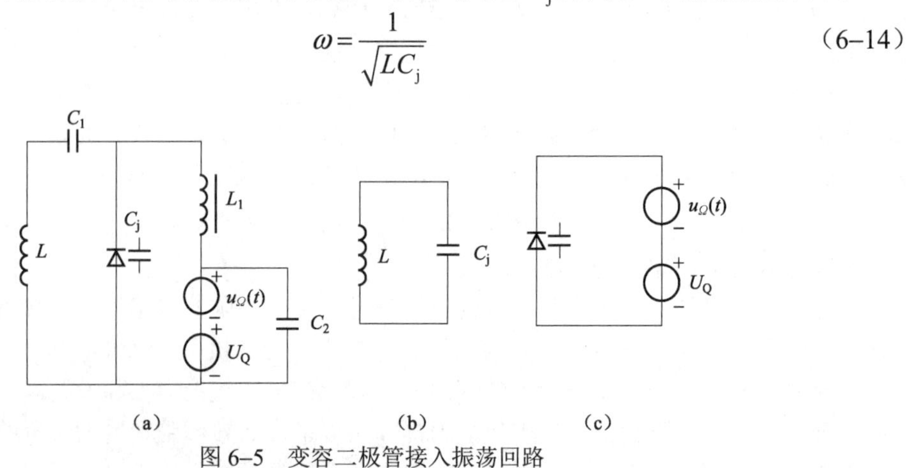

图 6–5 变容二极管接入振荡回路

（a）变容二极管直接调频电路；（b）振荡回路；（c）变容二极管组成谐振回路

已知变容二极管结电容 C_j 与外加电压 u 的关系为

$$C_j=\frac{C_{j0}}{\left(1+\frac{u}{U_{VD}}\right)^r} \tag{6-15}$$

式中，C_{j0} 为 u=0 时的结电容；U_{VD} 为 PN 结势垒电位差，硅管 U_{VD}=0.4～0.6 V；r 为变容指数，它取决于 PN 结的工艺结构，其值为 1/2～6。

通常调制电压比振荡回路的高频振荡电压大得多，所以变容二极管的反向电压随调制信号变化，即

$$u=U_Q+U_{\Omega m}\cos\Omega t \tag{6-16}$$

在图 6–5 中，对于直流和调制频率而言，由于 C_1 的阻断，因而 $u_\Omega(t)$ 和 U_Q 可有效地加到变容二极管上，可得变容二极管结电容随调制信号电压的变化规律，即

$$C_j=\frac{C_{j0}}{\left[1+\frac{1}{U_{VD}}(U_Q+U_{\Omega m}\cos\Omega t)\right]^r}=\frac{C_{jQ}}{(1+m_c\cos\Omega t)^r} \tag{6-17}$$

$$m_c=\frac{U_{\Omega m}}{U_{VD}+U_Q}$$

$$C_{jQ}=\frac{C_{j0}}{1+\frac{U_Q}{U_{\Omega m}}} \tag{6-18}$$

式中，m_c 为变容二极管电容调制度；C_{jQ} 为 U_Q 处电容。

将式（6–17）代入式（6–14）则得

$$\omega(t)=\frac{1}{\sqrt{LC_{jQ}}}(1+m_c\cos\Omega t)^{\frac{r}{2}}=\omega_c(1+m_c\cos\Omega t)^{\frac{r}{2}} \tag{6-19}$$

式中，$\omega_c=\frac{1}{\sqrt{LC_{jQ}}}$ 是调制器未受调制 $u_\Omega(t)$=0 时的振荡角频率，即调频波的中心频率。根据式（6–19）可以看出，只有在 r=2 时为理想线性，其余都是非线性。因此，要得到线性调频，调制信号电压幅度不能太大，否则将产生非线性失真。

当$r\neq 2$时，令$x=m_c\cos\Omega t$，可得到振荡角频率为

$$\omega(t)=\omega_c(1+x)^{\frac{r}{2}} \tag{6-20}$$

设 x 足够小，将式（6–20）展开成傅里叶级数，并忽略式中的三次方及其以上各次方项，则

$$\begin{aligned}\omega(t)&=\omega_c\left[1+\frac{r}{2}x+\frac{r}{2}\frac{(r/2-1)}{2!}x^2\right]\\&=\omega_c\left[1+\frac{1}{8}r\left(\frac{r}{2}-1\right)m_c^2+\frac{r}{2}m_c\cos\Omega t+\frac{1}{8}r\left(\frac{r}{2}-1\right)m_c^2\cos 2\Omega t\right]\end{aligned} \tag{6-21}$$

下面分析 r 不等于 0 时的工作情况。

式（6–21）中，第二项即为线性调频项。可得到最大角频率为

$$\Delta\omega_{m} \approx \frac{r}{2} m_{c} \omega_{c} \tag{6-22}$$

由以上可知，当 r 一定时，调制电压幅度越大，中心频率的偏离也就越大，因此为了减小非线性失真，在变容二极管调制电路中，总是设法使变容二极管工作在 $r=2$ 的区域，并限制调制信号电压的大小。由于在 $r\neq2$ 时不仅会出现调频失真，而且还使调频波中心频率偏离 ω_c。另外，由于变容二极管的 C_j 会随温度、偏置电压变化而变化，造成中心频率不稳定，因而在实际电路中常采用一个小电容 C_2 与变容二极管串联，同时在回路中并联上一个电容 C_1，如图 6–6 所示，这样使变容二极管部分接入振荡回路，从而降低了 C_1 对振荡频率的影响，提高了中心频率的稳定度，同时，调节 C_1、C_2 可使调制特性接近线性。

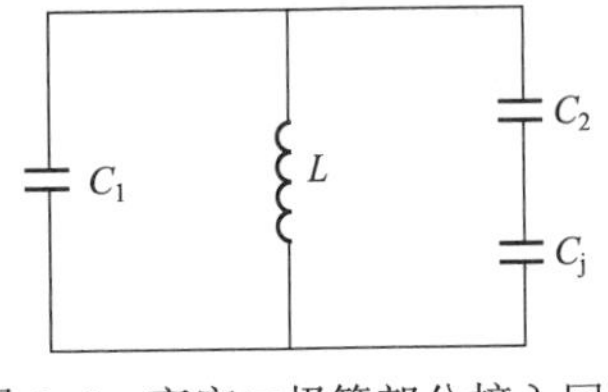

图 6–6　变容二极管部分接入回路

2. 直接调频实际电路

图 6–7（a）是中心频率为 70 MHz±100 kHz、频偏Δf=6 MHz 的变容二极管直接调频电路，用于微波通信设备中，在图 6–7（a）中，低频调制信号 $u_{\Omega}(t)$经耦合电容 C_1，送到 C_2、L_1、C_3 组成的低通滤波器，加到变容二极管的两端，其中 L_1 为高频扼流圈，它对高频接近开路，对调制信号频率接近短路，这样可避免高频振荡电压受到调制信号源的影响。振荡管采用双电源供电，正负电源各自采用稳压电路，改变 R_P 可调节晶体管的电流，以控制振荡电压的大小。U_Q 提供变容二极管的反向偏置电压。图 6–7（b）中 L 与变容二极管构成振荡回路，并与晶体管 VT 接成电感三点式振荡电路。

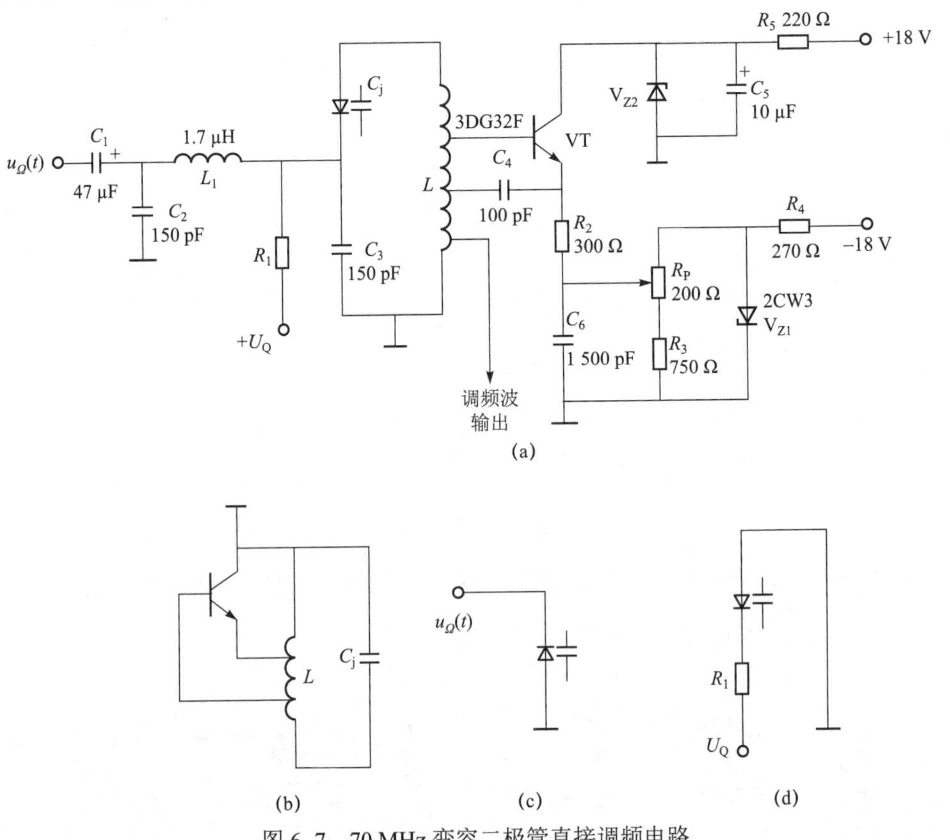

图 6–7　70 MHz 变容二极管直接调频电路

3. 晶体振荡器直接调频电路

图 6–8 是 100 MHz 晶体振荡器的变容二极管直接调频电路。电路组成一种无线话筒中的发射机。电路中 VT_2 管接成皮尔斯晶体振荡电路，利用变容二极管（2CC1E）对晶体振荡器进行直接调频，在 VT_2 管集电极上的谐振回路调谐在晶体振荡频率的三次谐波上，完成三倍频功能。VT_1 管为音频放大器，将话筒提供的语音信号进行放大后加到变容二极管上。

晶体振荡器直接调频电路的优点是中心频率稳定度高，但由于振荡回路引入了变容二极管，它的中心频率稳定度相对于不调频的晶体振荡器有所降低。

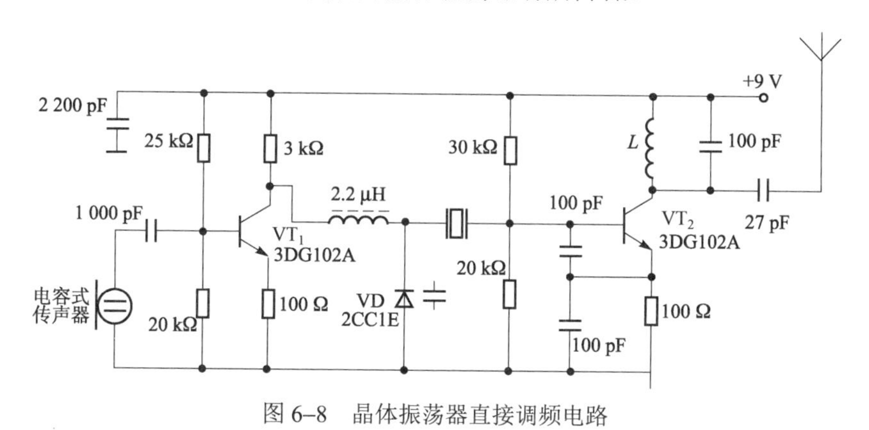

图 6–8　晶体振荡器直接调频电路

6.2.2　间接调频电路

间接调频的方法：先将调制信号积分，再加到调相器对载波信号调相，从而完成调频。间接调频电路框图如图 6–9 所示。

设调制信号 $u_\Omega(t)=U_{\Omega\text{m}}\cos\Omega t$，经积分后得

$$u'_\Omega(t)=k\int_0^t u_\Omega(t)\,\mathrm{d}t=k\frac{U_{\Omega\text{m}}}{\Omega}\sin\Omega t \qquad (6–23)$$

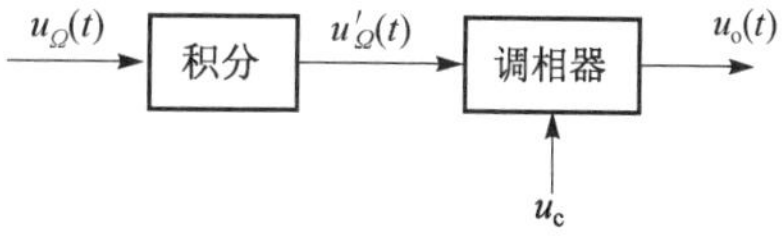

$u_\Omega(t)$ → 积分 → $u'_\Omega(t)$ → 调相器 → $u_\text{o}(t)$；u_c → 调相器

图 6–9　间接调频电路框图

式中，k 为积分增益。用积分后的调制信号对载波 $u_\text{c}(t)=U_\text{cm}\cos\omega_\text{c}t$ 进行调相，则得

$$\begin{cases} u_\text{o}(t)=U_\text{cm}\cos\left(\omega_\text{c}t+k_\text{p}k\dfrac{U_{\Omega\text{m}}}{\Omega}\sin\Omega t\right)=U_\text{cm}\cos(\omega_\text{c}t+m_\text{f}\sin\Omega t) \\ m_\text{f}=\dfrac{k_\text{f}U_{\Omega\text{m}}}{\Omega},\ k_\text{f}=k_\text{p}k \end{cases} \qquad (6–24)$$

式（6–24）与调频波表示式完全相同。由此可见，实现间接调频的关键电路是调相。

调相器的种类很多，常用的有变容二极管调相器，脉冲调相电路和矢量合成法调相电路等。下面主要讨论变容二极管调相电路，如图 6–10 所示。

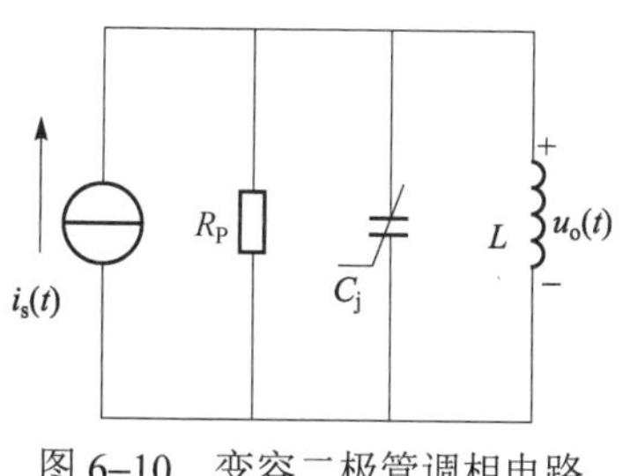

图 6–10　变容二极管调相电路

图中，L 与变容电容 C_j 构成并联谐振回路，R_P 为回路的谐振电阻，$i_\text{s}(t)$为载波输入电流源。

设 $i_\text{s}(t)=I_\text{sm}\cos\omega_\text{c}t$，则回路的输出电压为

$$u_o(t) = I_{sm} Z(\omega_c) \cos[\omega_c t + \varphi(\omega_c)] \tag{6-25}$$

变容二极管加有反向偏量工作电压和调制信号电压，这使变容电容 C_j 随调制信号电压而变化，从而使回路的谐振频率随调制信号电压而变化，这使固定频率的高频载波通过这个回路时，由于回路失谐而产生相移，获得调相，从而产生高频相信号电压输出。采用变容二极管调相电路组成的间接调频电路如图 6–11 所示。图中，晶体管 VT 构成载波放大器，其输入信号来自高稳定的晶体振荡器，其角频率为ω_c，输出电压通过 R_1、C_1 加到由 L 和变容二极管结电容 C_j 构成的并联谐振回路调相回路。C_1、C_2 为隔直电容，对载波可视为短路，所以载波输出电压 $u_o(t)$ 经 R_1 变成电流源输入调相电路。R_2 用来减轻集电极电路对回路的影响。+9 V 直流电压通过 R_3、R 供给变容二极管的反向偏置电压，R_3 用作调制信号与偏压源之间的隔离电阻，C_3 为调制信号耦合电容。R、C 为积分电路，调制信号 $u_\Omega(t)$ 经 R、C 积分后，加到变容二极管的负极；L 作为高频扼流用，防止高频信号进入调制信号源。积分后的调制信号 $u_\Omega(t)$ 使变容二极管的电容量变化，因此输出的调相波对 $u_o(t)$来说便是调频波了。

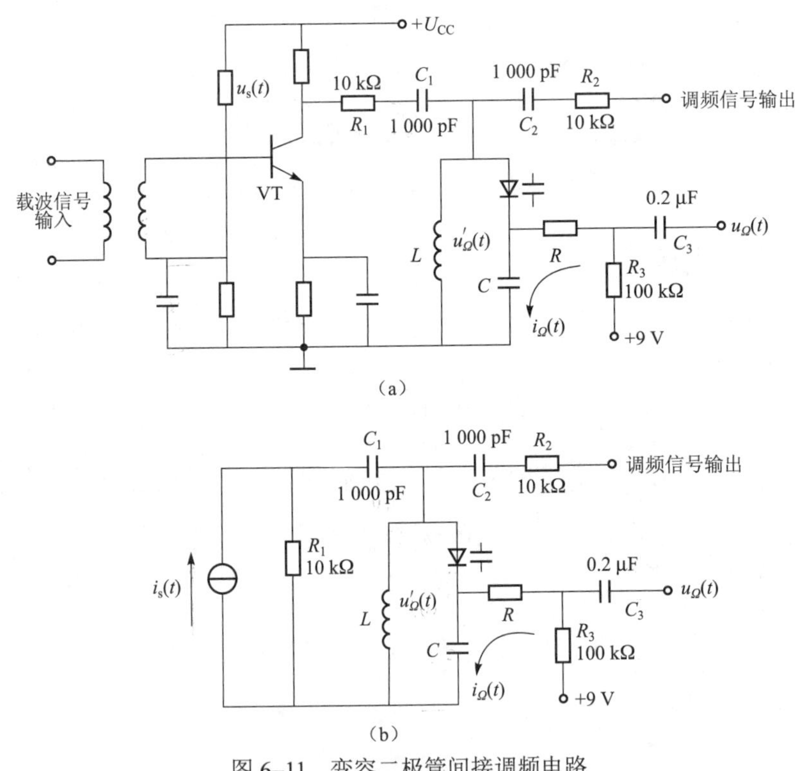

图 6–11　变容二极管间接调频电路

（a）电路；（b）简化等效电路

6.2.3　扩展最大频偏的方法

在调制设备中，为了获得中心频率稳定而失真又很小的调频信号，往往很难使它的最大频偏达到要求。虽然间接调频回路中心频率稳定度很高，但其能达到的最大线性频偏却很小。为了扩展调频信号的最大线性频偏，在实际调频设备中，常采用倍频器和混频器来获得所需的载波频率和最大线性频偏。

例 6-3　一台调频设备采用间接调频电路，已知间接调频电路输出的调频信号中心频率 f_{c1}=100 kHz，最大频偏 Δf_{m1}=24.41 Hz，混频器的本振信号频率 f_z=25.45 MHz，取下边频输出，要求产生载波频率为 100 MHz、最大频偏为 75 kHz。扩展最大频偏方法如图 6-12 所示。

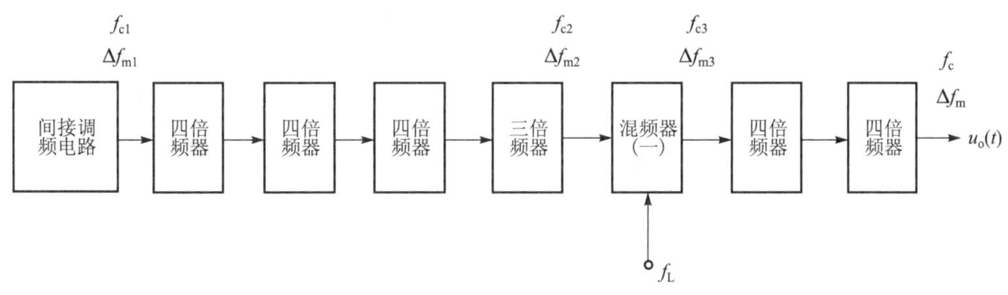

图 6-12　扩展最大频偏的调频设备框图

解　间接调频电路输出的调频信号经三级四倍频器和一级三倍频器后，其载波频率和最大频偏分别变为 19.2 MHz，最大线性频偏为 4.687 kHz 的调频波，经过混频器后，将其载波频率降到 6.25 MHz，最大频偏为 4.687 kHz，再通过二次四倍频器后，则得调频设备输出的调频信号的载波频率为 100 MHz，最大频偏为 75 kHz。

6.3　角度调制和解调

调角波的解调电路的作用是从调频波和调相波中检出调制信号。调频信号的解调电路称为频率检波器，也称鉴频器。调相波的解调电路称为相位检波器，简称鉴相器。

6.3.1　鉴频的方法与特性

鉴频就是把调频波瞬时频率变化转换成电压的变化，完成频率—电压的变换。实现鉴频的方法很多，常用的方法归纳为四种，即斜率鉴频、相位鉴频、脉冲计数式鉴频和锁相鉴频。

鉴频器的鉴频特性表现了鉴频器输出电压 u_o 的大小与输入调频波频率 f 之间的关系，其关系曲线称为鉴频特性曲线，如图 6-13 所示，图中表明，横坐标代表输入高频信号的频率 f，纵坐标代表输出电压，f_c 是调频信号的中心频率，即载波频率，对应的输出电压为零。当输入 FM 信号的载波频率受调制信号 u_Ω 调变时，其瞬时频率偏离中心，频率升高，下降时输出电压将分别向正、负极性方向变化（根据鉴频电路的不同，鉴频特性可与此相反，如图 6-13 中虚线所示）；从而还原了原调制信号。若频率偏移过大，输出电压将会减小。为了获得理想的鉴频效果，通常希望鉴频特性曲线要陡峭而且线性范围大。为了不失真地解调，要求鉴频特性在 f_c 附近应有足够宽的线性范围，用 $2\Delta f_{max}$ 表示，要求 $2\Delta f_{max}$ 应大于调频信号的最大偏频的两倍，$2\Delta f_{max}$ 也称为鉴频电路的带宽。

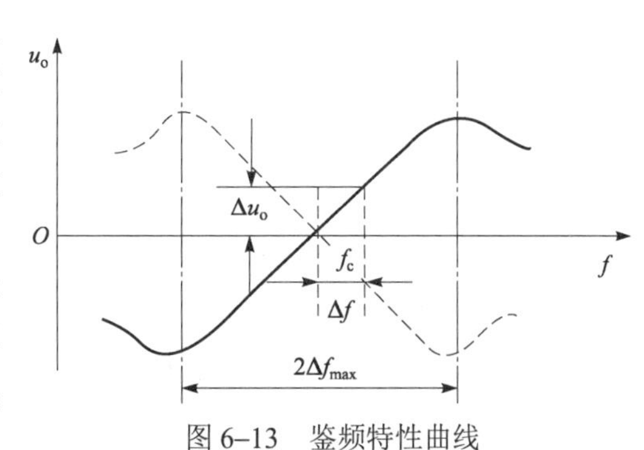

图 6-13　鉴频特性曲线

6.3.2　鉴频器的主要技术指标

（1）鉴频灵敏度。通常将鉴频特性曲线在中心频率 f_c 处的斜率 S_D 称为鉴频灵敏度（也称鉴频跨导）。S 曲线越陡峭 S_D 就越大，也就是在相同频偏 Δf 下，输出电压越大。

（2）线性范围。这是指鉴频特性曲线中部线性部分的频率范围。此范围要求大于调频信号最大频偏的两倍。

（3）非线性失真。在线性范围内，鉴频特性曲线只是近似线性，输出信号总是存在着非线性失真，通常希望非线性失真尽量小。

6.3.3　斜率鉴频器

斜率鉴频器实现模型如图 6–14 所示，先将输入等幅调频波通过线性网络，变换为幅度与频率成正比变化的调频—调幅波，然后用包络检波器进行检波，还原出调制信号。

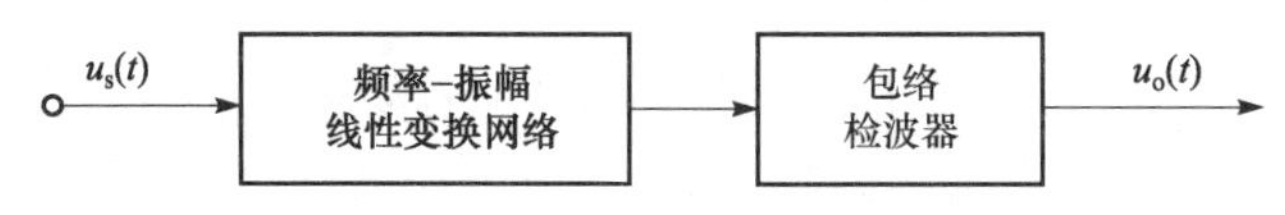

图 6–14　斜率鉴频器实现模型

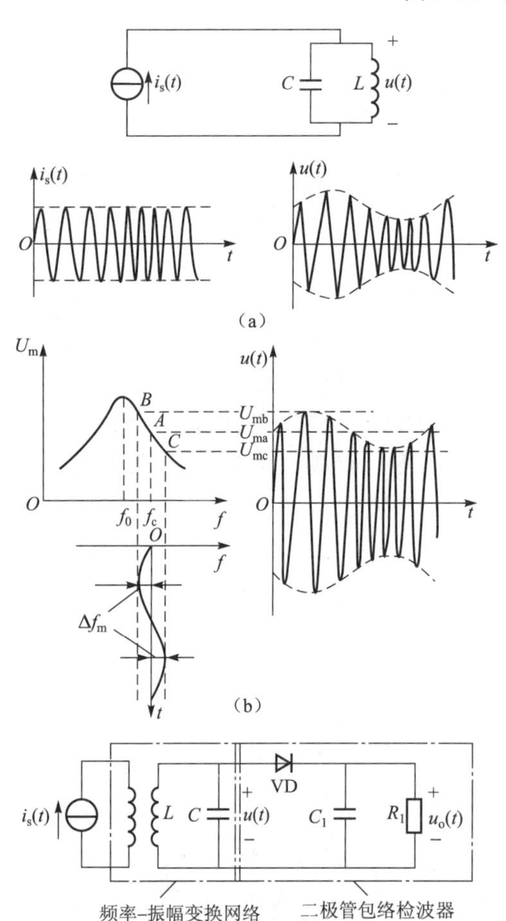

图 6–15　斜率鉴频器工作原理

1. 单失谐回路斜率鉴频器

如图 6–15（a）所示，把调频信号电流 $i_s(t)$ 加到 LC 并联谐振回路上。在图 6–15（b）中，将并联回路谐振频率 f_0 调离调频波的中心频率 f_c，使调频信号的中心频率 f_c 工作在谐振曲线一边的 A 点上。这时 LC 并联谐振回路两端电压的振幅为 U_{ma}。当频率变至 $f_c-\Delta f_m$ 时，工作点移到 B 点，回路两端电压的振幅增加到 U_{mb}。当频率变至 $f_c+\Delta f_m$ 时，工作点移到 C 点，回路两端电压振幅减到 U_{mc}。由此可见，当加到 LC 并联谐振回路的调频信号随时间变化时，回路两端电压的振幅也将随时间产生相应的变化。当调频信号的最大偏频不大时，电压振幅的变化与频率的变化近似成线性关系，所以，利用 LC 并联回路谐振曲线的下降（或上升）部分，可使等幅的调频信号变成幅度随频率变化的调频信号。

图 6–15（c）所示电路是上述原理构成的单失谐回路斜率鉴频器，图中 LC 并联谐振回路调谐在高于或低于调频信号中心频率 f_c 上，从而将调频信号变成调幅—调频信号。VD、R_1、C 组成振幅检波器，用它对调幅—调频信号进行振幅检波，即可得到原调制信号 $u_o(t)$。由于谐振回路谐振曲线线性度差，所以单失谐回路斜率鉴频器输出波

形的失真大，实际应用中不采用它。

2. 双失谐回路斜率鉴频器

为了保证有足够的灵敏度，获得较好的鉴频特性，减小失真，在实际应用中一般采用两个单失谐回路斜率鉴频器构成平衡回路，其原理如图 6–16 所示。

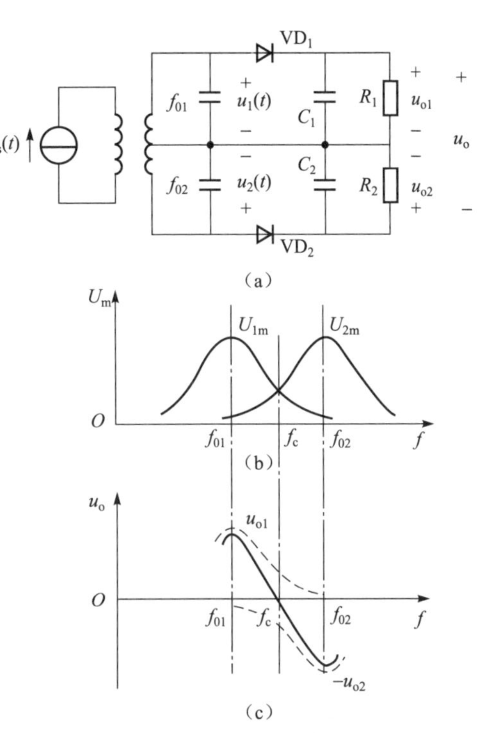

图 6–16　双失谐回路斜率鉴频器

（a）电路；（b）电压谐振曲线；（c）鉴频特性

双失谐回路鉴频器由频率—振幅变换器和振幅检波器两部分组成。图中，二次侧有两个失谐的并联谐振回路，第一个回路调谐在 f_{01} 上，第二个回路调谐在 f_{02} 上，设 f_{01} 低于调频信号中心频率 f_c，f_{02} 高于 f_c，并且 f_{01} 和 f_{02} 对 f_c 是对称的，这个差值应大于调频信号最大频偏。调频信号在回路两端产生的电压 $u_1(t)$和 $u_2(t)$的幅度分别用 U_{1m} 和 U_{2m} 表示，回路的电压谐振曲线如图 6–16（b）所示，两回路的谐振曲线形状相同。

在图 6–16（a）中，两个二极管振幅检波电路参数相同，$u_1(t)$和 $u_2(t)$分别经二极管检波得到输出电压 u_{o1} 和 u_{o2}，由于输出的两个电压极性相反，这时鉴频器总的输出电压 $u_o=u_{o1}-u_{o2}$。

在图 6–16（b）中，当调频信号的频率为 f_c 时，$U_{1m}=U_{2m}$，故检波输出电压 $u_{o1}=u_{o2}$，鉴频器输出电压 $u_o=0$；当调频信号的频率为 f_{01} 时，$U_{1m}>U_{2m}$，则 $u_{o1}>u_{o2}$，鉴频器输出电压 $u_o>0$，为正最大值；当调频信号的频率为 f_{02} 时，$U_{1m}<U_{2m}$，则 $u_{o1}<u_{o2}$，鉴频器输出电压 $u_o<0$，为负最大值，这样可得鉴频特性，如图 6–16（c）中实线所示，实际上它就是 u_{o1} 和 u_{o2} 两条曲线相加的结果。由于调频信号频率大于 f_{02}，U_{1m} 很小，U_{2m} 随频率升高而下降，鉴频器输出电压 u_o 下降，所以鉴频特性在 $f>f_{02}$ 后开始弯曲；同理，调频信号频率小于 f_{01} 后，U_{2m} 很小，U_{1m} 随频率降低而下降，鉴频特性在 $f<f_{01}$ 后也开始弯曲。

双失谐回路的鉴频特性曲线的直线性和线性范围这两个方面都比单失谐回路鉴频特性有显著改善。当一边鉴频输出波形有失真时，对称的另一边鉴频输出波形也必定有失真，因而相互抵消，合成后的特性曲线形状除了与回路的幅频特性曲线形状有关外，还与 f_{01} 和 f_{02} 的配量有关。若 f_{01} 和 f_{02} 的配量恰当时，在 f_c 附近鉴频特性线性较好；反之鉴频特性线性较差。

6.3.4　相位鉴频器

利用相位鉴频构成的鉴频器称为相位鉴频器。实现模型如图 6–17 所示，它由两部分组成，先将输入等幅调频信号 $u_s(t)$送入频率—相位线性变换网络，变换成相位与瞬时频率成正比变化的调相—调频信号，然后利用相位检波器检出原调制信号，多用于频偏较小的无线电接收设备中。

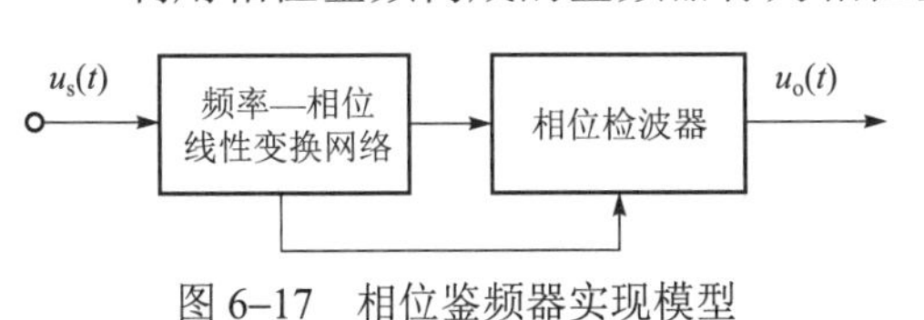

图 6–17　相位鉴频器实现模型

1. 频率—相位变换网络

频率—相位变换网络有单谐振回路、耦合回路或其他 *RLC* 电路等，常用的频率—相位转换网络如图 6–18（a）所示，这是一个由电容 C_1 和谐振回路 *RLC* 组成的分压电路。由图可写出电路的电压传输系数为

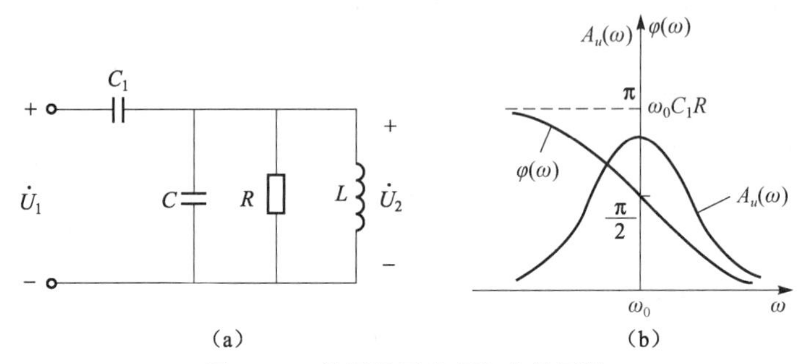

图 6–18　单调谐回路频相变换网络

（a）电路；（b）频率特性曲线

$$A_u(\mathrm{j}\omega)=\frac{\dot{U}_2}{\dot{U}_1}=\frac{1\Big/\left(\dfrac{1}{R}+\mathrm{j}\omega C-\mathrm{j}\dfrac{1}{\omega L}\right)}{\dfrac{1}{\mathrm{j}\omega C_1}+1\Big/\left(\dfrac{1}{R}+\mathrm{j}\omega C-\mathrm{j}\dfrac{1}{\omega L}\right)}=\frac{\mathrm{j}\omega C_1}{\dfrac{1}{R}+\mathrm{j}\left(\omega C_1+\omega C-\dfrac{1}{\omega L}\right)} \tag{6–26}$$

当失谐不太大时

$$A_u(\mathrm{j}\omega)\approx\frac{\mathrm{j}\omega_0 C_1 R}{1+\mathrm{j}Q_\mathrm{e}\dfrac{2(\omega-\omega_0)}{\omega_0}} \tag{6–27}$$

式中

$$\omega_0=\frac{1}{\sqrt{L(C_1+C)}}$$

$$Q_\mathrm{e}=\frac{R}{\omega_0 L}\approx\frac{R}{\omega L}\approx\omega(C+C_1)R$$

由上可得变换网络的幅频特性和相频特性为

$$A_u(\omega)=\frac{\omega_0 C_1 R}{\sqrt{1+\left(2Q_\mathrm{e}\dfrac{\omega-\omega_0}{\omega_0}\right)^2}};\qquad \varphi(\omega)=\frac{\pi}{2}-\arctan\left(2Q_\mathrm{e}\frac{\omega-\omega_0}{\omega_0}\right) \tag{6–28}$$

图 6–18（b）是由式（6–28）画出的幅频特性曲线和相频特性曲线。由图可见，当输入信号频率 $\omega=\omega_0$ 时，$\varphi(\omega)=\pi/2$，当 ω 偏离 ω_0 时，相移 $\varphi(\omega)$ 在 $\pi/2$ 上下变化，$\omega>\omega_0$ 时，随着 ω 增大，$\varphi(\omega)$ 减小；$\omega<\omega_0$ 时，随着 ω 减小，$\varphi(\omega)$ 增大。但只有当失谐量很小，$\arctan[2Q_\mathrm{e}\times(\omega-\omega_0)/\omega_0]<$

π/6 时，相频特性曲线才近似为线性的。此时

$$\varphi(\omega)\approx\frac{\pi}{2}-\frac{2Q_{e}}{\omega_{0}}(\omega-\omega_{0}) \tag{6–29}$$

若输入$\dot{U}_1$为调频信号，其瞬时角频率$\omega(t)=\omega_c+\Delta\omega(t)$，且$\omega_0=\omega_c$，则式（6–29）可写成

$$\varphi(\omega)\approx\frac{\pi}{2}-\frac{2Q_{e}}{\omega_{c}}\Delta\omega(t) \tag{6–30}$$

可见，当调频信号$\Delta\omega_m$较小时，图 6–18（a）所示变换网络可不失真地完成频率—相位变换。

在相位鉴频电路中，主要采用以下两种实现方法，即采用乘法器的乘积型鉴相和采用包络检波器的叠加型鉴相。

2. 乘积型相位鉴频器

图 6–19 是乘积型相位鉴频器组成模型。乘法器相位鉴频器是由模拟乘法器和线性相移网络组成的鉴相器，通常又称为正交鉴频器。

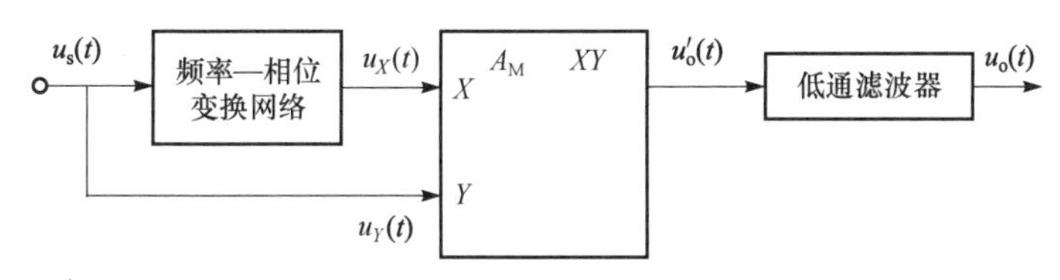

图 6–19　乘积型相位鉴频器

当两个输入信号都为小信号时，输出电压$u_o(t)$与两个输入信号相位差的正弦值成正比。$u_o(t)$与φ的关系曲线如图 6–20 所示，称为鉴相器的鉴相特性曲线。只有当$|\varphi|\leqslant 0.5$ rad（约 30° 时）时，$\sin\varphi\approx\varphi$，鉴相特性接近于直线，方可实现线性鉴相。

两输入信号中引入 π/2 固定的线移，其目的是为了得到通过原点的鉴相特性，即 $\varphi=0$ 时，$u_o(t)=0$。

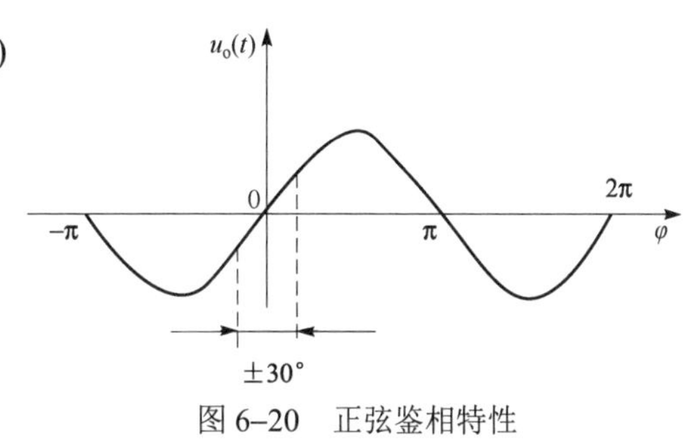

图 6–20　正弦鉴相特性

当乘法器的 X、Y 端输入的信号均为大信号时，波形如图 6–21（a）所示。

由于模拟乘法器自身的限幅作用，输入信号u_1经限幅放大后，可以将$u_X(t)$和$u_Y(t)$由正弦波变成正、负对称的方波信号$u'_X(t)$、$u'_Y(t)$，如图 6–21（b）所示，经相乘后的输出电压$u'_o(t)$的波形如图 6–21（c）所示，由于低通滤波器的输出电压$u_o(t)$正比于乘法器输出电压的平均值，因此可求得

$$u_o(t)=\frac{U'_{om}}{2\pi}\left[2\left(\frac{\pi}{2}+\varphi\right)-2\left(\frac{\pi}{2}-\varphi\right)\right]=\frac{U'_{om}}{2\pi}\varphi \tag{6–31}$$

由式（6–31）可作出乘法器的鉴相特性，如图 6–22 所示。

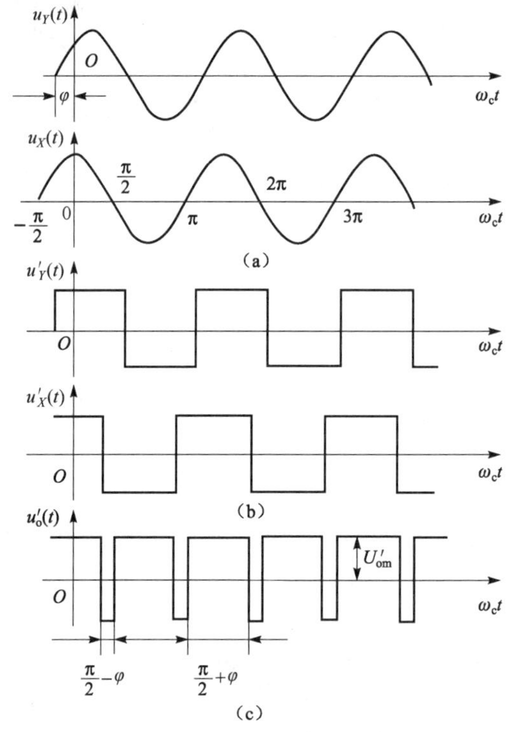

图 6–21　大信号时鉴频器波形

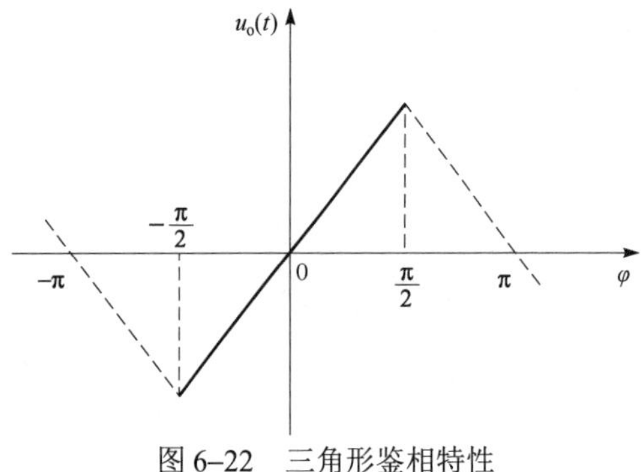

图 6–22　三角形鉴相特性

由于乘法器相位鉴频器一般只有一个调谐回路，在大规模集成电路中使用十分方便。例如，调频中放 TA7321P、MC3359、MC3361；鉴频集成电路中的 TA7072、TA7073P、TBA750C、MPC1382C、M51354AP、HA11485ANT 以及电视伴音中放 TA7680A 等。

图 6–23 是用 MC1596 集成电路构成的乘积型相位鉴频器电路。

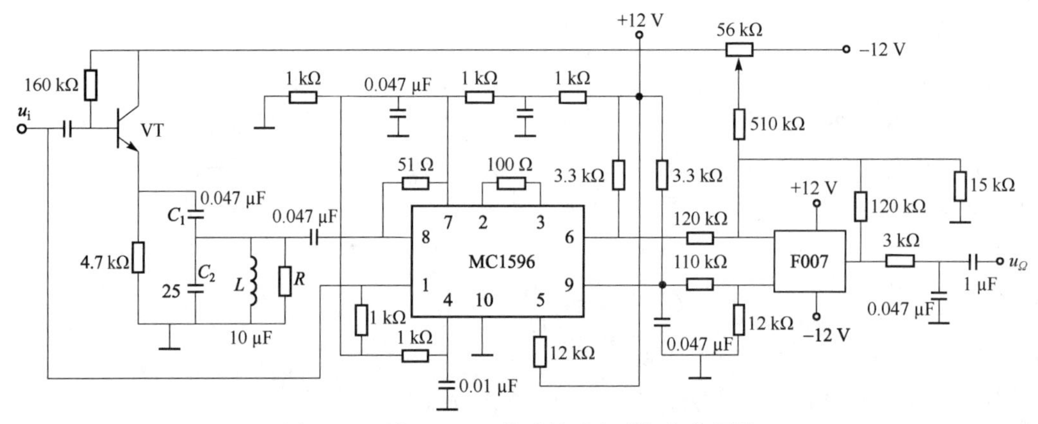

图 6–23　用 MC1596 构成的乘积型相位鉴频器

3. 叠加型相位鉴频器

图 6–24 是叠加型相位鉴频器的组成模型。叠加型相位鉴频器电路形式有多种，耦合回路相位鉴频器是常用的叠加型相位鉴频器，它的相位检波器是由两个包络检波器组成的叠加型相位检波器，线性移相网络采用耦合回路，为了扩大线性鉴频范围，这种相位鉴频器通常都是接在平衡差动输出 u_{12}。

图 6–25 所示为互感耦合相位鉴频器。图中 L_1C_1 和 L_2C_2 均调谐在调频信号的中心频率 f_c 上，并构成互感耦合双调谐回路，作为鉴频器的频率—相位变换网络。C_c 为隔直流电路，它对输入信号频率呈短路，L_3 是高频扼流圈，VD_1、VD_2、C_3R_1 及 C_4R_2 构成包络检波电路。

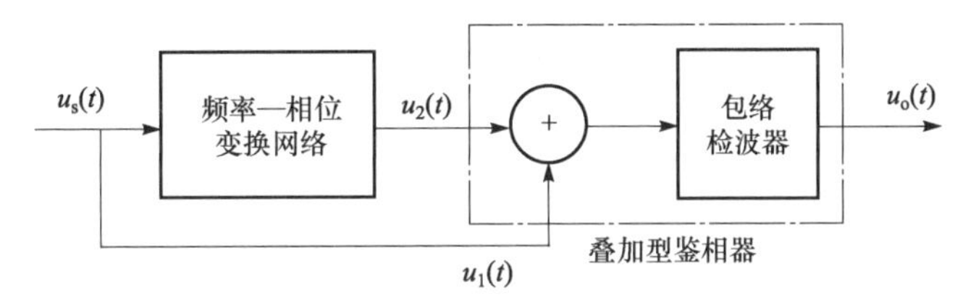

图 6–24　叠加型相位鉴频器

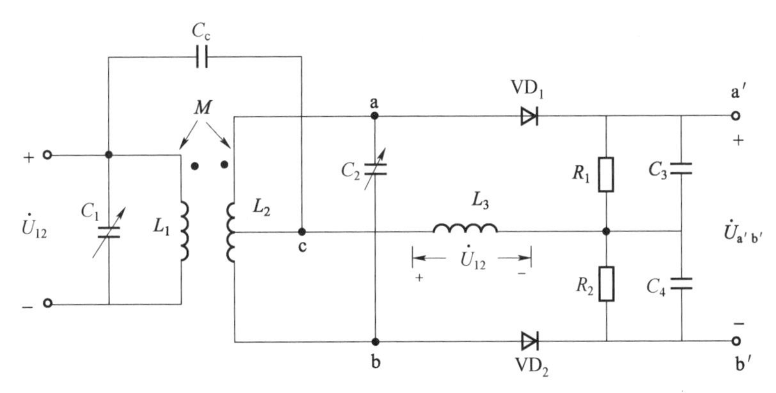

图 6–25　互感耦合回路叠加型相位鉴频器

输入调频信号 $u_s(t)$经 L_1C_1 感应到二次侧回路 L_2C_2 上，然后加到两个二极管包络检波器上。另外，一次侧电压 $u_1(t)$通过 C_c 加到 L_3 上。假设没有高频耦合电容 C_c 和扼流圈 L_3 引入的初级电压，那么不论输入信号的频率如何变化，经互感耦合加在两个检波器上的电压总是大小相等、方向相反，由于幅度检波器的对称性，检波后的电压互相抵消，输出电压 u_o 永远等于零。现在接入 C_c 和 L_3 后，当输入信号频率小于或大于 f_c 变化时，$u_2(t)$和 $u_1(t)$之间相移将跟随变化，然后经过平衡鉴频器，在输出端获得调频波的解调信号 u_o 输出。其鉴相特性曲线与图 6–26 所示的鉴相特性曲线类似。

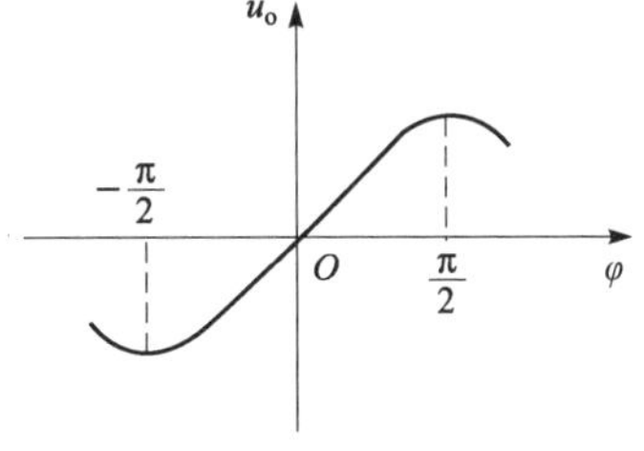

图 6–26　叠加型鉴相器鉴相特性曲线

6.3.5　脉冲计数式鉴频器

脉冲计数式鉴频器有各种实现电路，图 6–27 所示是一种实现电路的组成及工作波形。调频波瞬时频率的变化，直接表现为调频信号过零点的疏密变化。当瞬时频率高时形成的脉冲数目就多，瞬时频率低时形成的脉冲数目就少。若在单位时间内对矩形脉冲进行计数，所得脉冲数目的变化规律就反映了调频波的瞬时频率的变化规律，也就是鉴频的结果。

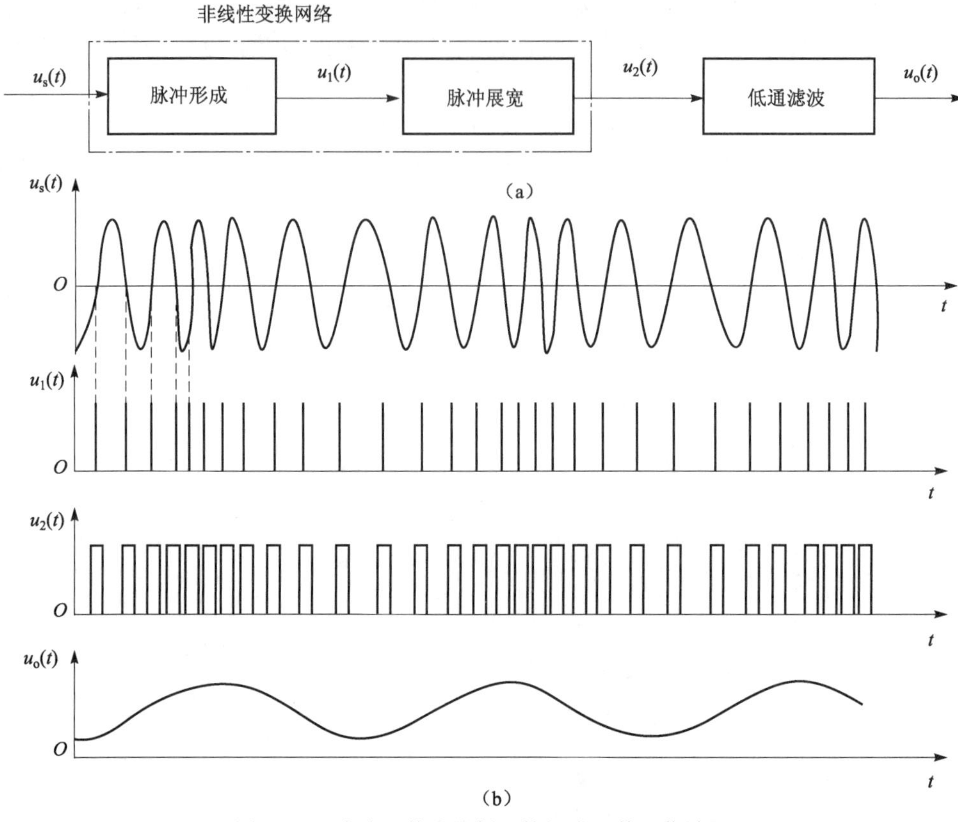

图 6–27　脉冲计数式鉴频器的组成及其工作波形

（a）脉冲计数式鉴频器的组成；（b）工作波形

由于低通滤波器输出电压的幅度正比于调频波的瞬时频率，即正比于输入低通滤波器的脉冲数目，故称之为脉冲计数式鉴频器。

6.3.6　限幅器

调频信号在传输过程中不可避免地会受到各种干扰，因此将引起调频信号的幅度发生变化，产生寄生调幅，当反映到鉴频器的输出电压中，会使解调出来的信号产生失真，因此通常在鉴频器之前必须通过限幅器将它消除。

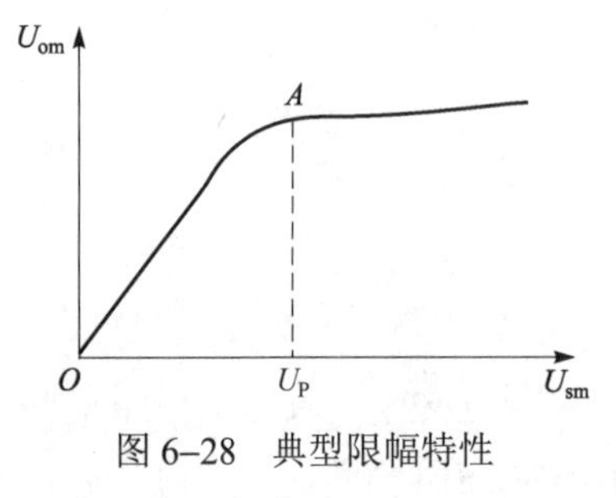

图 6–28　典型限幅特性

限幅器的限幅特性可以用其输入—输出电压来表示，典型的限幅特性曲线如图 6–28 所示。由图可见，在 OA 段，输出电压 U_{om} 随输入电压 U_{sm} 的增加而增加，A 点右边输入电压增加时，输出电压的增加趋缓。A 点称为限幅门限，相应的输入电压 U_P 称为门限电压。显然，只有输入电压超过门限电压 U_P 时才会产生限幅作用。要求 U_P 要小，可降低对限幅器前置放大器增益的要求，放大器的级数就可减少。

两种常用限幅电路介绍如下。

1. 二极管限幅器

在普通调频接收机中，较广泛采用二极管限幅器，由于其电路简单、结电容小、工作频带宽而得到采用。图 6–29 所示为常用的并联型双向二极管限幅电路。图中，VD_1、VD_2 两个二极管特性完全相同、性能优良。U_Q 为二极管偏置电压，用以调节限幅电路的门限电压。R 为限流电阻，R_L 为负载电阻，通常 $R_L \geqslant R$。图 6–29（b）中虚线所示是经过放大的调频信号电压 u_s，当 u_s 较小时，VD_1、VD_2 两端的电压值小于偏压 U_Q，VD_1、VD_2 均截止，输出电压 $u_o \approx u_s$，当 u_s 增大到 $|u_s| > U_Q$ 后，VD_1、VD_2 导通，输出电压将被限幅在 U_Q 上，其限幅波形如图 6–29（b）中实线所示。

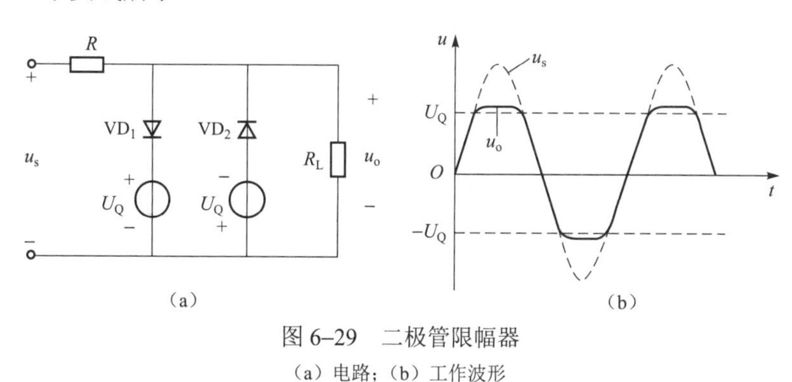

图 6–29　二极管限幅器

（a）电路；（b）工作波形

这种限幅特性是对称的，输出没有直流成分和偶次谐波成分。一般在后级需连接选频回路。

2. 差分对限幅器

差分对限幅器由单端输入、单端输出的差分放大器组成，如图 6–30（a）所示。图 6–30（b）是差分对的差模传输特性波形。当输入信号幅值小于 26 mV 时，差分对工作于线性放大区；当输入信号的幅值大于 100 mV 时，差分对一个管子的输出电流的振幅便保持恒定，即差动

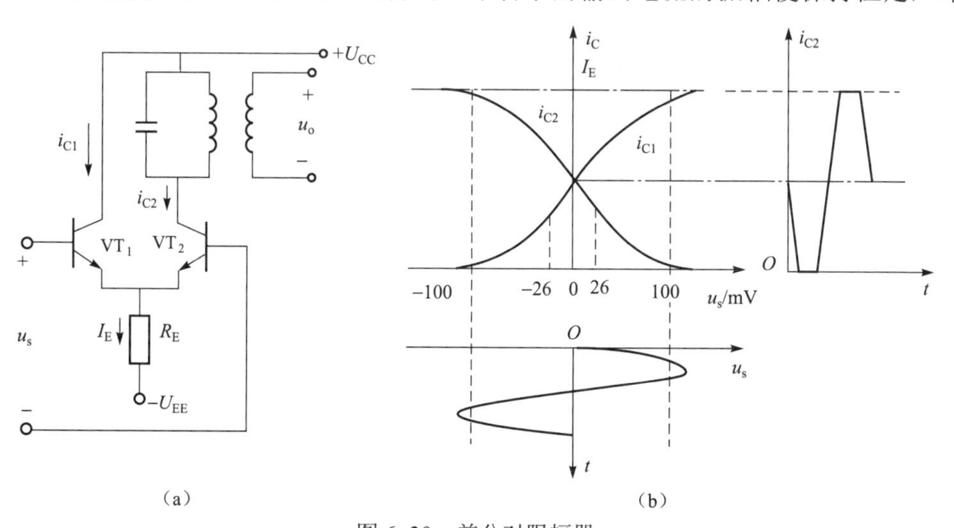

图 6–30　差分对限幅器

（a）电路；（b）差模传输特性及限幅波形

放大器处于限幅工作状态，此时集电极电流波形的上、下顶部被削平，并随着输入电压的增大而逐渐接近于幅度恒定的方波，其中所含的基波分量幅度也趋于恒定，通过谐振回路可取出幅度恒定的基波电压。

为了减少门限电压，在电源电压不变的情况下，可适当加大发射极电阻 R_E，这样 I_E 减小，门限也随之降低。在集成电路中，常用恒流源代替 R_E，使效果更好。

在实际的调频接收机中，往往采用多级差分对级联构成限幅中频放大电路，这样既保证了足够高的中频增益，又有极低的限幅电平。图 6–31 所示是单片集成鉴频器中限幅放大电路，它由六级差分放大器组成，当工作频率在 10.7 MHz 以下时，中频增益可达 50 dB，限幅电平为 0.2～1 mV，工作稳定可靠，温度稳定性也较好。

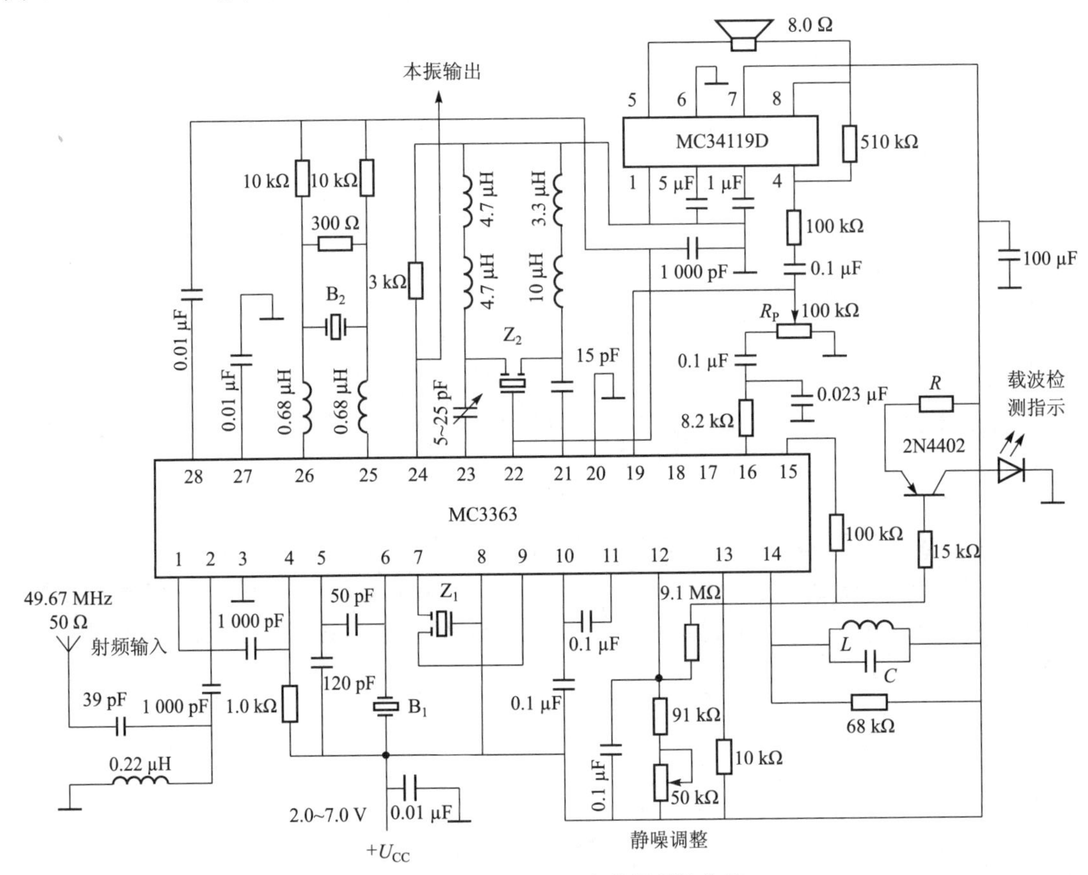

图 6–31　949.67 MHz 窄带调频接收机

6.4　技能训练 6：变容二极管调频器与相位鉴频器应用实训

1. 实训目的

（1）了解变容二极管调频器的电路结构与电路工作原理。

（2）掌握调频器的调制特性及其测量方法。

（3）观察寄生调幅现象，了解其产生的原因及其消除方法。

（4）通过实训操作培养学生一丝不苟的工匠精神，实训数据分析及实训报告撰写培养学生严谨求实的科学精神，实训任务分工合作培养学生的团结协作能力。

2. 实训预习要求

实训前预习本章有关内容。

3. 实训原理

1）变容二极管直接调频电路

变容二极管实际上是一个电压控制的可变电容元件。当外加反向偏置电压变化时，变容二极管 PN 结的结电容会随之改变，其变化规律如图 6–32 所示。

变容二极管的结电容 C_j 与电容二极管两端所加的反向偏置电压之间的关系可以用下式来表示，即

$$C_j = \frac{C_o}{\left(1+\frac{|u|}{u_\varphi}\right)^r}$$

式中，u_φ为 PN 结的势垒电位差（硅管约为 0.7 V，锗管为 0.2～0.3 V）；C_o 为未加外电压时的耗尽层电容值；u 为变容二极管两端所加的反向偏置电压；r 为变容二极管结电容变化指数，它与 PN 结掺杂情况有关，通常 r=1/3～1/2。采用特殊工艺制成的变容二极管，其 r 值可达 1～5。

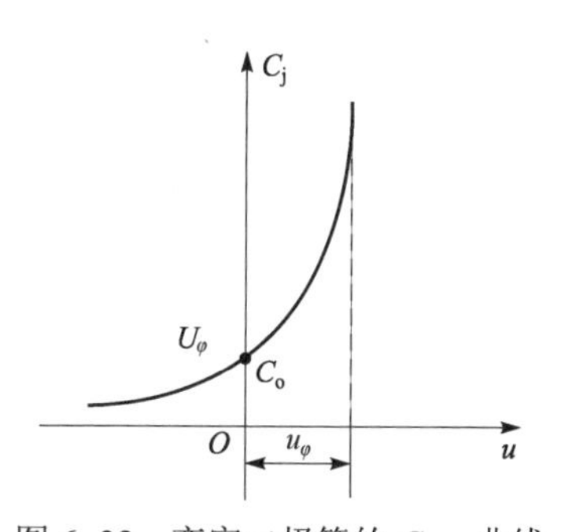

图 6–32　变容二极管的 C_j–u 曲线

直接调频的基本原理是用调制信号直接控制振荡回路的参数，使振荡器的输出频率随调制信号的变化规律呈线性改变，以达到生成调频信号的目的。

若载波信号是由 LC 自激振荡器产生，则振荡频率主要由振荡回路的电感和电容元件决定。因而，只要用调制信号去控制振荡回路的电感和电容，就能达到控制振荡频率的目的。

若在 LC 振荡回路上并联一个变容二极管，如图 6–33 所示，并用调制信号电压来控制变容二极管的电容值，则振荡器的输出频率将随调制信号的变化而改变，从而实现了直接调频的目的。

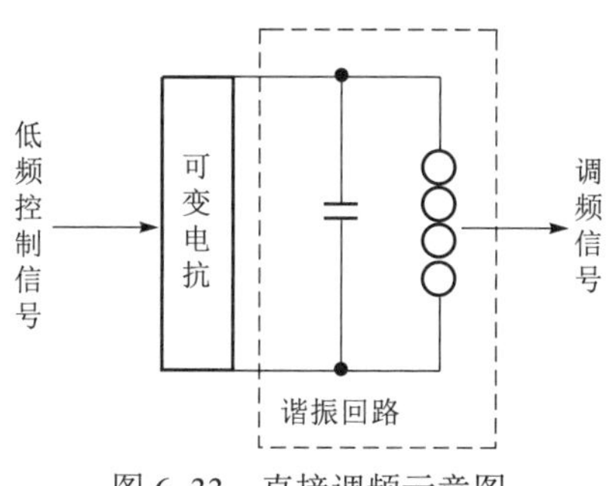

图 6–33　直接调频示意图

2）电容耦合双调谐回路相位鉴频器

相位鉴频器的组成框图如图 6–34 所示。图中的线性移相网络就是频率—相位变换网络，它将输入调频信号 u_1 的瞬时频率变化转换为相位变化的信号 u_2，然后与原输入的调频信号一起加到相位检波器，检出反映频率变化的相位变化，从而实现了鉴频的目的。

图 6–35 所示的耦合回路相位鉴频器是常用的一种鉴频器。这种鉴频器的相位检波器部分由两个包络检波器组成，线性移相网络采用耦合回路。为了扩大线性鉴频的范围，这种相位鉴频器通常都接成平衡和差动输出。

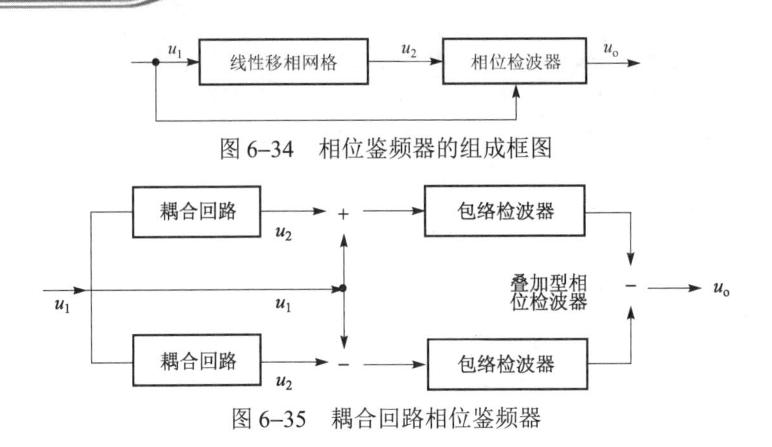

图 6–34　相位鉴频器的组成框图

图 6–35　耦合回路相位鉴频器

图 6–36（a）是电容耦合的双调谐回路相位鉴频器的电路原理图，它是由调频—调相变换器和相位检波器两部分所组成。调频—调相变换器实质上是一个电容耦合双调谐回路谐振放大器，耦合回路初级信号通过电容 C_p 耦合到次级线圈的中心抽头上，L_1C_1 为初级调谐回路，L_2C_2 为次级调谐回路，初、次级回路均调谐在输入调频波的中心频率 f_c 上，二极管 VD_1、VD_2 和电阻 R_1、R_2 分别构成两个对称的包络检波器。鉴频器输出电压 u_o 由 C_5 两端取出，C_5 对高频短路而对低频开路，再考虑到 L_2、C_2 对低频分量的短路作用，因而鉴频器的输出电压 u_o 等于两个检波器负载电阻上电压的变化之差。电阻 R_3 对输入信号频率呈现高阻抗，并为二极管提供直流通路。图 6–36（a）中初、次级回路之间仅通过 C_p 与 C_m 进行耦合，只要改变 C_p 和 C_m 的大小就可调节耦合的松紧程度。由于 C_p 的容量远大于 C_m，C_p 对高频可视为短路。基于上述，耦合回路部分的交流等效电路如图 6–36（b）所示。初级电压 u_1 经 C_m 耦合，在次级回路产生电压 u_2，经 L_2 中心抽头分成两个相等的电压 $\frac{1}{2}u_2$。由图可见，加到两个二极管上的信号电压分别为：$u_{D1}=u_1+\frac{1}{2}u_2$ 和 $u_{D2}=u_1-\frac{1}{2}u_2$，随着输入信号频率的变化。$u_1$ 和 u_2 之间的相位也发生相应的变化，从而使它们的合成电压发生变化，由此可将调频波变成调幅—调频波，最后由包络检波器检出调制信号。

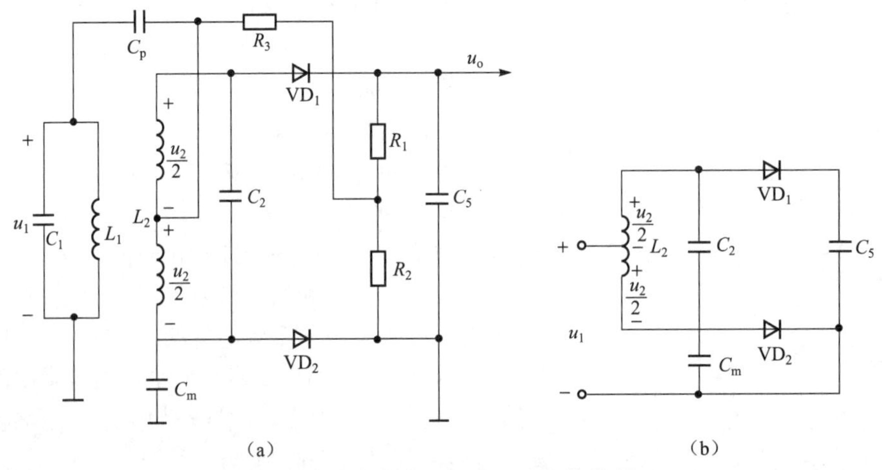

图 6–36　电容耦合双调谐回路相位鉴频器

3）实际电路分析

变容二极管调频器与相位鉴频器实训电路原理图如图 6-37 所示，图中的上半部分为变容二极管调频器，下半部分为相位鉴频器。BG_{401} 为电容三点式振荡器，产生 10 MHz 的载波信号。变容二极管 VD_{401} 和 C_{403} 构成振荡回路电容的一部分，直流偏置电压通过 R_{427}、R_{W401}、R_{403} 和 L_{401} 加至变容二极管 VD_{401} 的负端，C_{402} 为变容二极管的交流通路，R_{402} 为变容二极管的直流通路，L_{401} 和 R_{403} 组成隔离支路，防止载波信号通过电源和低频回路短路。低频信号从输入端 J_{401} 输入，通过变容二极管 VD_{401} 实现直接调频，C_{401} 为耦合电容，BG_{402} 对调制波进行放大，通过 R_{W402} 控制调制波的幅度，BG_{403} 为射极跟随器，以减小负载对调频电路的影响。从输出端 J_{402} 或 TP_{402} 输出 10 MHz 调制波，通过隔离电容 C_{413} 接至频率计；用示波器接在 TP_{402} 处观测输出波形，目的是减小对输出波形的影响。J_{403} 为相位鉴频器调制波的输入端，C_{414} 提供合适的容性负载；BG_{404} 和 BG_{405} 接成共集—共基电路，以提高输入阻抗和展宽频带，R_{418}、R_{419} 提供公用偏置电压，C_{422} 用以改善输出波形。BG_{405} 集电极负载以及之后的电路在原理分析中都已阐明，这里不再重复。

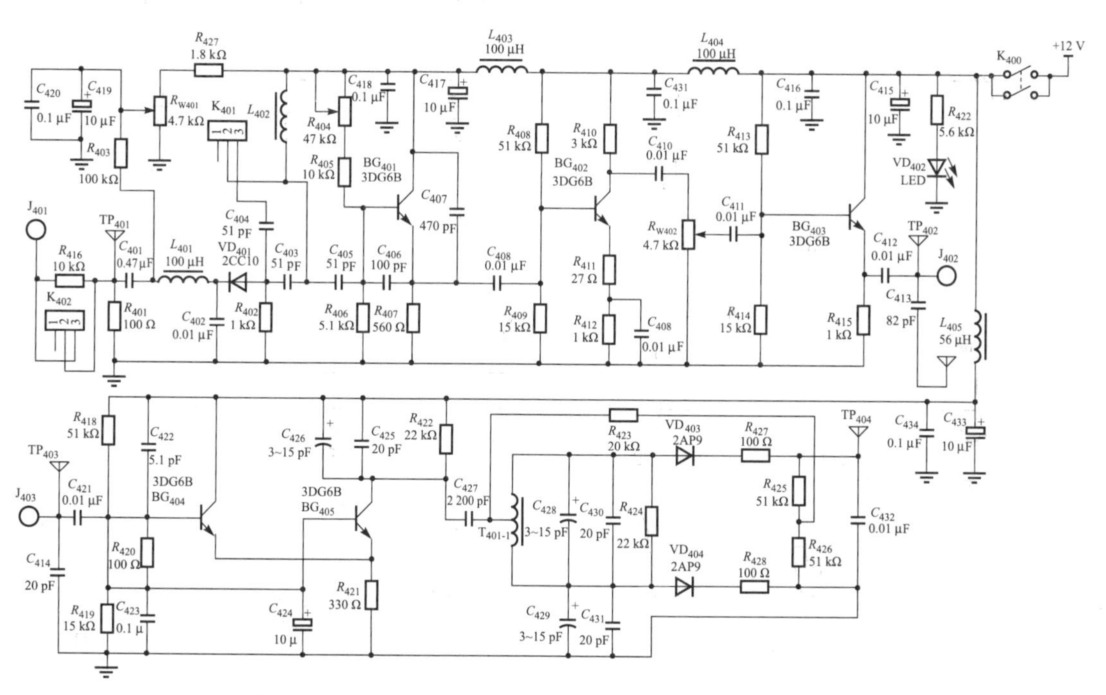

图 6-37　变容二极管调频器与相位鉴频器实训电路原理图

4. 实训仪器设备

（1）TKGPZ-1 型高频电子线路综合实训箱。

（2）扫频仪。

（3）双踪示波器。

（4）频率计。

（5）万用表。

5. 实训内容与步骤

在实训箱上找到本次实训所用的单元电路，然后接通实训箱的电源，并按下+12 V 总电

源开关 K_1，−12 V 总电源开关 K_3，函数信号发生器实训单元的电源开关 K_{200} 和本单元电源开关 K_{400}，相对应的三个红色发光二极管和三个绿色二极管点亮。

1）振荡器输出的调整

（1）将切换开关 K_{401} 的 1–2 接点短接，调整电位器 R_{W401}，使变容二极管 VD_{401} 的负极对地电压为+12 V，并观测振荡器输出端的振荡波形与频率。

（2）调整线圈 L_{402} 的磁芯和可调电阻 R_{404}，使 R_{407} 两端电压为 2.5 V±0.05 V（用直流电压表测量），使振荡器的输出频率为 10 MHz±0.02 MHz。

（3）调整电位器 R_{W402}，使输出振荡幅度为 1.6 V_{P-P}。

2）变容二极管静态调制特性的测量

当输入端 J_{401} 无信号输入时，改变变容二极管的直流偏置电压，使反偏电压 E_d 在 0～5.5 V 范围内变化，分两种情况测量输出频率，并填入表 6–2 中。

表 6–2　数据记录表

E_d/V		0	0.5	1	1.5	2	2.5	3	3.5	4	4.5	5	5.5
f_0 /MHz	不并 C_{404}												
	并 C_{404}												

3）相位鉴频器鉴频特性的测试

（1）相位鉴频器的调整。

扫频输出探头接 TP_{403}，扫频输出衰减 30 dB，Y 输入用开路探头接 TP_{404}，Y 衰减 10(20 dB）时，Y 增幅最大，扫频宽度控制在 0.5 格/MHz 左右，使用内频标观察和调整 10 MHz 鉴频 S 曲线，可调器件为 T_{401}、C_{426}、C_{428}、C_{429} 这几个元件。其主要作用如下。

T_{401}、C_{428}：调中心 10 MHz 至 X 轴线。

C_{426}：调上下波形对称。

C_{429}：调中心 10 MHz 附近的线性。

（2）鉴频特性的测试。

使高频信号发生器输出载波信号 CW，频率为 10 MHz，幅度为 0.4 V_{P-P}，接入输入端 TP_{403}，用直流电压表测量输出端 TP_{404} 对地电压（若不为零，可略微调 T_{401} 和 C_{428}，使其为零），然后在 9.0～11 MHz 范围内，以相距 0.2 MHz 的频点测得相应的直流输出电压，并填入表 6–3 中。

表 6–3　数据记录表

f/MHz	9.0	9.2	9.4	9.6	9.8	10	10.2	10.4	10.6	10.8	11
u_o/mV											

绘制 f–u_o 曲线，并按最小误差画出鉴频特性的直线（用虚线表示）。

（3）相位鉴频器的解调功能测量。

使高频信号发生器输出 FM 调频信号，幅度为 0.4 V_{P-P}，频率为 10 MHz，频偏最大，并

接入电路输入端 J_{403}，在输出端 TP_{404} 测量解调信号。

波形：______波；频率：______kHz；幅度：______V_{P-P}（允许略微调节 T_{401}）。

4）变容二极管动态调制特性的测量

在变容二极管调频器的输入端 J_{401} 接入 1 kHz 的音频调制信号 u_i。将 K_{401} 的 1–2 短接，令 E_d=2 V，连接 J_{402} 与 J_{403}。用双踪示波器同时观察调制信号与解调信号，改变 u_i 的幅度，测量输出信号，将结果填入表 6–4 中。

表 6–4 数据记录表

U_I/V_{P-P}	0	0.2	0.4	0.6	0.8	1.0	1.2	1.4	1.6	1.8	2.0	2.2	2.4	2.6
U_O/V_{P-P}														

6. 实训注意事项

（1）实训前必须认真阅读扫频仪和高频信号发生器的使用方法。

（2）实训时必须对照实训原理电路图进行，要与实训板上的实际元器件一一对应。

（3）其他同前。

7. 预习思考题

（1）变容二极管有何特性？有何应用？

（2）电容耦合双调谐回路是如何实现鉴频的？

（3）相位鉴频器的频率特性为什么会是一条以载波频率为中心的 S 曲线？试从原理上加以分析。

8. 实训报告

（1）在同一坐标纸上画出两根变容二极管的静态调制特性曲线，并求出其调制灵敏度 S，说明曲线斜率受哪些因素的影响。

（2）根据实训数据绘制相位鉴频器的鉴频特性曲线 f–u_o。

（3）根据实训数据绘制相位鉴频器的动态调制特性曲线 u_o–u_i 和 u_o–f，并分析输出波形产生畸变的原因。

（4）根据实训步骤 4）的测量结果，并结合相频特性测试所得的 S 曲线，求出变容二极管输出调频波的频偏Δf。

本章小结

（1）调频与调相都是载波信号的瞬时相位受到调度，故统称为角度调制，调频是由调制信号去改变载波信号的频率，使其瞬时角频率在载波角频率ω_0上下按调制信号的规律变化，而调相是用调制信号去改变载波信号的相位，使其瞬时相位在$\omega_c t$ 上叠加按调制信号规律变化的附加相移。

角度调制具有抗干扰能力强和设备利用率高等优点，但调角信号的有效频谱宽度比调幅信号大得多，而且带宽与调制指数大小有关。

（2）产生调频信号通常可采用直接调频和间接调频两种方法。直接调频是用调制信号直接控制振荡器振荡回路元件的参量而获得调频信号，可获得最大的频偏，但中心频率的稳定度低；间接调频是先将调制信号积分，然后对载波信号进行调相而获得调频信号，其优点是中心频率稳定度高，但难以获得大的频偏。

直接调频广泛采用变容二极管直接调频电路，它具有工作频率高、固有损耗小等优点，其中心频率的稳定度和线性调频范围与变容二极管特性及工作状态有关。

由变容二极管构成的谐振回路具有调相作用；将调制信号积分后去控制变容二极管的结电容 C_j 即可实现调频。

在实际调频设备中，常用倍频器和混频器来获得所需的载波频率和最大线性频偏。

（3）调频信号的解调电路称为鉴相器，能够检出两输入信号之间相位差的电路称为鉴相电路。

鉴频电路的输出电压与输入调频信号频率之间的关系曲线，称为鉴频特性曲线。

常用的鉴频电路有斜率鉴频器、相位鉴频器和脉冲计数式鉴频器等。斜率鉴频是先利用 LC 并联谐振回路谐振曲线的下降（或上升）部分，将等幅调频信号送入频相变换网络，变换成调相调频信号，然后用鉴相器进行解调。采用乘积型鉴相器的称为乘积型相位鉴相器，它由相乘器和单谐振回路频相变换网络组成。采用叠加型鉴相器的称为叠加型相位鉴相器，它由耦合回路频相变换网络和二极管包络检波电路组成。

调频信号在鉴频前，需要用限幅器将调频信号中的寄生调幅消除。限幅器通常由非线性元器件和谐振回路组成。

思考与练习题

6.1　调频和调相有什么区别？

6.2　已知载波输出电压 $u_o(t)=10\cos(2\times10t)$V，调制信号电压 $u_c(t)=5\cos(2\ \times10\ t)$V，要求 $\Delta f_m=10$ kHz，试分别写出调频和调相信号的表示式。

6.3　调角信号频谱有哪些特点？有效带宽与最大频偏有何区别？

6.4　试比较调幅（AM）与调频（FM）的优、缺点。

6.5　已知调频波的调频指数 $m_p=10$，调频信号频率为 1 000 Hz，试求该调频波的最大频偏 Δf_m，并写出调制信号与高频载波的数学表达式。

6.6　已知调制信号是振幅相同、频率为 300～3 000 Hz 的正弦信号，调频时最大频率为 75 kHz，调相时最大相移为 2 rad。求：（1）调频时 m_p 的变化范围；（2）调相时 Δf_m 的变化范围。

6.7　对调频电路有哪些基本要求？

6.8　试对直流调频电路与间接调频电路进行比较，说明它们的特点及主要优、缺点。

6.9　变容二极管直接调频电路中，对变容二极管特性有什么要求？反偏电压 U_Q 有什么作用？U_Q 的大小对调频特性有什么影响？

6.10　试说明变容二极管调相电路的工作原理。

6.11　倍频器和混频器在调频设备中有何作用？为什么？

6.12　对鉴频特性有什么要求？为什么？

6.13　常用的鉴频实现方法有哪些？画出电路模型并说明各有何特点。

6.14　若已知调频信号 $i_s(t)=I_{sm}[2\times10t+5\sin(2\times10t)]$A，试问斜率鉴频器中 LC 回路应如何调谐？

6.15　斜率鉴频器和相位鉴频器实现调频—调幅的变换过程有何不同？

6.16　试比较乘积型和叠加型相位鉴相器的工作原理，它们各有何特点？

6.17　调频信号解调时为什么要进行限幅？常用限幅器由哪几部分组成？

第7章

反馈控制电路的应用

学习目标

（1）理解反馈控制电路的工作原理和分析方法。

（2）掌握锁相环路基本原理，认识频率合成技术及相关的应用。

能力目标

能够分析反馈控制电路的工作过程及特点。

在各种通信和电子设备中，为了提高它们的技术性能指标，或实现某些特定的要求，广泛采用各种类型的反馈控制电路。各种类型的反馈控制电路，就其作用而言，都可看成由反馈控制器和对象两部分组成的自动调节系统。反馈控制是现代控制系统工程中的一种重要技术手段，在系统受到扰动的情况下，通过反馈控制可使系统参数达到所要求的精度，或按照一定的规律变化。根据需要比较和调节的参量不同，反馈控制电路分为以下三类。

① 自动增益控制电路（AGC），又称为自动电平控制电路，需要比较和调节的参量为电流和电压，用来控制输出信号的幅度。

② 自动频率控制电路（AFC），需要比较和调节的参量为频率，反馈控制的目的是维持工作频率的稳定。

③ 自动相位控制电路（APC），需要比较和调节的参量为相位。自动相位控制电路又称为锁相环路。它用于锁定相位，是一种应用很广的反馈控制电路。

本章将重点介绍锁相环路的工作原理、性能特点和主要应用及频率合成技术。对其他两种反馈控制电路做概要介绍。

7.1　自动增益控制电路

自动增益控制电路是接收机中不可缺少的辅助电路，同时在无线电发射机和其他电子设备中也有广泛的应用。

在通信、导航、遥测遥控等无线电系统中，由于受发射功率大小、通信距离远近、电波传播衰落等各种因素的影响，到达接收端的信号强弱变化范围很大，信号强度的起伏达几十分贝。在这种情况下，如果接收机增益不变，则信号太强时会造成接收机的饱和或阻塞，而信号太弱时又可能因无法接收而丢失信号。因此，只有在接收机中采用自动增益控制电路，使接收机的增益随输入信号强弱自动变化，即接收机输入端信号弱时，接收机的增益自动增大，而接收机输入端信号过强时，接收机的增益自动减小，以保证稳定的接收效果。

7.1.1　自动增益控制的工作原理

自动增益控制系统输出信号幅度的稳定是依靠将输出信号的变化，用负反馈电路反馈到系统中的某部分，改变其增益来获得的。

自动增益控制电路组成如图 7–1 所示。它的反馈控制器由振幅检波器、直流放大器和比较器组成，而对象就是可控增益放大器。图中，可控增益放大器用于放大输入信号 u_i，输出信号 u_o 的增益受到比较器输出的误差电压 U_c 的控制。U_c 来自放大器输出的交流信号 u_o 经振幅检波器变换成直流信号，通过直流放大器的放大，在比较器中与输入信号的参考电平 U_R 相比较产生的直流电压。可见图 7–1 所示的电路构成了一个闭合环路，这种控制是通过改变受控放大器的静态工作点电流值来控制增益的。

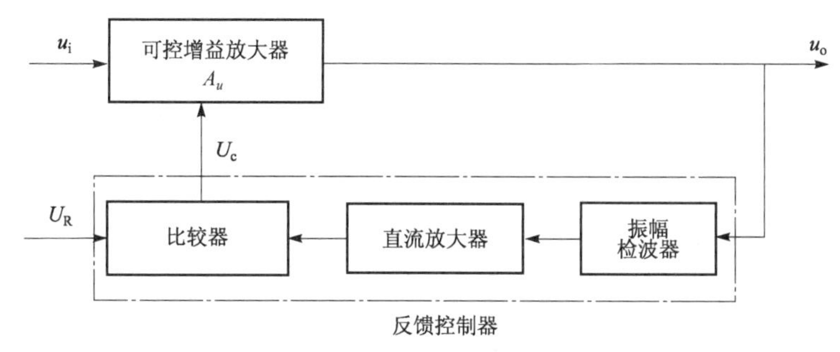

图 7–1　自动增益控制电路

在电路中若输入电压 u_i 的幅度增加，而使输出电压 u_o 幅度增加时，通过反馈控制器产生一控制电压，使 A_u 减小；当 u_i 幅度减小，使 u_o 输出幅度减小时，通过反馈控制器产生的控制信号使 A_u 增加，这样通过环路的反馈控制作用，可使输出信号 u_i 幅度增大或减小时，输出的信号幅度保持恒定或仅在很小的范围内变化，实现自动增益控制。

7.1.2　自动增益控制电路

在无线电调幅接收机中，天线上感生的有用信号强度由于通信距离的变化、电磁波传播信道的衰减量变化以及接收机的环境变化等，接收机接收到的信号强度均会发生很大的波动，致使扬声器发出的声音时强时弱，有时还会造成阻塞。为了克服这个缺点，可采用自动增益控制电路，使接收机的增益随着输入信号的强弱而变化。以补偿输入信号强弱的影响，达到减小输出电平变化的目的，提高接收机的性能。

图 7–2 所示是带有 AGC 电路的调幅接收机的组成框图。图中，检波器之前各级放大器（包括混频器）组成环路可控增益放大器，检波器和 *RC* 低通滤波器组成环路的反馈控制器。在电路中由于检波器输出的信号电压由两个部分组成：一部分是反映输入调幅波包络变化规律的低频信号；另一部分则是随输入载波幅度做相应变化的直流信号电压。在检波器的输出端用一级具有较大时间常数的 *RC* 低通滤波器，在反馈环路中滤除低频信号电压成分，取出直流电压，加到各被控级（高放、中放级）用来改变被控级的增益，从而使接收机的增益随输入信号的强弱而变化，实现自动增益控制的目的。

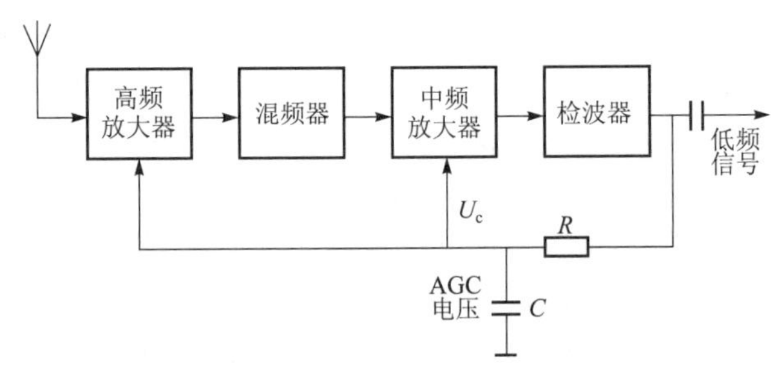

图 7–2　具有 AGC 电路的调幅接收机框图

在图 7–3 所示电路中，可控增益放大器作为线性功率放大器，当其输入为调幅信号时，由于放大特性的非线性，输出为包络失真的调幅信号，在比较器中，同时输入由各自的包络检波器检出的输入信号之包络电压 U_o 与输出调幅波检出的失真包络电压 U_+，经比较后，输出由失真电压引起的误差电压，该误差电压经放大和滤波后去控制放大器的增益，就能克服放大特性的非线性，实现良好的线性放大。

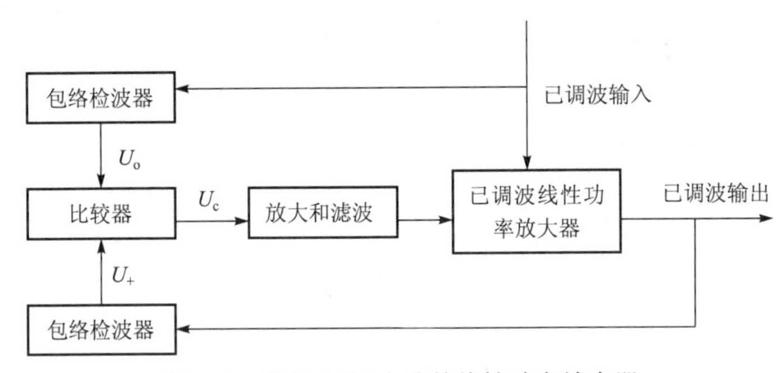

图 7–3　带有 AGC 电路的线性功率放大器

在一部振幅调制接收机中，天线上感生的有用信号强度往往由于电波传播的衰落等原因会有较大的起伏变化，会使扬声器发出的声音时强时弱。下面介绍常用的增益控制电路。晶体管放大器的增益与晶体管的静态工作点有关，改变发射极工作点电流 I_E，放大器的增益即会改变，从而达到控制放大器增益的目的。

为了控制晶体管的静态工作点电流 I_E，一般把控制电压 U_C 加到晶体管的基极或发射极上，图 7–4 所示是控制电压加到晶体管基极上的 AGC 电路。图中受控管为 NPN 型，故控制电压为负极性，即信号增大时，控制电压向负的方向增大，从而使 I_E 减小，使放大器增益降低。

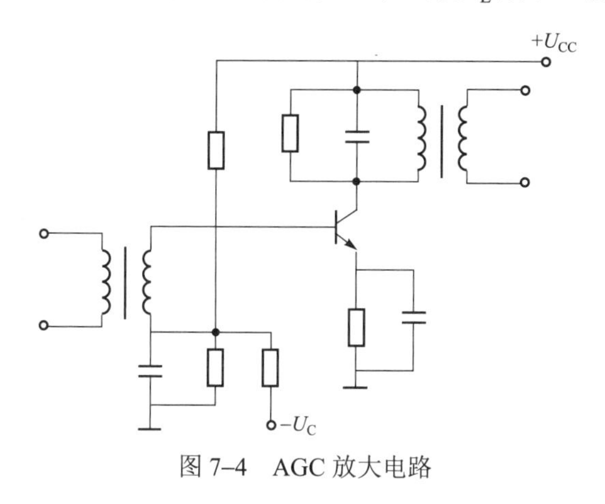

图 7–4　AGC 放大电路

7.2　自动频率控制电路

在电子设备中，常采用自动频率控制电路来自动调节振荡器的频率，使之稳定在标准频率附近。

在很多电子设备中，工作频率的稳定性决定着系统是否可以正常工作。如调幅接收机的中频放大器是对中心频率为 465 kHz 的信号进行放大的，如果本机振荡信号频率不稳定，会导致混频器输出中频信号频率偏离 465 kHz。如果偏离不多，会使接收机增益变小；如果偏离过多，混频器输出的信号可能因无法通过中频放大器而导致接收机不能正常收听。为了提高系统工作频率的稳定度，可采用自动频率控制电路。

7.2.1　工作原理

自动频率控制电路的组成框图如图 7–5 所示，它由鉴频器、低通滤波器和压控振荡器组成。

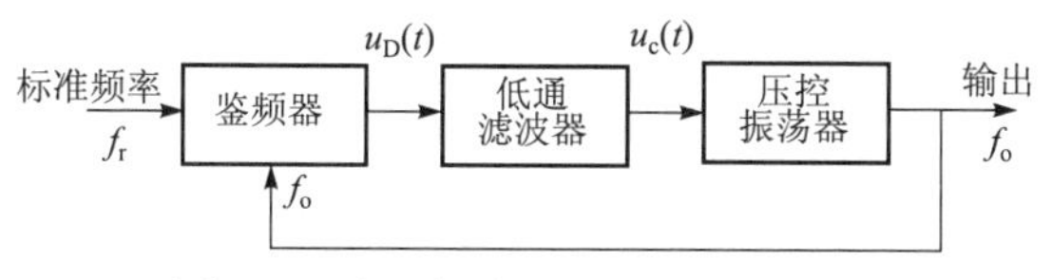

图 7–5　自动频率控制电路原理框图

在电路中控制对象是压控振荡器（VCO），它的振荡频率受误差电压控制，反馈控制器是由鉴频器以及放大和低通滤波器构成，它由输入的标准频率与由压控振荡器（VCO）输出的振荡频率在鉴频器中进行比较。在鉴频器中，将频率误差变换成相应电压，经放大和低通滤波，输入压控振荡器形成环路。

在图 7–5 中，压控振荡器的输出频率 f_o 与标准频率 f_r 在鉴频器中进行比较，当 $f_o=f_r$ 时，鉴频器无误差电压输出，压控振荡器输出的频率不变；当 $f_o \neq f_r$ 时，鉴频器即有误差电压输出，

其大小正比于 f_o–f_r，低通滤波器滤除交流成分，输出的直流控制电压 $u_c(t)$使压控振荡器的振荡频率 f_o 向 f_r 接近，使误差频率进一步减小，如此循环下去，f_o 和 f_r 的误差最后减小到最小值Δf时，自动微调过程即停止，环路进入锁定状态，压控振荡器输出信号频率等于 $f_r+\Delta f$，Δf 称为剩余频差。这时压控振荡器的振荡频率保持在 $f_r+\Delta f$ 上。自动频率控制电路通过自身的调节，将压控振荡器不稳定而引起的频差减小到最小，AFC 电路达到最后稳定状态时，两个频率不能完全相等，必定有剩余频差Δf的存在，这就是 AFC 电路的缺点。剩余频差的大小取决于鉴频器和压控振荡器的特性，它的控制特性斜率值越大，剩余频差也就越小。

7.2.2 应用实例

自动频率控制电路广泛用作接收机和发射机中的自动频率微调电路。图 7–6 所示为采用 AFC 电路的调幅接收机的组成框图。

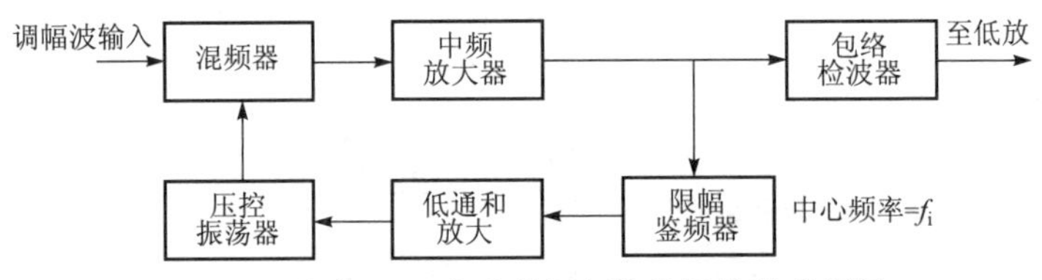

图 7–6 具有 AFC 电路的调幅接收机的组成框图

它比普通的调幅接收机增加了限幅鉴频器、低通滤波器和放大器等部分，同时将本机振荡器改为压控振荡器。图 7–6 中，中频放大器输出的部分中频信号，送到限幅鉴频器进行鉴频，将偏离于额定中频的频率误差变换成电压。该电压通过窄带低通滤波器和放大器后作用到压控振荡器上。压控振荡器的振荡频率发生变化，使偏离于中频的频率误差减小。在 AFC 电路的作用下，接收机的输入调幅信号的载波频率和压控振荡器振荡频率之差接近于额定中频。因此，采用 AFC 电路之后，中频放大器的带宽可以减小，有利于提高接收机的灵敏度和选择性。

图 7–7 所示为采用自动频率控制电路的调频发射机组成框图。图中参考频率信号源采用晶体振荡器。它的频率稳定度很高，其频率为 f_r。作为 AFC 电路的标准频率，调频振荡器的振荡频率为 f_c，当调频振荡器中心频率发生漂移时，混频器输出的频差（f_r–f_c）也随着变化，使限幅鉴频器输出的电压发生变化，经低通滤波器滤除调制频率分量后，将缓慢变化的电压加到调频振荡器上，调节其振荡频率使之中心频率漂移减小直至稳定。

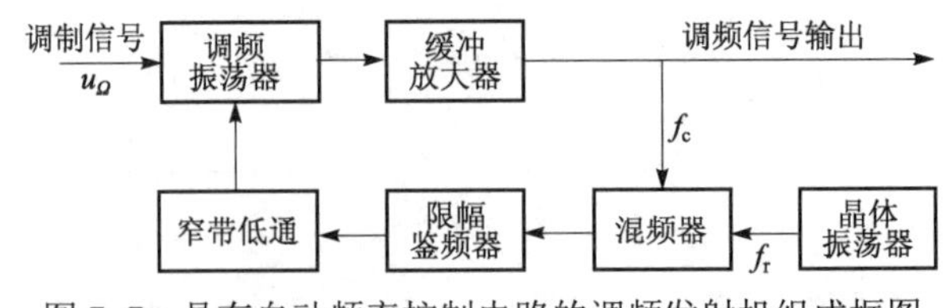

图 7–7 具有自动频率控制电路的调频发射机组成框图

7.3 自动相位控制电路（锁相环路）

锁相环路（PLL）实现频率跟踪与自动频率控制电路一样，是一种以消除频率误差为目的的自动控制电路，不同的是它利用相位误差信号电路去消除频率误差。

锁相环又称相位锁定环路，是用两个信号的相位误差控制系统频率的。与自动频率控制电路相比，锁相环可实现无误差的频率控制，在雷达、制导、导航、遥控、遥测、通信、计算机等众多领域都得到了广泛的应用。

由于集成技术的迅速发展，锁相环路这种较为复杂的电子系统已做成了一块集成电路。目前，锁相环路在滤波、频率综合、调制与解调、信号检测等许多技术领域获得了广泛的应用，成为模拟与数字通信系统不可缺少的基本部件。

7.3.1　锁相环路基本工作原理

如图 7–8 所示，锁相环路由鉴相器、低通滤波器和压控振荡器的闭合环路组成。与自动频率控制电路一样，锁相环路也是一种实现频率跟踪的自动控制电路。

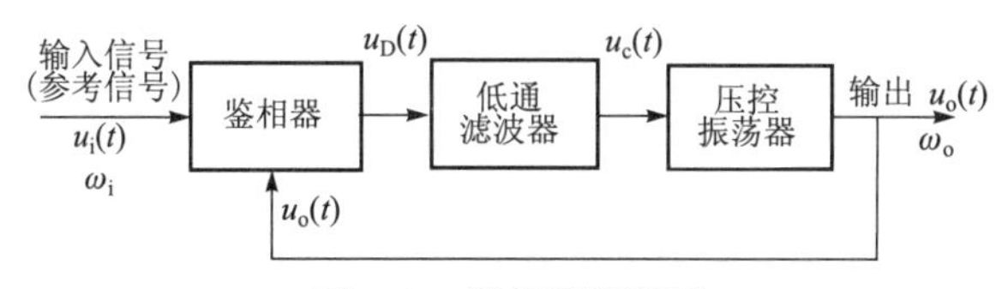

图 7–8　锁相环路框图

锁相环用基准振荡的相位来控制受控振荡器的相位。鉴相器是相位比较部件，当输入的信号电压 $u_i(t)$与压控振荡器输出信号 $u_o(t)$的相位有差别时，相位差被转换成电压 $u_o(t)$，经过环路低通滤波器消除误差信号中的高频分量及噪声后，用这一电压来改变压控振荡器的相位，使两个信号之间的相位差恒定，保持为常数。基于频率与相位之间的微分—积分关系，则其微分值即频率为零。因此，锁相环路有剩余相差而没有剩余频差，从而达到两个信号频率相等的目的，实现无误差的频率跟踪。

根据上述原理可知，在图 7–9 所示的锁相环路中，若某种原因使压控振荡器振荡角ω_o偏离输入信号的角频率ω_i（$\omega_o > \omega_i$），即压控振荡器电压矢量比输入信号电压矢量转动得快，则压控振荡器电压矢量不断地超前于输入信号电压矢量，就会使两个矢量之间的瞬时相位差$[\varphi_o(t)-\varphi_i(t)]$随时间不断地增大。鉴相器产生的误差电压也就相应地变化。经过环路低通滤波器后 $u_c(t)$ 作为压控振荡器的控制电压，不断调整其振荡角频率，使两信号的相位差等于常数，锁相环路锁定，压控振荡器输出的信号频率等于输入信号频率。这是一种无误差的频率跟踪系统。

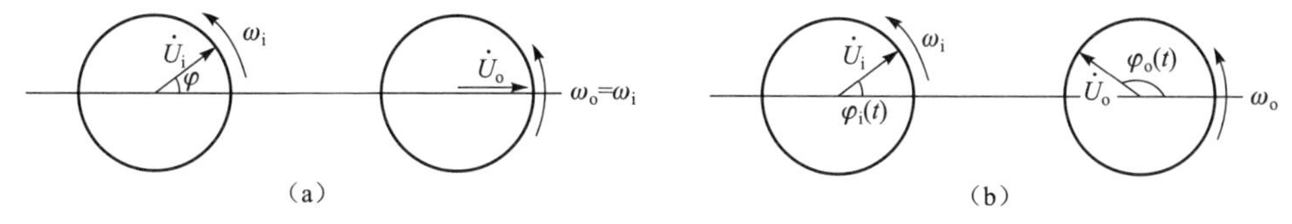

图 7–9　两个信号的频率与相位之间的关系

（a）$\omega_i=\omega_o$；（b）$\omega_i \neq \omega_o$

7.3.2　锁相环路的数学模型

锁相环路的性能主要取决于鉴相器（PD）、压控振荡器（VCO）和环路低通滤波器三个基本组成部件。下面介绍三个部件的作用及其电路模型。

1. 鉴相器（PD）

在锁相环路中，鉴相器的作用是检测出输入信号 $u_i(t)$和 VCO 输出电压 $u_o(t)$之间的瞬时相位差，产生相应的输出电压 $u_D(t)$。

设 VCO 未加控制电压时固有振荡角频率为ω_{o0}；$\varphi_o(t)$是以$\omega_{o0}t$ 为参考的瞬时相位，则压控振荡器的输出信号 $u_o(t)$为

$$u_o(t) = U_{om}\cos[\omega_{o0}t + \varphi_o(t)] \tag{7–1}$$

输入信号 $u_i(t)$的表示式为

$$u_i(t) = U_{im}\sin\omega_i t \tag{7–2}$$

由式（7–1）和式（7–2）可知，$u_i(t)$和 $u_o(t)$之间的瞬间相位差为

$$\varphi_e(t) = \varphi_i(t) - \varphi_o(t) \tag{7–3}$$

鉴相器有各种实现电路，如上一章介绍的采用模拟乘法器的乘积型鉴相器和采用包络检波器的叠加型鉴相器，它们的鉴相特性均可表示为

$$u_D(t) = A_d\sin[\varphi_e(t)] \tag{7–4}$$

式中，A_d 为鉴相器的最大输出电压。根据式（7–4），鉴相器的电路模型如图 7–10 所示。

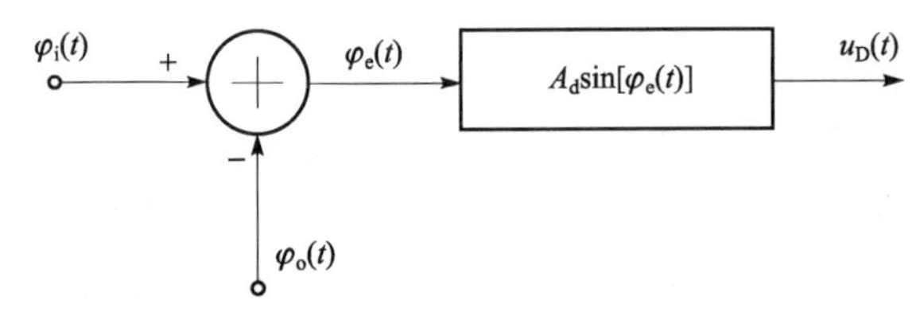

图 7–10　正弦鉴相器的相位模型

2. 压控振荡器（VCO）

压控振荡器的作用是产生频率随控制电压变化的振荡电压。它的振荡角频率随输入控制电压 $u_c(t)$的变化而变化。一般情况下，压控振荡器的控制特性是非线性的，如图 7–11（a）所示。在有限的控制电压范围内，它的控制特性可近似用下列线性方程式来表示，即

$$\omega_o(t)=\omega_{o0}+A_o u_c(t) \tag{7–5}$$

式中，A_o 为控制特性曲线 u_c=0 处的斜率，称为压控灵敏度，单位是 rad/(S・V)，它表示单位控制电压所引起振荡角频率的变化量。

由于压控振荡器的输出反馈到鉴相器上，对鉴相器输出的误差电压 $u_D(t)$起作用的是其相位而不是其频率。因此，对式（7–5）进行积分，则得

$$\varphi_o(t) = A_o\int_0^t u_c(t)\mathrm{d}t \tag{7–6}$$

可见，就 $\varphi_o(t)$和 $u_c(t)$之间的关系而言，VCO 是一个理想的积分器，因此，往往将它称为锁相环路中的固有积分环节。用微分算式 p=d/dt 表示，则式（7–6）可表示为

$$\varphi_o(t) = \frac{A_o}{p}u_c(t) \tag{7–7}$$

由式（7–7）可得 VCO 的电路模型如图 7–11（b）所示。

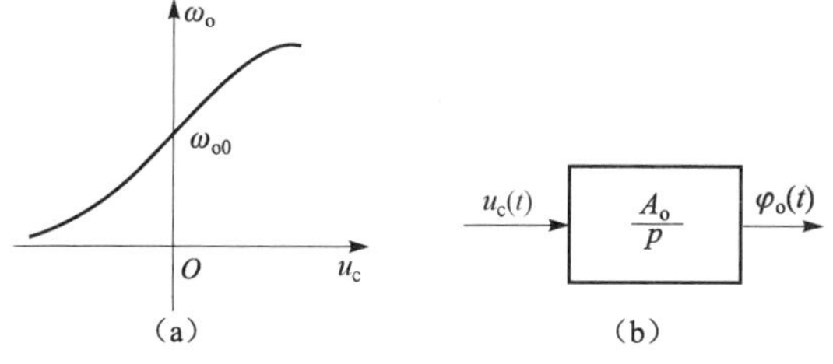

图 7–11　压控振荡器的电路模型

（a）VCO 的控制特性；（b）VCO 的相位模型

3. 环路低通滤波器（LF）

环路低通滤波器的作用是滤除鉴相器输出电流中的无用组合频率分量及其他干扰分量，以保证环路所要求的性能，并提高环路的稳定性。

在锁相环路中，常用的环路低通滤波器电路，如图 7–12 所示，由图可写出它们的传递函数，具体如下。

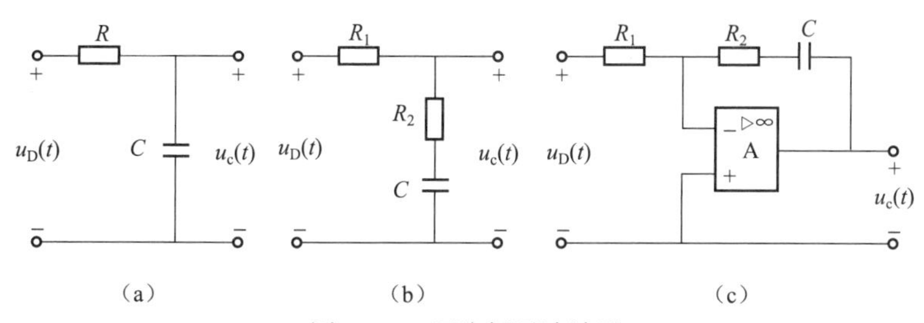

图 7–12　环路低通滤波器

（a）RC 积分滤波器；（b）无源比例积分滤波器；（c）有源比例积分滤波器

（1）*RC* 积分滤波器。

$$A_F(p)=\frac{u_c(p)}{u_D(p)}=\frac{\frac{1}{pC}}{R+\frac{1}{pC}}=\frac{\frac{1}{\tau}}{p+\frac{1}{\tau}}=\frac{1}{1+p\tau} \tag{7–8}$$

式中，$\tau=RC$。

（2）无源比例积分滤波器。

$$A_F(p)=\frac{R_2+\frac{1}{pC}}{R_1+R_2+\frac{1}{pC}}=\frac{1+p\tau_2}{1+p\tau_1} \tag{7–9}$$

式中，$\tau_1=(R_1+R_2)C$，$\tau_2=R_2C$。

（3）有源比例积分滤波器。

$$A_F(p)=-A\frac{1+p\tau_2}{1+p\tau_1} \tag{7–10}$$

式中，$\tau_1=(R_1+AR_1+R_2)C$，$\tau_2=R_2C$。

传输算子的分母中只有一个 p，是一个积分因子，因此，高增益的有源比例积分滤波器又称为理想积分滤波器。显然，A 越大，就越接近理想积分滤波器。

描述滤波器激励和响应之间关系的微分方程为

$$u_c(t)=A_F(p)u_D(t) \tag{7-11}$$

由式（7–11）可得环路滤波器的电路模型如图 7–13 所示。

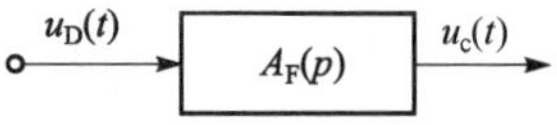

图 7–13　环路滤波器的电路模型

4. 锁相环路模型和基本方程式

将上面得到的三个基本环路部件的电路模型按图 7–8 所示环路连接，就可以得到图 7–14 所示的环路模型。

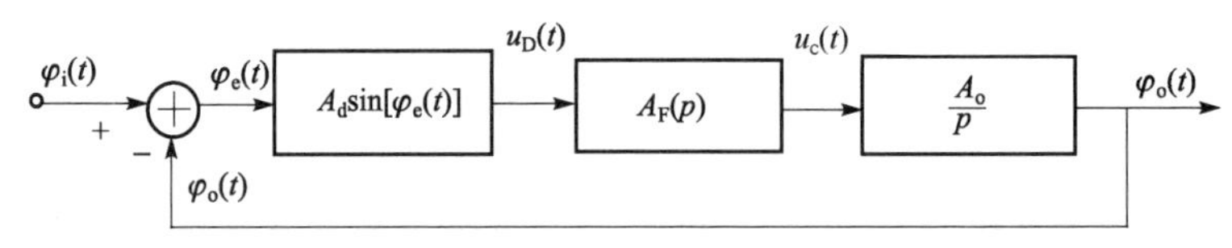

图 7–14　锁相环路模型

由图 7–14 可得环路的方程式为

$$\varphi_e(t)=\varphi_i(t)-\varphi_o(t)=\varphi_i(t)-A_d A_F(p)\frac{A_o}{p}\sin[\varphi_e(t)] \tag{7-12}$$

两边对 t 求导数并移项，得

$$p\varphi_e(t)+A_d A_o A_F(p)\sin[\varphi_e(t)]=p\varphi_i(t) \tag{7-13}$$

式（7–13）是非线性微分方程，可以完整地描述环路闭合后所发生的控制过程。其中等式左边第一项为

$$p\varphi_e(t)=\frac{\mathrm{d}\varphi_e(t)}{\mathrm{d}t}=\Delta\omega_e(t)=\omega_i-\omega_o \tag{7-14}$$

式中表示 VCO 振荡角频率 ω_o 偏离输入信号角频率 ω_i 的数值，称为瞬时角频差。

式（7–13）等式左边第二项为

$$A_d A_o A_F(p)\sin[\varphi_e(t)]=\Delta\omega_o(t)=\omega_o-\omega_{o0} \tag{7-15}$$

表示 VCO 在 $u_c(t)=A_dA_F(p)\sin[\varphi_e(t)]$ 的作用下，产生振荡角频率偏离 ω_{o0} 的数值，即为 $\Delta\omega_o(t)=\omega_o-\omega_{o0}$，称为控制角频差。

式（7–13）右边项为

$$p\varphi_i(t)=\frac{\mathrm{d}\varphi_i(t)}{\mathrm{d}t}=\Delta\omega_i=\omega_i-\omega_{o0} \tag{7-16}$$

表示输入信号角频率 ω_i 偏离 ω_{o0} 的数值，称为输入固有角频差。

因此，式（7–13）表明，锁相环路闭合的任何时刻瞬时角频差和控制角频差之和，恒等于输入固有角频差，即

$$\Delta\omega_e(t)+\Delta\omega_o(t)=\Delta\omega_i(t) \tag{7-17}$$

如果输入固有角频差 $\Delta\omega_i(t)=\omega_i$ 为常数，即 $u_i(t)$ 为恒定频率的输入信号，则在环路进入锁定过程中，瞬时角频差不断减小，而控制角频差不断增大，但两者之和恒等于 $\Delta\omega_i$ 直到瞬时

角频差减小到零，即 $p\varphi_e(t)=0$，而控制角频差增大到$\Delta\omega_i$，VCO 振荡角频率等于输入信号角频率时，环路便进入锁定状态，这时相位误差 $\varphi_e(t)$为一固定值，用 $\varphi_{e\infty}$表示，称为剩余相位误差或稳态相位误差，正是这个稳态相位误差才使鉴相器输出一个直流电压，去调整 VCO 的振荡角频率，使它等于输入信号角频率。

在环路锁定时，随着$\Delta\omega_i$ 增大，$\varphi_{e\infty}$也相应增大，但$\Delta\omega_i$ 过大，环路将无法锁定，此时环路将不存在使它锁定的 $\varphi_{e\infty}$。

由此可将能够维持环路锁定所允许的最大输入固有频差称为锁相环路的同步带或跟踪带，用$\Delta\omega_L$ 表示。同步带主要受到 VCO 最大频率控制范围的限制。

7.3.3　锁相环路的捕捉与跟踪

在锁相环路中，有两种不同的自动调节过程。若环路初始状态是原先锁定的，因某种原因输入信号发生变化时，环路通过自身调节来维持锁定的过程称为跟踪过程。相应地，能够维持锁定所允许的输入信号频率与压控振荡器频率最大的差频范围称为同步带（又称跟踪带），常用$\Delta\omega_H$ 表示。

若环路初始状态原先是失锁的，通过自身的调节进入锁定。这种由失锁进入锁定的过程称为环路的捕捉过程。相应地，能够由失锁进入锁定的最大输入固有频差称为环路捕捉带，常用$\Delta\omega_P$ 表示。一般情况下，捕捉带不等于同步带，而且小于同步带。

图 7–15 简要描述了锁相环路的捕捉带与同步带的状态。图中，ω_{o0} 为未加控制电压时 VCO 的振荡角频率。如果锁相环路输入信号角频率ω_i 由低频向高频方向缓慢变化，当$\omega_{o0}=\omega_i$时，环路进入锁定跟踪状态，如图 7–15（a）所示。随着ω_i 的继续增加，VCO 输出信号角频率跟踪输入信号角频率变化，直到$\omega_i=\omega_b$ 时环路开始失锁。

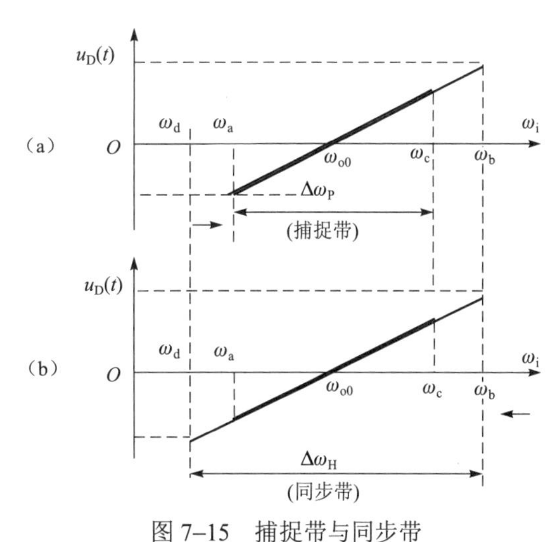

图 7–15　捕捉带与同步带

（a）ω_i 由低频向高频变化；（b）ω_i 由高频向低频变化

如果锁相环路输入的信号角频率ω_i 由高频向低频方向缓慢变化，当$\omega_i=\omega_b$ 时，环路并不发生锁定，而要使ω_i 继续下降到$\omega_i=\omega_c$ 时，环路才会再度进入锁定。如图 7–15（b）所示，此后继续降低ω_i，VCO 输出信号的角频率又跟踪输入信号角频率变化，当ω_i 下降到$\omega_i=\omega_d$ 时，环路又开始失锁。

由此可见，$\omega_d \sim \omega_b$ 为同步带$\Delta\omega_H$，$\omega_a \sim \omega_c$ 为捕捉带$\Delta\omega_P$，一般来说，$\Delta\omega_P$ 小于$\Delta\omega_H$。

7.3.4　集成锁相环路

目前集成锁相环路的系列产品分为：由模拟电路构成的模拟锁相环路和主要由数字电路构成的数字锁相环路两大类。按照它们的用途可分为通用型和专用型两种。通用型是一种适应各种用途的锁相环路，其内部由鉴相器和压控振荡器两部分组成，有时还附加放大器和其他辅助电路，也有用单独的集成鉴相器和集成压控振荡器连接成锁相环路。专用型是一种专门为某种功能设计的锁相环路，用于电视机中正交色差信号同步检波环路，用于通信测量仪器中的频率合成器等。

无论是模拟锁相环路还是数字锁相环路，其压控振荡器一般都采用射极耦合多谐振荡器或积分—施密特触发型多谐振荡器，它们的振荡频率均受电流控制，故又称为流控振荡器。

采用射极耦合多谐振荡器的振荡频率较高，可达 155 MHz，而积分—施密特触发型多谐振荡器的振荡频率较低，一般在 1 MHz 以下。

在模拟锁相环路中，鉴相器一般采用双差分对管模拟乘法器电路，而数字鉴相器的电路形式较多，都由数字电路组成。通用型集成锁相环路及其应用如下。

1. 通用型单片集成锁相环路 L562

图 7–16 示出了 L562 的内部电路，它包含鉴相器 PD 和压控振荡器 VCO 以及三个放大器 A_1、A_2、A_3 和一个限幅器，工作频率可达 30 MHz，是一个多功能单片集成锁相环路。

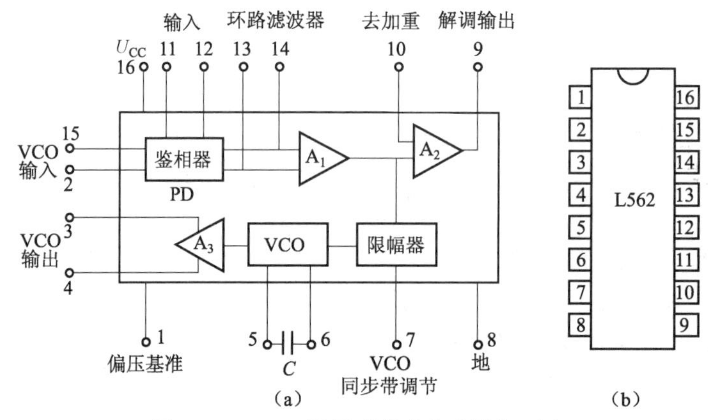

图 7–16　L562 通用型单片集成锁相环路

（a）内部结构；（b）外引线端排列

L562 的鉴相器采用双差分对管模拟乘法器电路，其输出端 13、14 外接阻容元件构成环路滤波器，VCO 采用射极耦合多谐振荡器电路，外接定时电容 C，由 5、6 端接入。在图 7–16 中，当鉴相器输出的误差电压通过缓冲放大器、限幅器送到压控振荡器 VCO 中时，射极耦合多谐振荡器电路与外接的定时电容 C 的正反向充电电流就受到鉴相器输出电压的控制，从而达到控制 VCO 振荡频率的目的。

图 7–16 中的限幅器用来限制锁相环路的直流增益以控制环路同步带的大小。由 7 端注入的电流可以控制限幅器的限幅电平和直流增益，注入电流的大小，可控制 VCO 跟踪范围，从而控制鉴相器的最大平衡输出电压，实现调整限幅电平的作用。对于电路中的放大器 A_1、A_2、A_3，作隔离缓冲放大之用。

L562 集成电路的最大电源电压为 30 V，一般采用+18 V 供电，最大电流为 14 mA，信号输入电压最大为 3 V。

2. CMOS 锁相环路 CD4046

CD4046 是最高工作频率为 1 MHz 的低频多功能单片集成锁相环路，它主要由数字电路构成，具有电源电压范围宽、功耗低、输入阻抗高等优点。

图 7–17 所示 CD4046 内含两个鉴相器、一个压控振荡器和缓冲放大器、内部稳压器、输

入信号放大与整形电路。

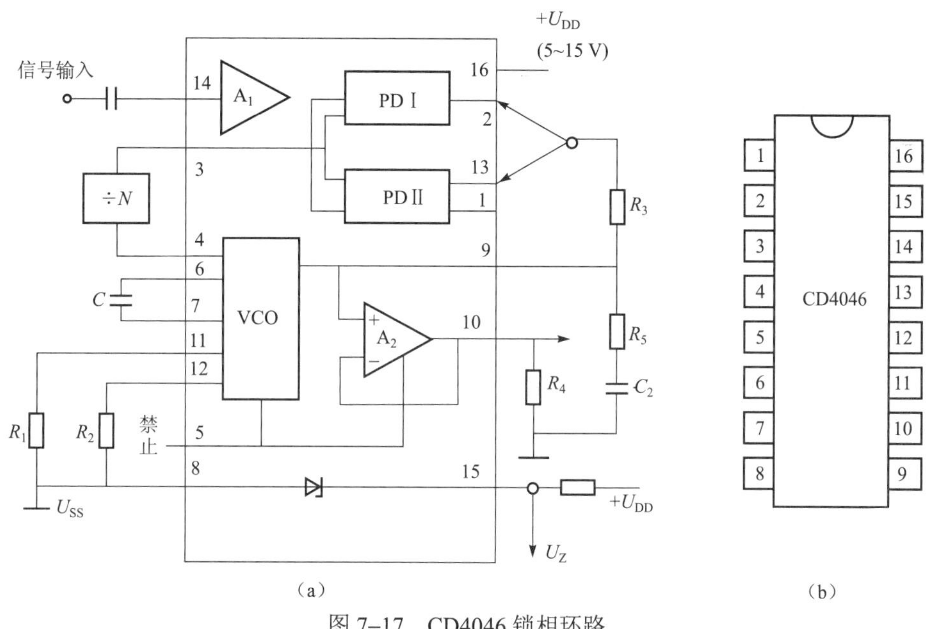

（a）　　　　（b）

图 7–17　CD4046 锁相环路

（a）内部结构；（b）外引线端排列

14 端为信号输入端，输入 0.1 V 左右的小信号或方波，经 A_1 放大和整形，使之成为鉴相器所要求的方波。PD Ⅰ 鉴相器由异或门构成，它与大信号乘积型鉴相原理相同，具有三角形鉴相特性，它要求两输入信号占空比均为 50%方波，无信号输入时，鉴相器输出电压达 $U_{DD}/2$，用以确定 VCO 的自由振荡频率，PD Ⅱ 采用数字式鉴频鉴相器，由 14 端输入信号的上升沿控制。它的输出与输入波形的占空比无关。由这类鉴相器构成的锁相环路，它的同步带和捕捉带与环路滤波器无关，为无限大，但实际上将受压控振荡器控制范围的限制。1 端是 PD Ⅱ 锁相指示输出，锁定时输出为低电平脉冲。两个鉴相器中可任选一个作为锁相环路的鉴相器。当输入信号的信噪比及固有频差较小时，采用 PD Ⅰ；反之，当输入信号的信噪比较高，或捕捉时固有频差较大时，则应采用 PD Ⅱ。

VCO 采用 CMOS 数字门型压控振荡器，6、7 端外接的电容 C 和 11 端外接的电阻 R_1 用来决定 VCO 振荡频率的范围，12 端外接电阻 R_2 可使 VCO 有一个频移。R_1 控制 VCO 的最高振荡频率，R_2 控制 VCO 的最低振荡频率，当 $R_2=\infty$ 时，最低振荡频率为 0，无输入信号时，PD Ⅱ 将 VCO 调整到最低频率。

A_2 是缓冲输出级，它是一个跟随器，增益近似为 1，用作阻抗转换。5 端用来使锁相环路具有“禁止”功能，当 5 端接高电平 1 时，VCO 的电源被切断，VCO 停振；5 端接低电平 0 或接地时，VCO 工作。内部稳压器提供 5 V 直流电压，从 15–8 端之间引出，作为环路的基准电压，15 端需外接限流电阻。

7.3.5　锁相环路的应用

锁相环有许多优点，其中较独特的有以下两点。

① 锁相环路可实现无误差的频率跟踪。

② 锁相环路可实现窄带滤波，而且它的带宽便于通过改变环路增益或滤波器参数进行调整。

因此，采用锁相环路可以设计出各种性能优良的频率变换电路，特别是可做成性能优越的跟踪滤波器，用来接收宇宙飞行器发送来的信噪比很低、载频漂移很大（由多普勒效应引起）的信号。

1. 锁相解调电路

调频信号锁相解调电路如图 7–18 所示。当输入调频信号时环路锁定后，VCO 就能精确地跟踪输入调频信号中反映调制规律的瞬时频率变化，产生具有相同调制规律的调频信号。显然，只要压控振荡器的频率控制特性是线性的，压控振荡器的控制电压 $u_c(t)$就是所需的不失真解调输出电压。为了能使鉴相器的输出电压顺利通过，环路滤波器的通频带必须设计得大于输入调频信号中调制信号的频谱宽度，而环路的捕捉带要大于输入调频信号的最大频偏。

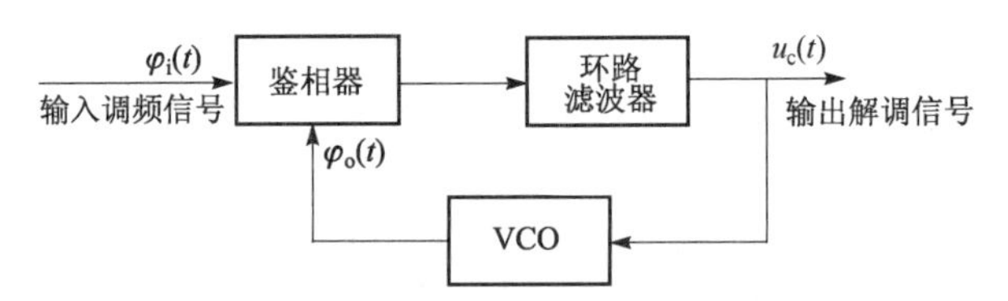

图 7–18　调频锁相解调电路的组成框图

图 7–19 是采用 L562 集成块和外接电路组成的调频信号锁相解调电路，由图可见，输入调频信号电压 $u_i(t)$经耦合电容 C_1、C_2 以平衡方式加到鉴相器的一对输入端 11 和 12，VCO 的输出电压从 3 端取出，由 1 kΩ与 11 kΩ分压后经耦合电容 C_3 以单端方式加到鉴相器的另一对输入端 2，输入端 15 则经 0.1 μF 的电容交流接地。从 1 端取出的稳定基准电压经 1 kΩ电阻分别加到 2 和 15 端作为双差分对管的基极偏置电压，放大器 A_3 的输出端 4 外接 12 kΩ的电阻到地，其上输出 VCO 电压。放大器 A_2 的输出端 9 外接 15 kΩ到地，其上输出解调电压。7 端注入直流电流，用来调节环路的同步带。10 端外接去加重电容 C_4 以提高解调电路的抗干扰性。

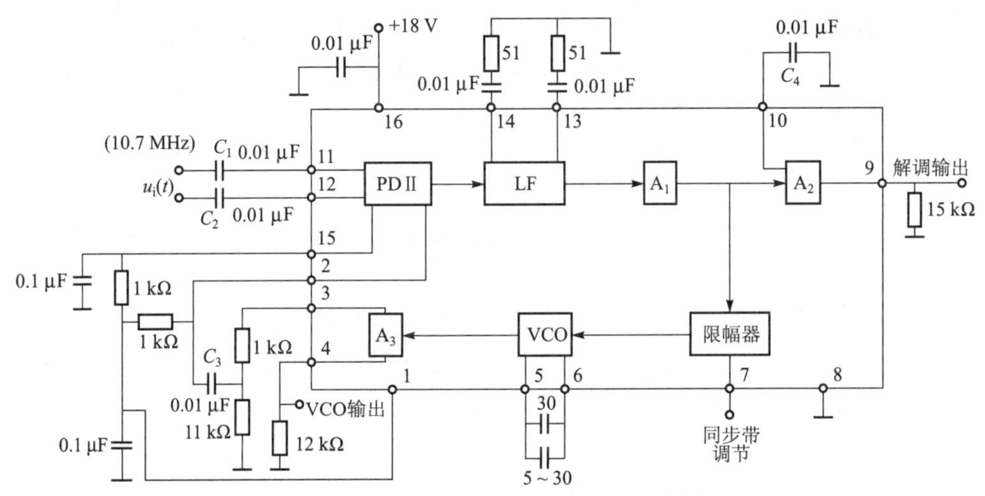

图 7–19　L562 组成调频信号锁相解调器外接电路

2. PLL 锁相环同步检波电路

为了提高图像的画质，大屏幕彩色电视机采用了 PLL 锁相同步检波电路，主要是对小信号检波具有良好的线性，可以消除通道中交调失真引起的失色，减少差拍干扰，改善图像信号的微分增益失真和微分相位失真，以消除因图像过调造成的伴音失真。

在图 7–20 中，38 MHz 压控振荡器（VCO）、90° 移相器、APC 鉴相器和 APC 时间常数切换电路等构成闭合的锁相环路。其中 VCO 电路输出 38 MHz 正弦振荡信号，经过 90° 移相电路后，输送到 APC 鉴相器，APC 鉴相器中还输入中频图像信号（38 MHz），它对两个输入信号进行鉴相，输出误差控制电压。再经过 APC 低通滤波器平滑滤波后，以直流电压控制 VCO 电路的振荡频率和相位。该环路可确保同步检波器两个输入信号相位同步。

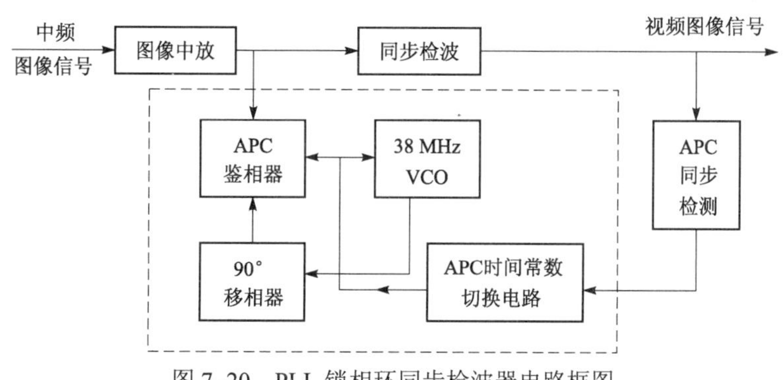

图 7–20 PLL 锁相环同步检波器电路框图

在实用的 PLL 完全同步检波电路中，都设置有 APC 时间常数切换电路，使锁相环路同时具有良好的捕捉能力和保持同步能力，大大提高了同步检波电路的保真度。

3. 锁相接收机

当地面接收站接收卫星或宇宙飞行器发送来的无线电信号时，由于离地面距离很远，再加上卫星发射设备的发射功率小，因此，地面接收站收到的信号是极微弱的。此外，卫星环绕地球飞行时，由于多普勒效应，地面接收站收到的信号频率将偏离卫星发射的信号频率，由于频率漂移严重，其值往往在较大范围内变化。若采用普通接收机，势必要求它有足够的带宽，这样接收机的输出信噪比将严重下降而无法有效地检出有用信号。采用图 7–21 所示的锁相接收机，利用环路的窄带跟踪特性，就可十分有效地提高输出信噪比，获得满意的接收效果。

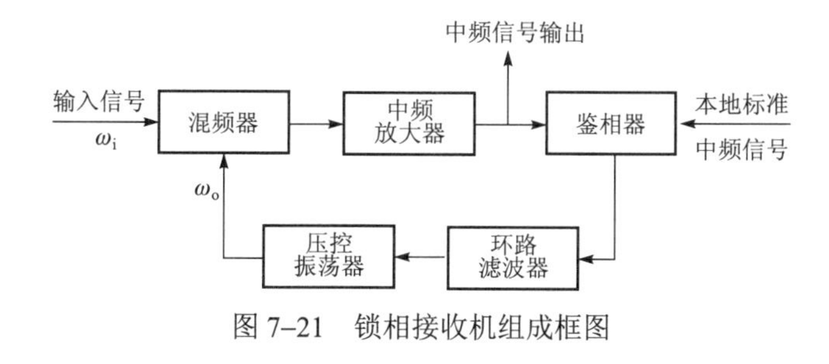

图 7–21 锁相接收机组成框图

7.4 频率合成器

随着通信、雷达、宇宙航行和遥控遥测技术的不断发展，对频率源要求越来越高，要求它的频率稳定。利用一个高稳定度和高精度的标准频率信号经过四则算术运算，产生有相同稳定度和精确度的大量离散频率，这就是频率合成技术。频率合成技术是近代射频/微波系统的重要信号源。根据这个原理组成的电路单元或仪器称为频率合成器。在电子技术高度发达的今天，微处理器和大规模集成电路的大量使用，促使频率合成技术迅速发展并得到广泛应用。

7.4.1 频率合成器的主要指标

除了振荡器的基本指标外，频率合成器还有其他一些指标，如频率、功率、相位噪声等。

1. 频率有关指标

频率范围：频率合成器的工作频率范围由整机工作频率确定，输出频率与控制码一一对应。

频率稳定度：是指在规定的观察时间内，合成器输出的频率偏离标称值的程度。

频率间隔：输出信号的频率步进长度，相邻频率之间的最小间隔称为频率合成器的频率间隔，又称为分辨力。

频率转换时间：从一个工作频率转换到另一个工作频率并达到稳定工作所需要的时间。

2. 功率有关指标

输出功率：振荡器的输出功率通常用 dBm 表示。

功率波动：频率范围内各个频点输出功率的最大偏差。

3. 相位噪声

相位噪声是频率合成器的一个极为重要的指标，与频率合成器内的每个元件都有关，降低相位噪声是频率合成器的主要设计任务。

7.4.2 频率合成器的工作原理与应用

频率合成器的实现方式有四种，即直接频率合成器、锁相环频率合成器、直接数字频率合成器（DDS）和 PLL+DDS 混合结构。其中，第一种已很少使用，第二、三、四种都有广泛的使用。

1. 直接频率合成器

直接频率合成器是早期的频率合成器，基准信号通过脉冲形成电路产生谐波丰富的窄脉冲，经过混频、分频、倍频、滤波等进行频率变换和组合，产生大量离散频率，最后取出所需的频率。

2. 锁相环频率合成器

锁相环频率合成器是利用锁相环路（PLL）实现频率合成的方法，将压控振荡器输出的信号与基准信号进行比较、调整，最后输出所要求的频率，是一种间接频率合成器。

（1）如图 7–22 所示，VCO 的输出信号与基准信号的谐波在鉴相器中进行相位比较，当振荡频率调整到接近基准信号的某次谐波频率时，环路就能自动地把振荡频率锁到这个谐波频率上。这种频率合成器的最大优点是结构简单，指标可以做得较高，但选择频道比较困难，它对调谐机构性能要求也较高，这种方法提供的频道数是有限的。

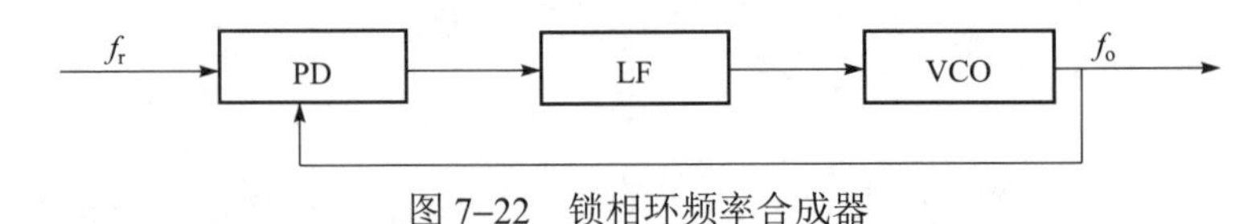

图 7–22　锁相环频率合成器

（2）数字锁相环频率合成器。图 7–23 所示的数字锁相环频率合成器是锁相环频率合成器的一种改进形式。这种频率合成器采用了数字控制部件，在锁相环路中插入一个可变分频器，压控振荡器的输出信号进行 N 次分频后再与基准信号相位进行比较，压控振荡器的输出频率由分频比 N 决定。当环路锁定时，其输出频率是基准频率的整倍数，通过控制逻辑来改变分频比 N，压控振荡器的输出频率将被控制在不同的频率上。

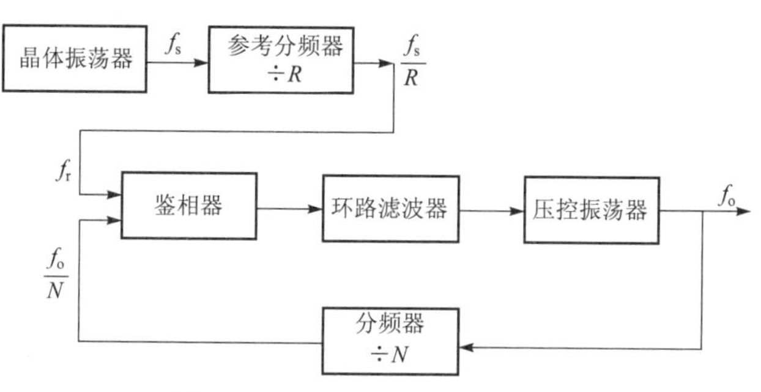

图 7–23　数字锁相环频率合成器

这种频率合成器的主要优点是锁相环路相当于一个窄带跟踪滤波器，具有良好的窄带跟踪滤波特性和抑制输入信号的寄生干扰能力。节省了大量滤波器，有很好的长期稳定性，从而使数字频率合成器输出信号具有较高质量。

3. 直接数字频率合成器（DDS）

直接数字频率合成器是从相位概念出发，直接合成所需要波形的一种频率合成技术，它在相对带宽、频率转换时间、相位连续性、正交输出高分辨率以及集成化等一系列性能指标方面已远远超过了传统的频率合成技术，是目前运用最广泛的频率合成方法。由于直接数字频率合成技术可编程和全数字化，控制灵活方便等优点，具有极高的性价比。

DDS 的结构有很多种，一般包括基准时钟、频率累加器、相位累加器、幅度/相位转换电路、D/A 转换器和低通滤波器。其基本电路原理框图如图 7–24 所示。

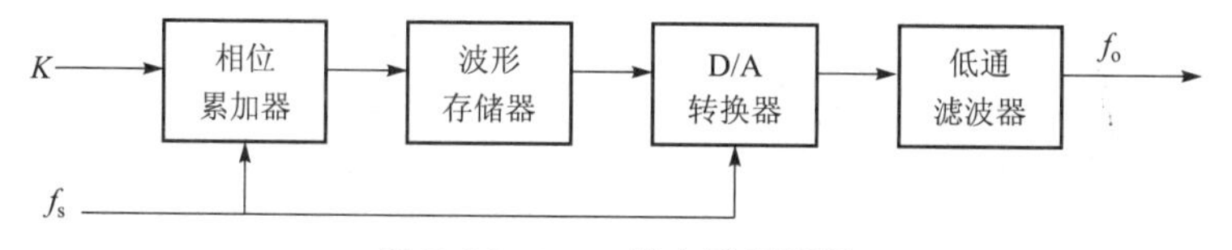

图 7–24　DDS 基本原理框图

图中相位累加器由 N 位加法器与 N 位累加寄存器级联组成，每来一个时钟脉冲 f_s，加法器将控制字 K 与累加寄存器输出的累加相位数据相加，把相加后的结果送到累加器的数据输入端，以使加法器在下一个时钟脉冲的作用下继续与频率控制字相加，这样相位累加器在时钟作用下，不断对频率控制字进行线性相位累加，相位累加器输出的数据就合成信号的相位，相位累加器输出的频率就是 DDS 输出的信号频率。相位累加器输出的数据作为波形存储器（ROM）的相位取样地址，可把储存在波形存储器内的波形抽样值（二进制编码）经查表查出，完成相位到幅值的转换。波形存储器的输出送到 D/A 转换器，D/A 转换器将数字形式的波形幅值转换成要求合成频率的模拟量形式信号。低通滤波器用于滤除取样分量，以便输出频谱纯净的正弦波信号。改变 DDS 输出频率，即能改变每一个时钟周期的相位增量。相位函数的曲线是连续的，只是在改变频率的瞬间其频率发生了突变，因而保持了信号相位的连续性。

4. PLL+DDS 频率合成器

上述的间接 PLL 频率合成器虽然体积小、成本低，但各项指标之间的矛盾限制了其使用范围，而且 DDS 的输出频率低，杂散输出丰富，这些因素也限制了它们的使用范围，因此可将数字直接综合 DDS 和锁相环频率综合器结合起来使用。可变参考源驱动的锁相频率合成器对于解决这一矛盾是一种较好的方案。而可变参考源的特性对这一方案是至关重要的，作为一个频率合成器的参考源，首先应具有良好的频谱特性。虽然 DDS 的输出频率低，杂散输出丰富，但是它具有频率转换速度快、频率分辨率高、相位噪声低等优良性能，通过这一措施可以减少杂散输出。用 DDS 作为 PLL 的可变参考源是理想方案。

5. 频率合成器应用电路

1）简单锁相频率合成器

简单锁相频率合成器实例如图 7–25 所示。

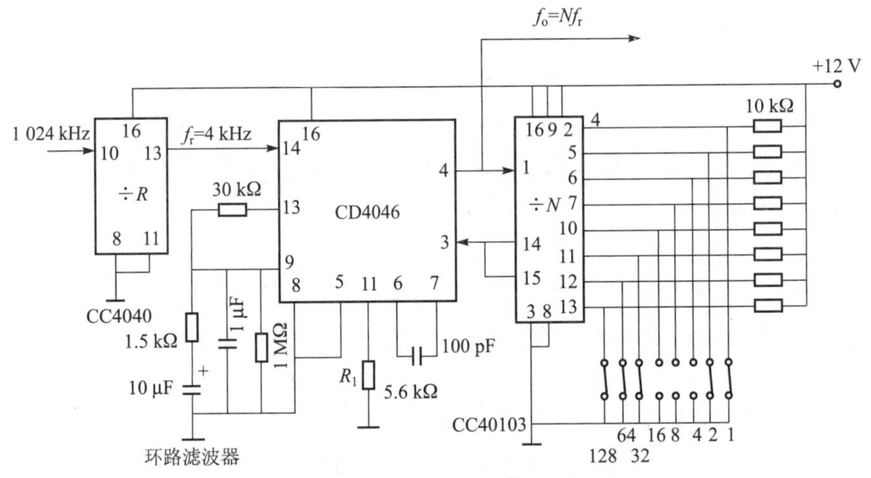

图 7–25　CD4046 组成的频率合成器实例

参考分频器由 12 级二进制计数器构成。取分频比 $R=2^8=256$，则得频率间隔为

$$f_r=1\ 024\ \text{kHz}/256=4\ \text{kHz}$$

N 分频器采用可编程分频器 CC40103 构成。图中 N=29。

2）锁相环频率合成器 PLL

由于微电子技术的快速发展，使得 PLL 锁相环频率合成器有了很高的集成化程度，图 7–26 所示电路是数字式间接频率合成器，频率合成器的组成元器件有标准晶振频率源、频率合成器芯片、低通滤波器、压控振荡器和单片机等。

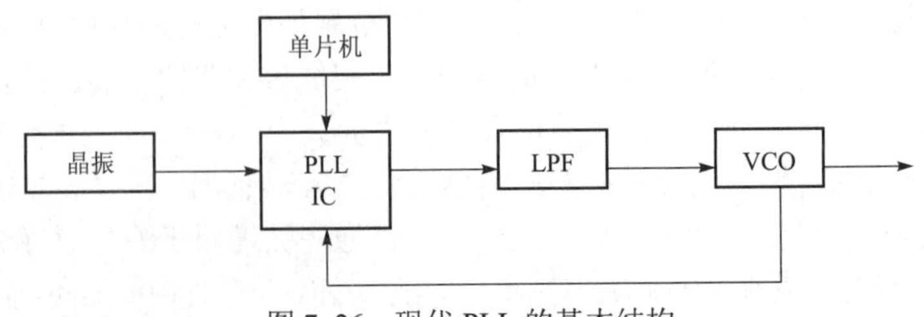

图 7–26　现代 PLL 的基本结构

（1）目前使用最多的标准频率源是晶体振荡器，常用的有恒温晶振 OCX0、温补晶振 TCX0、数字温补 DCX0。常用标准频率有 10 MHz、20 MHz、40 MHz 等，频率稳定度可以达到±（1×10^{-6}），可根据 PPL 集成电路的情况和频率合成器整机设计进行选用。

（2）PLL 集成电路的工作频率涵盖 VCO 频率，芯片内包括参考标准、频率源的分频器、VCO 输出信号频率的分频器、鉴相器、输出电荷泵等，两个分频器可以将标准频率和输出频率进行任意分频，满足频率合成器的频率分辨率要求，不同信号经不同分频后，得到两路同频率信号，再进行比相，相位差送入电荷泵，电荷泵的输出电流与相位差成比例。然后进一步输出给 LPF，控制 VCO。

（3）单片机用来调整频率合成器的输出频率，单片机提供一个变换输出频率的指令。

（4）VCO 输出所需要的射频/微波信号。VCO 为了宽范围调谐，通常要求较高的电压，供电电压大于 12 V。在频率合成器中，VCO 的压控电压来自低通滤波器，与 PLL 芯片的输出电流有关。

（5）低通滤波器（LPF）的设计直接影响到频率合成器的相位噪声和换频速度。低通滤波器在频率合成环路中又称为环路滤波器，它通过对电阻、电容器的选定，使高频率成分被滤除，以防止对 VCO 电路造成干扰，得到比较理想的 PLL 频率合成器。

图 7–27 所示电路用 AD9850 DDS 系统输出作为 PLL 的激励信号，而 PLL 设计成 *N* 倍频 PLL，利用 DDS 的高分辨率来保证 PLL 输出有较高的频率分辨率。

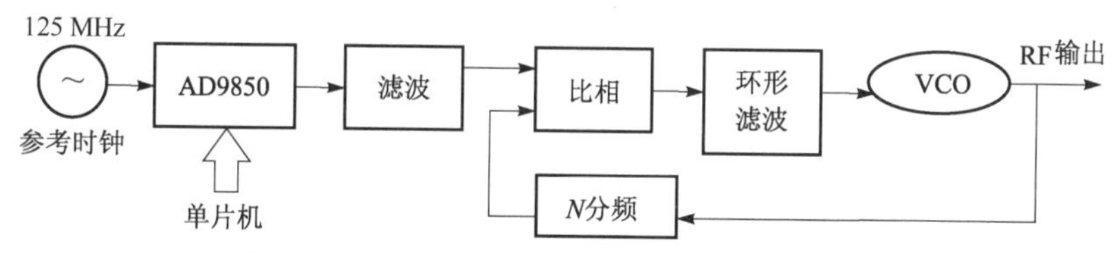

图 7–27　用 AD9850 系统输出作为 PLL 的信号

直接数字频率合成芯片 DDS 作为 SB3236 锁相环频率合成芯片构成了一个 DDS+PLL 频率合成器。PLL 采用单环频率合成技术，在电路中 DDS 的作用是为锁相环提供一个高精度参考源。整个系统换频精度受到 DDS 特性、滤波器的带宽和锁相环参数的影响，频率切换时间主要由锁相环决定。频率的调节由 DDS 和 PLL 两个芯片的逻辑关系决定。

7.5　技能训练 7：接收部分的联试实训

1. 实训目的

（1）掌握模拟通信系统中调幅、调频、超外差式接收电路组成原理，建立系统概念。

（2）掌握系统联调的方法，培养解决实际问题的能力。

2. 实训仪器设备

（1）TKGPZ–1 型高频电子线路综合实训箱。

（2）双踪示波器。

（3）高频信号发生器。

（4）数字式频率计。

3. 实训电路原理

图7–28是10 MHz调频、调幅二次变频无线接收机联机实训示意图。这是一个标准的超外差接收机，信号流程如图7–29所示。

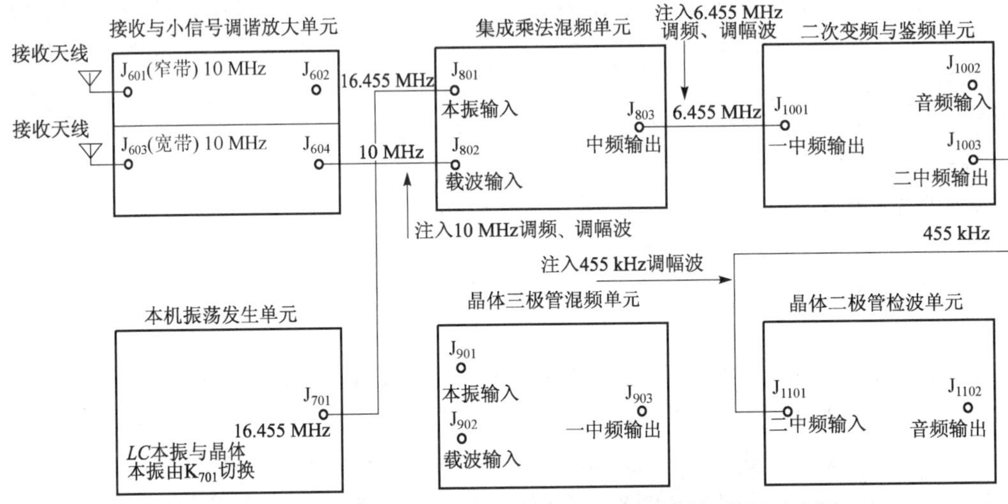

图7–28　10 MHz调频、调幅二次变频无线接收联机实训示意图

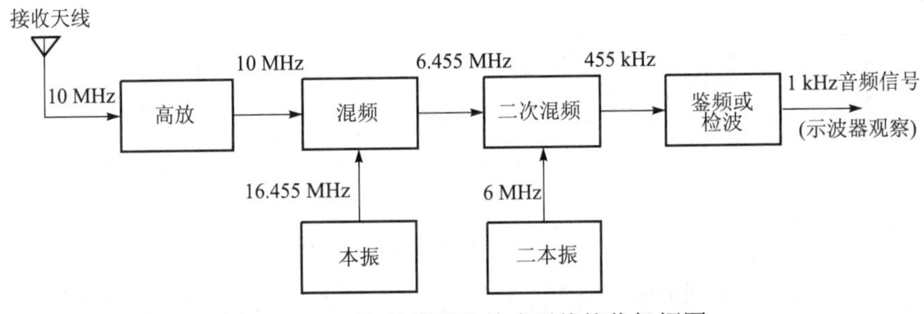

图7–29　二次变频超外差式无线接收机框图

接收天线接收来自无线电发射台的10 MHz调频或调幅波，经过一次变频后，形成6.455 MHz调频、调幅波（一中频），再经过二次变频后，形成455 kHz的调频、调幅波（二中频），对二中频信号进行鉴频或检波，就能得到与无线电台完全一致的音频调制信号。

本单元实训要完成的是对整个接收系统的联调，以对接收系统有一个完整的认识。

4. 实训内容与步骤

1）实训内容

需要说明的是，本实训系统与市场上销售的超外差接收机（商品机）比较，相同的部分是同样具有较高的信号电平增益和较好的选择性。差异的部分主要是缺少AFC电路（自动频率校正）和AGC电路（自动增益控制），因此控制输入信号的频率、输入电平、调制度以及本振信号的输入电平是至关重要的，要求在实训过程中调整、测试和记录有关的数据。

2）实训步骤（参见图7–28）

实训联调步骤采用由后及前的逐级调试方法。

（1）晶体二极管检波单元的调整。

短接 K_{1101} 2–3、K_{1102} 1–2、K_{1103} 2–3、K_{1104} 1–2，使检波单元处于正常工作状态。在 TP_{1101}（J_{1101}）注入 455 kHz 调幅波，调整 T_{1102} 和 R_{W1101} 使幅度最大，在 TP_{1104} 处用示波器观察 1 kHz 正弦波。T_{1102} 至最大后要退出一些，以防自激。

（2）二次变频与鉴频单元的调整。

连接 J_{1003} 和 J_{1101}、J_{803} 和 J_{1001}，在 J_{1001} 处注入 6.455 MHz 调频或调幅波，在 J_{1002} 或 J_{1104} 观察 1 kHz 正弦波。鉴频与检波由 K_{1001} 切换，鉴频时需调整 L_{1001}，使幅度最大。

（3）集成乘法器混频单元的调整。

连接 J_{701} 和 J_{801}，本振处于晶振状态或 LC 振荡状态，在 TP_{802}（或 J_{802}）处注入 10 MHz 调频或调幅波，调整 L_{803} 使调幅波输出最大，观察 1 kHz 正弦波的测试点位置与前相同。

（4）晶体三极管混频单元的调整。

用晶体三极管混频单元代替集成乘法器混频单元，调整 L_{903} 使调幅波输出最大。

（5）接收与小信号调谐放大单元的调整。

连接 J_{602} 和 J_{802}，在 J_{601} 处用接收天线无线接收 10 MHz 调频或调幅波，调整 L_{601} 和 C_{602} 使调幅波输出最大，观察 1 kHz 正弦波的测试点位置与前相同。

用宽带放大器代替窄带放大器。进行试验，并调整相应元件。

5. 实训注意事项

（1）注意各实训步骤对信号频率、幅度、调制度的要求。

（2）当输出波形有失真时，可减小调制度和微调信号源信号频率，频率调整不大于 $10^{-4}f$。

（3）用频率计测试信号频率时输出信号应处于 CW（载波）位置，调准后再转成调幅波和调频波。

6. 实训报告

记录数据并做出分析，写出实训心得体会。

7.6　技能训练 8：发送部分的联试实训

1. 实训目的

（1）掌握模拟通信系统中调幅、调频发射机的组成原理，建立系统概念。

（2）掌握系统联调的方法，培养解决实际问题的能力。

（3）通过实训操作培养学生一丝不苟的工匠精神，实训数据分析及实训报告撰写培养学生严谨求实的科学精神，实训任务分工合作培养学生的团结协作能力。

2. 实训仪器设备

（1）TKGPZ–1 型高频电子线路综合实训箱。

（2）高频信号发生器。

（3）数字式频率计。

（4）双踪示波器。

3. 实训电路原理

图 7–30 是 10 MHz 调频、调幅无线电发射电台联机实训示意图。信号流程框图如图 7–31 所示。

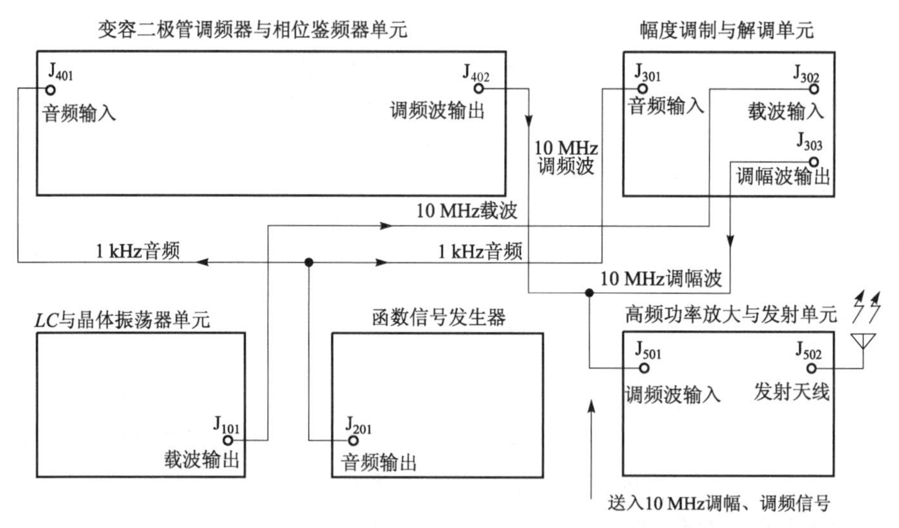

图 7–30　10 MHz 调频、调幅无线电发射电台联机实训示意图

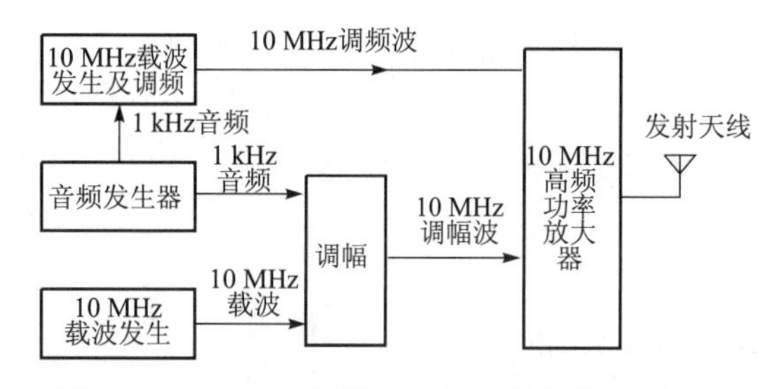

图 7–31　10 MHz 调频、调幅无线电发射机框图

如图 7–31 所示，调频是利用变容二极管直接调频的，调幅是利用集成乘法器间接调幅的。注意不能开启两个 10 MHz 载波发生电路；否则会产生同频干涉。

本单元实训要完成的是对整个发送系统的联调，以对整个发送系统有一个完整的认识。

4. 实训内容与步骤

1）实训内容

本实训系统提供的是一个简单的原理性电路，同样需要说明的是控制各级信号的频率、输出电平和调制度是至关重要的，本实训系统的最终效果是通过与接收系统的联试来体现的。

2）实训步骤

实训联调步骤采用由后及前的逐级调试方法。

（1）高频功率放大与发射单元的调整。

高频功率放大与发射单元的调整与技能训练 3 的实训步骤基本相同，在观察联调效果方面所不同的是用整个接收系统来验证发射效果（用发射天线无线发送，用接收天线无线接收，调频、调幅功率发送都需要验证）。

（2）变容二极管调频器单元的调整。

变容二极管调频器单元的调整与技能训练 6 的实训步骤基本相同，即首先不送音频调制波。调整 L_{402} 使载波频率为 10 MHz（精度为 $10^{-4}f$），然后送入音频信号，适当控制音频输入幅度，即控制调频调制度。连接 J_{402} 和 J_{501}，即用变容二极管调频器代替高频信号发生器，从而完成调频信号发送与接收的大系统联试。

（3）幅度调制单元的调整。

幅度调制单元的调整与技能训练 5 的实训步骤基本相同，连接 J_{303} 和 J_{501}，即用幅度调制器代替前一实训单元的调幅高讯仪，从而完成调幅信号发送与接收的大系统联试。

5. 实训注意事项

（1）注意各实训步骤对信号频率、幅度、调制度的要求。

（2）当输出波形有失真时，可减小调制度和微调载波信号频率（频率调整不大于 $10^{-4}f$），或减小功率放大器的各级增益。

（3）应注意两个同频发射机之间应相距一定的距离，以防止同频干涉。

6. 实训报告

记录数据并做出分析，写出实训心得体会。

7.7　技能综合训练：收音机整机装配实训

1. 实训目的

通过对收音机的安装、焊接及调试，了解电子产品的生产制作过程；掌握电子元器件的识别及质量检验；学会利用工艺文件独立进行整机的装焊和调试，并达到产品质量要求；学会编制简单电子产品的工艺文件，能按照行业规程要求撰写实训报告（包括主要指标、线路工作原理、使用说明、测试说明、调试工艺等）；训练动手能力，培养职业道德和职业技能，培养工程实践观念及严谨细致的科学作风。

通过本次技能综合实训操作过程培养学生一丝不苟的工匠精神，实训任务分工合作培养学生的团结协作能力，高难度技能综合实训培养学生迎难而上、积极进取的拼搏精神等，全方位提高学生的品德修养和综合素质。

2. 实训要求

（1）根据技术指标测试各元器件的主要参数。

（2）按照电路原理图看懂印制电路板装配图。

（3）认真进行安装、焊接和调试。

（4）要结合理论知识分析在实际操作过程中出现的问题。

3. 实训步骤

（1）读图：对照电路原理图，看懂接线图，了解电路图符号及图注。

（2）元件测试：了解元器件的主要技术参数及测试方法。

（3）插件与焊接：根据工艺图纸与文件，认真完成元器件的焊接。

（4）调试：分别进行 IF—AF（中频—音频）调试、KC（调幅挡）调试、MC（调频挡）调试、复听四个过程。

（5）撰写实训报告。

4. 超外差式收音机相关知识

1）超外差式收音机的组成

超外差式收音机由输入回路、变频电路、中放电路、自动增益控制（AGC）电路、检波电路、前置低放电路和功率放大电路等组成，如图 7–32 所示。

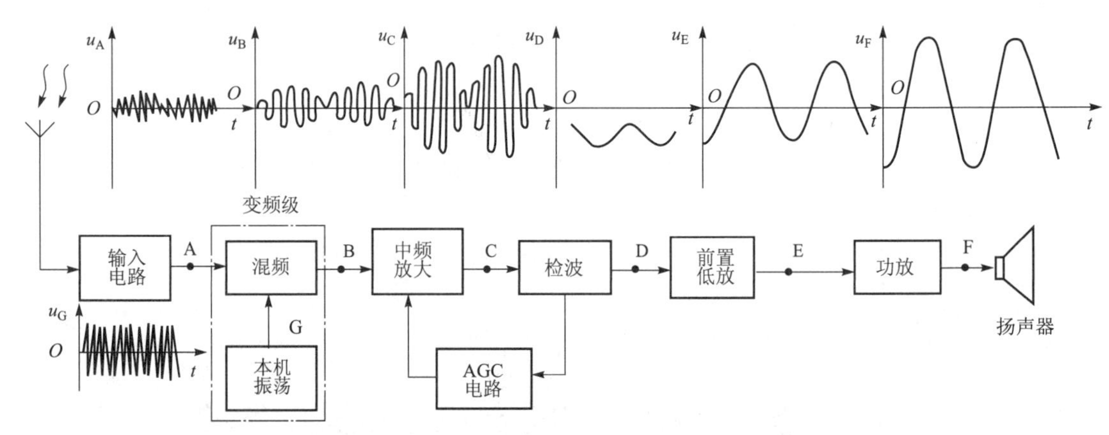

图 7–32　超外差式收音机组成框图及各部分波形

2）超外差式收音机的基本工作原理

接收天线将空间的高频调幅波接收下来送入输入电路，由输入电路从众多的信号中选出所要接收的电台信号，然后送入变频级。变频电路中的振荡器产生一个等幅的振荡信号，其频率总比接收到的电台信号频率高 465 kHz，该信号与接下来的电台信号一起送入混频电路进行混频。在混频级输出，利用选频网络再将本振信号和接收下来的电台信号的差频选出来，这样就得到了 465 kHz 的中频调幅信号，从而完成了变换载波频率的目的。应当指出，变频电路只完成变换载波频率的功能，变频输出的信号仍为调幅波，且其包络与外来电台信号的包络一致，其波形如图 7–32 中 u_B 所示。由于变频输出的信号幅度很小，必须对其进行放大，因此，在变频之后设有两级中放电路，用以放大变频输出的中频信号，以便提高整机灵敏度，同时也为检波电路提供幅度足够的信号，以便更好地解调音频信号。自动增益控制电路在检波输出和第一级中放电路之间构成了一个反馈环，来控制中放电路的增益，以防止接收较强电台信号时产生失真。检波电路是调幅波的解调器，它可以把中频调幅波中的音频包络解调出来。检波输出的音频信号经前置低放电路和功率放大电路放大后送入扬声器还原成声音，从而完成整个接收过程。超外差式收音机的电路原理图如图 7–33 所示。

5. 焊接工艺

（1）在焊接元器件之前，必须先检查元器件引脚是否有氧化现象，如果有就必须把氧化层去掉，然后上锡；对三极管、中周必须测量其是否完好；对印制电路板也要检查，看看有无断裂，或铜箔没腐蚀干净造成两条线路连接，必须把有问题的印制电路板处理后才能插件、焊接，避免装配焊接后造成不必要的故障。

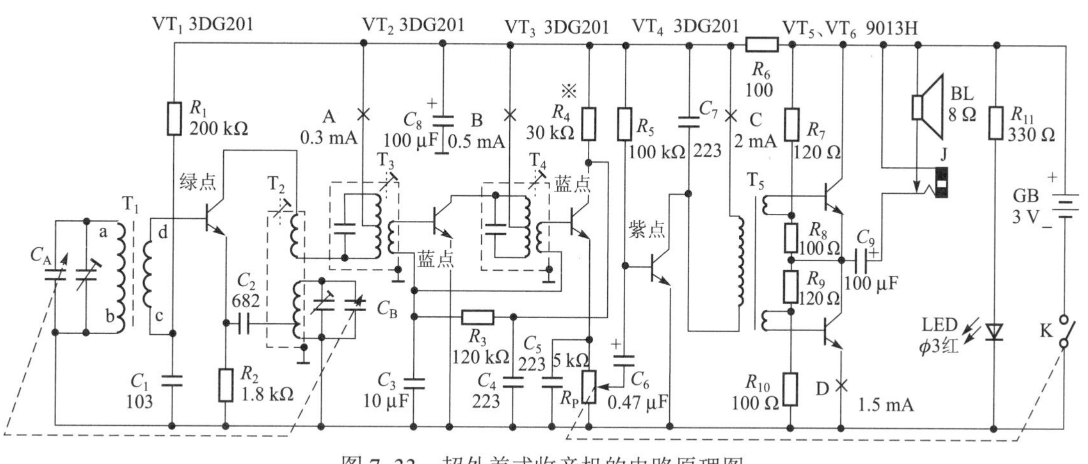

图 7–33　超外差式收音机的电路原理图

（2）在焊接时请按先焊小元件，再焊大元件的原则进行操作。元件应尽量贴着底板，按照元件清单和电路原理图进行插件、焊接，特别要注意电解电容器的极性和三极管脚位以及三极管型号不可混淆（C9018 为高频管，C9013、C9014 为低频管）；中周插件一定要按磁帽颜色（T_2 是本机振荡线圈——红色，T_3 是第一中放中频变压器——白色；T_4 是第二中放中频变压器——黑色）进行插件，不可插错，中周外壳接地起屏蔽作用，同时外壳还是地线的跨接线，焊接时外壳一定要焊接好，否则就不能起到屏蔽作用了，还会造成部分线路地线不通；所有元件高度都不能超出中周的高度；T_5 是音频输入变压器，插件有方向性，线圈骨架上有凸点标记的为初级，插件时要与印制电路板上的圆点标记对应，不可插反；焊接时各元件要插到位后再焊接，以免合拢时顶住机壳。焊接时应选用尖烙铁头进行焊接，如果一次焊接不成功，应等冷却后再进行下一次焊接，以免烫坏印制电路板造成铜箔脱皮。焊完后应反复检查有无虚、假、漏、错焊，有无拖锡短路造成的故障。

6. 收音机检测指南

1）检测目的、前提、要领及方法

（1）目的。在整机调试前，保证收音机工作在无故障状态，这样才能保证调试顺利进行。

（2）前提。安装正确，元器件无漏焊、错焊，连接无误，印制板焊点无虚焊、连焊等。

（3）要领。耐心细致、冷静有序。检测按步骤进行，一般由后级向前级检查，先判断故障位置（信号注入法），再查找故障点（电位法），循序渐进，排除故障。忌讳乱调乱拆，盲目烫焊，导致越修越坏。

（4）方法。

① 信号注入法。收音机是一个信号捕捉处理、放大系统，通过注入信号可以判定故障的位置。

a. 用万用表“R×10”电阻挡，红表笔接电池负极（地），黑表笔碰触放大器输入端（一般为三极管基极），此时扬声器可听到“咯咯”声。

b. 用手握改锥金属部分去碰放大器输入端，从扬声器有无声音进行判断。此法简单易行，但相对信号弱，不经三极管放大可能听不到声音。

② 电位法。用万用表测各级放大器或元器件工作电压可具体判断造成故障的元器件。

2）判断故障位置

（1）判断故障在低放之前还是低放之中（包括功放）的方法如下：接通电源开关，将音量电位器开至最大，若扬声器中没有任何响声，则可以判定低放部分肯定有故障。

（2）判断低放之前的电路工作是否正常的方法如下：将音量关小，将万用表拨至直流 0.5 V 挡，两表笔接在音量电位器非中心端的另两端上，一边从低端到高端拨动音量调节盘，一边观看电表指针，若发现指针摆动，且在正常播出一句话时如果指针摆动次数在数十次，即可判断低放之前电路工作是正常的；若无摆动，则说明低放之前的电路中也有故障，这时仍应先解决低放电路的问题，然后再解决低放之前电路中的问题。

3）完全无声故障检修（低放故障）

将音量开大，用万用表直流电压 10 V 挡，将黑表笔接地，红表笔分别触碰电位器的中心端和非接地端（相当于输入干扰信号），可能出现以下三种情况。

（1）触碰非接地端，喇叭中无“咯咯”声，碰中心端时喇叭有声。这是由于电位器内部接触不良。可更换或修理排除故障。

（2）触碰非接地端和中心端，均无声，这时用万用表“R×10”挡，将两表笔触碰喇叭引线，触碰时喇叭若有“咯咯”声，说明喇叭完好。然后用万用表电阻挡点触 C_9 的正端，喇叭中如无“咯咯”声，说明耳机插孔接触不良，或者喇叭的导线已断；若有“咯咯”声，则应检查推挽功放电路。

① 检查 VT_5、VT_6 工作是否正常，L_5 次级有无断线。

② 测量 VT_4 的直流工作状态，若无集电极电压，则 L_5 初级断线，若无基极电压，则 R_5 开路。若红表笔触碰电位器中心端无声，触碰 VT_4 基极有声，说明 C_7 开路或失效。

（3）用干扰法触碰电位器的中心端和非接地端，喇叭中均有声，则说明低放工作正常。

4）无台故障检修（低放前故障）

无声指将音量开大，喇叭中有轻微的“沙沙”声，但调谐时收不到电台。

（1）测量 VT_3 的集电极电压：若无，则 R_4 开路或 C_5 短路；若电压不正常，检查 R_4 是否良好。测量 VT_3 的基极电压：若无，则可能 R_3 开路（这时 VT_3 基极也无电压），或 L_4 次级断线，或 C_4 短路。

（2）测量 VT_2 的集电极电压：若无，是 L_4 初级线圈有开路。电压正常时喇叭发声。

（3）测量 VT_2 的基极电压：若无，系 L_3 次级断线或脱焊。若电压正常，但有干扰信号的注入，在喇叭中没有响声，说明是 VT_2 损坏。电压正常后喇叭有声。

（4）测量 VT_1 的集电极电压：若无，是 L_2 次级线圈断，L_3 初级线圈有断线。若电压正常，喇叭中无“咯咯”声，则为 L_3 初级或次级线圈有短路，或槽路电容短路。如果中周内部线圈有短路故障时，由于匝数较少，所以较难测出，可采用替代法加以证实。

（5）测量 VT_1 的基极电压：若无，可能是 R_1 或 L_1 次级开路；或 C_1 短路。电压高于正常值，系 VT_1 发射结开路。电压正常，但无声，是 VT_1 损坏。

到此，如果还是收不到电台，则进行下面的检查。

（6）将万用表笔拨至直流电压挡，两表笔并接于 R_2 两端，用镊子将 L_2 的初级短路一下，见图 7–34，看表针指示是否减少（一般减少 0.2～0.3 V）。若电压不减小，说明本振没有起振，振荡耦合电容 C_2 失效或开路，C_1 短路（VT_1 基极无电压），L_2 初级线圈内部断路或短路，双联质量不好。若电压减小很少，说明本机振荡太弱，或 L_2 受潮，印制板受潮，或双联漏电，或微调电容不好，或 VT_1 质量不好，此法同时可检测 VT_1 偏流是否合适。

若电压减小正常，可断定故障在输入回路。查双联有无短路，电容质量如何，磁棒线圈 L_1 初级有无断线。

5）杂音较大

这往往和变频管 VT_1 的质量有关，可以更换一只变频管试一试。另外，变频管集电极电流太大也会引起杂音大，一般变频管的集电极电流不要超过 0.6 mA。

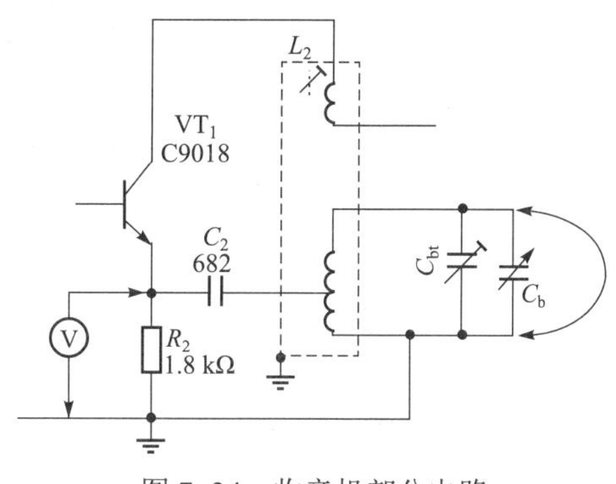

图 7–34　收音机部分电路

啸叫声：本机振荡过强会产生啸叫声。产生的原因可能是电源电压过高、变频级电流过大等。消除方法是：适当把振荡耦合电容 C_2 的容量减少到 5 100 pF，C_2 回路里串联一只 10 Ω左右的电阻。此外，还可以调磁棒次级线圈的接头、微调中频变压器（中周）等。

中频放大器自激也会产生强烈的啸叫声，这种啸叫声布满全部刻度盘，除了强电台的广播能接收到外，稍微偏调一点儿就产生啸叫。判断是不是中放自激的方法是：断开变频管的集电极，如果仍然啸叫，就是中放自激；如果啸叫停止，说明啸叫来自变频级。造成中放自激的原因和处理方法是：中周外壳接地不良，失去屏蔽作用，可以重新焊好；中放管质量不好，内部反馈太大，应该更换管子；中放管 β 值过高，引起自激，应更换 β 值稍微低的管子；两个中周的次序焊错，造成自激，应调换焊好。

到此收音机应能收听到电台播音，可以进入调试。

7. 整机调试

1）收音机调试流程

收音机调试流程如图 7–35 所示。

2）调试步骤

在调试之前，应保证收音机工作在无故障状态，若工作不正常，根据前面介绍的检测方法找出原因，排除故障后才能进一步调试。通电调试工作大体上包括以下四项。

（1）三极管的工作点。调整工作点也就是调整集电极电流。本机各级集电极电流分别是 I_A=0.3～0.6 mA、I_B=1.1～1.5 mA、I_C=3.5～5.0 mA、I_D=0.5～1 mA（参考值，三极管 β 的不同，电流将有所变化）。整机电流在 15 mA 左右。

调整集电极电流时，电流表串入电路中的位置，见电路原理图中画×的地方。调整的元件是各级的偏流电阻。值得一提的是，只要晶体管和其他元件符合要求，而且焊接正确，集电极电流一般不用调整也能满足要求。调整工作点时，一般要从功放开始，由后级往前级调试。各级工作点调整完毕后，调节双联电容器一般都能收到广播。

（2）调整中频频率，一般叫作调中周。调中周的目的是把几个中周的谐振频率都调整到固定的中频频率 465 kHz 上。调中周的工具应该使用塑料螺丝刀，可以用其他塑料自制。使用金属螺丝刀调整会引起感应，不容易调整准确。

调中周时先接收一个低端电台的广播，然后先调 L_4，再调 L_3，逐个调节中周的磁帽，使扬声器发出的声音达到最响为止。磁帽调节到某一个位置时声音最响，这个位置就叫作调谐点，再往里旋或者往外旋，声音都会减小。如果磁帽完全旋入或者旋出都没有找到调谐点，

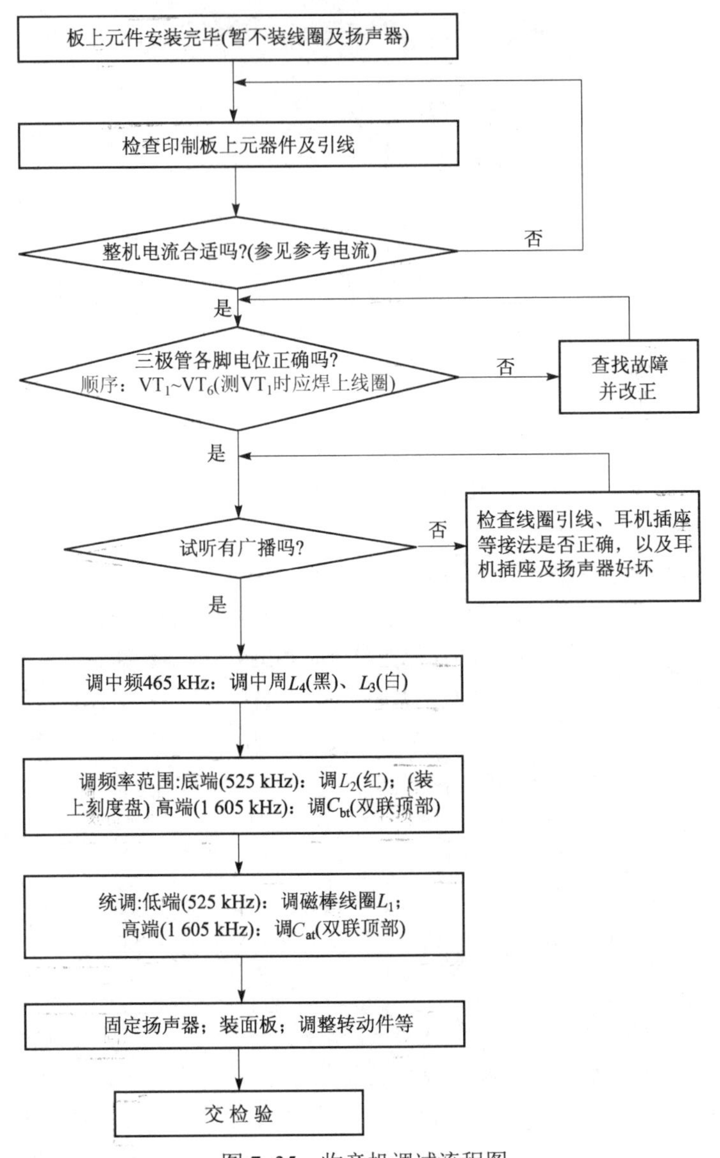

图 7–35　收音机调试流程图

一般是谐振电容的容量不合适，可以换一个电容再重新调整。有时线圈短路、谐振电容击穿等也会造成没有调谐点。用本地电台调中周以后，最好选择一个外地电台再仔细调调。这是因为人的耳朵对声音大小的变化在声音微弱时比声音很响时敏感得多。中周调整完毕后，要用石蜡把各个中周的磁帽封牢，使磁帽的位置不会由于振动而发生变化。

（3）调整频率范围。调整频率范围也叫作调覆盖或者叫作对刻度。它的目的是使双联电容全部旋入到全部旋出，所接收的频率范围恰好是整个中波（535～1 600 kHz）。它是通过调整本机振荡线圈 L_2 的磁帽和振荡回路的补偿电容 C_{bt} 达到的。

调整时首先接收一个低端电台的广播，如中央人民广播电台 640 kHz（或福建人民广播电台 621 kHz，只要能接收到当地低端的广播电台即可）的节目。如果指针的位置比 640 kHz 低，说明振荡线圈 L_2 的电感量小了，可以把振荡线圈的磁帽旋进一些，直到指针在 640 kHz

的位置接收到 640 kHz 的电台广播为止；如果指针的位置比 640 kHz 高，说明振荡线圈 L_2 的电感量大了，可把振荡线圈的磁帽旋出一些，直到在 640 kHz 的位置接收到 640 kHz 的电台为止。

然后，再接收一个高端电台的广播，如在福州地区可接收福州人民广播电台 1 332 kHz 的节目（在其他地区也一样，只要能收到当地的高端广播电台都可以作为调试信号用）。如果指针的位置不在 1 332 kHz 处，就要调整补偿电容 C_{bt}，直到指针正好在 1 332 kHz 的位置收到 1 332 kHz 的电台节目为止。这样高低端反复调整 2～3 次就可以调准了。

（4）统调，也叫调整灵敏度。统调的目的是使本机振荡频率始终比输入回路的谐振频率高出一个固定的中频 465 kHz。因为只有 465 kHz 的中频信号才能进入中放级放大，如果能做到统调，整机灵敏度就会大大提高，所以统调也叫作调整灵敏度。理想的统调是很困难的，实际上实行的是低、中、高三点统调。统调的具体方法如下。

先在低端接收一个电台广播，移动磁性天线线圈 L_1 在磁棒上的位置，使声音最响为止。这样低端统调就初步完成了。再在高端接收一个电台的广播，调节输入回路中的微调电容器 C_{at}，使声音最响为止。这样高端统调也初步调好了。高、低端也要反复调几次。在 1 000 kHz 左右接收一个电台广播，调换电容 C_3，使声音最响。其实，只要 C_3 容量正确，一般是不必进行 1 000 kHz 统调的。C_3 的容量要求比较严格，只能在 300 pF 和 270 pF 两个数量值上选取，而且要使用损耗小的高频瓷介电容器。

8. 实训报告

整机装配与调试完毕，每人必须写出一份实训报告，内容包括以下几项。

（1）实训目的。

（2）实训器材。

（3）实训电路图。

（4）实训原理。

（5）实训内容与步骤。

（6）思考题。

① 装配准备工艺包括哪些？简单说明。

② 整机装配的基本原则是什么？

③ 叙述手工焊接的注意事项。

本章小结

（1）电子设备中为了改善和提高整机的性能，广泛采用反馈控制电路，有自动增益控制电路（AGC）、自动频率控制电路（AFC）和自动相位控制电路（APC）。

反馈控制系统实质上是一个负反馈系统，系统的环路增益越高控制效果就越好。

自动增益控制电路用来稳定电子设备输出电压（或电流）的幅度。

自动频率控制电路用来维持工作频率的稳定。

自动相位控制电路又称锁相环路（PLL），用于实现两个电信号相位同步的自动控制系统。

（2）锁相环路由鉴相器、环路低通滤波器、压控振荡器等组成。它是利用相位的调节以消除频率误差的自动控制系统，广泛应用于滤波、频率合成、调制与解调等。

（3）锁相环路的捕捉过程是环路从初始失锁的状态，通过自身调节由失锁进入锁定的过程，跟踪过程是环路从初始锁定状态，因某种原因使频率发生变化时，环路通过自身的调节来维持锁定的过程，捕捉特性用捕捉带来表示，跟踪特性用同步带来表示。

（4）锁相频率合成由基准频率发生器和锁相环路两部分构成。锁相环路利用其良好的窄带跟踪特性，使输出频率保持在基准频率的稳定度上。

思考与练习题

7.1 在无线电接收机中为什么要采用自动增益控制电路？

7.2 试述调幅接收机自动增益控制电路的工作原理。

7.3 无线电接收机中为什么要采用 AFC（AFT）电路？画出自动频率控制电路框图。

7.4 锁相环路由哪几部分组成？有何工作特点？

7.5 说明锁相环路的捕捉和跟踪过程，捕捉带与同步带有何区别？

7.6 CMOS 锁相环路 CD4046 结构上有何特点？

7.7 说明调频信号锁相解调电路的组成及其工作原理。

7.8 频率合成器有哪些主要技术指标？

第8章 数字调制

学习目标

（1）掌握数字调制的三种调制方式。

（2）掌握幅度键控（ASK）、频移键控（FSK）和相移键控（PSK）的实现方法。

能力目标

（1）能够说明幅度键控（ASK）、频移键控（FSK）和相移键控（PSK）的实现过程。

（2）能够分析宽带高频功率放大电路。

8.1 概　述

从原理上看，数字调制与模拟调制没有根本上的差别。模拟调制是由模拟信号的瞬时值改变载波信号的某个参量（幅度、频率或相位）实现载波调制的，模拟信号在时间上和幅度上都是连续的，所以载波信号的调制参量也是连续变化的。而数字调制则是用载波信号的某些离散状态来表征所传输的信息，在接收端解调时对信号的离散调制量进行检测。

原始的基带信号是低通型的，只适用于低通信道，如在市话电缆及同轴电线上传输。对于带通信道，如无线及卫星信道，直接传输基带信号是不可能的，必须用基带信号对载波波形的某些参数进行控制，使这些参数随基带信号的变化而变化，形成频带信号，这个过程称为调制。在接收端把频带信号还原成基带信号的反变换过程称为解调。

为避免数字信号在传输时受信道特性的影响，使信号产生畸变，通常需要在发射端对基带信号进行调制。

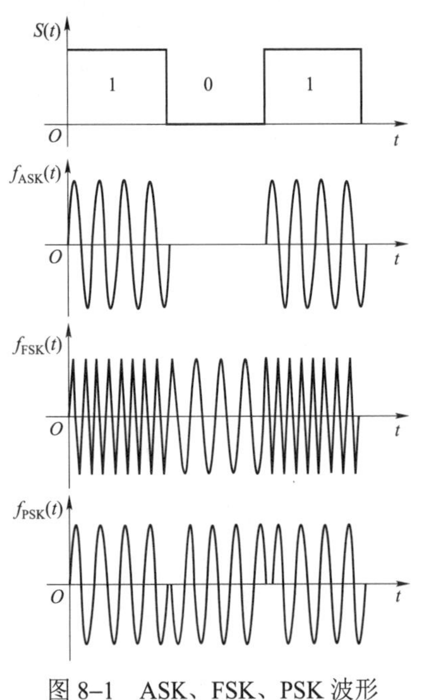

图 8–1　ASK、FSK、PSK 波形

大多数的数字基带信号，在许多类型的信道中并不能直接进行基带传输，必须进行数字频带调制。所谓数字调制，就是将数字基带信号变换为频带信号的过程，其实质是把数字基带信号的功率谱搬移到载频附近。实现数字调制的方法是用数字基带信号分别单独控制载波的幅度、频率和相位，从而实现三种基本数字频带调制方法，即幅度键控（ASK）、频移键控（FSK）和相移键控（PSK），它们的波形如图 8–1 所示。

数字基带调制可分为二进制数字频带调制和多进制数字频带调制。通常将数字调制和数字解调统称为数字调制。

此外，数字调制的目的还在于实现多路复用，实现频率分配和减少噪声干扰。

数字调制的实现方法有两种：一是把数字信号当作模拟信号的特例，采用模拟调制的方法；二是利用数字信号具有离散值的特点采用键控载波实现调制，这种方法称为键控法。

二进制的 ASK、FSK 和 PSK 就是用键控法分别控制载波的幅度、频率和相位实现数字调制的。键控法通常采用数字电路实现数字调制，具有变换速度快、调整测试方便、设备可靠等优点，因此在数字通信中应用广泛。

8.2　二进制幅度键控

8.2.1　二进制幅度键控 2ASK（BASK）

数字幅度调制又称幅度键控（ASK）。二进制幅度键控称作 2ASK。

数字幅度调制 2ASK 的基本原理是：由二进制数据 1 和 0 组成的基带信号对载波进行幅度调制，而利用代表数字信息“0”或“1”的矩形脉冲序列去键控一个连续的载波，使载波时断时续地输出。有载波输出时表示发送“1”，无载波输出时表示发送“0”。

2ASK 信号解调的方法是：由接收机产生一个与发送载波同频同相的本机载波信号，利用此载波与收到的已调信号相乘，再经低通滤波器滤除第二项高频成分后，即可输出信号。

2ASK 信号是利用载波幅度的变化来表征被传输信息的状态，被调载波的幅度随二进制信号序列的 1、0 状态变化，即用载波幅度的有无来代表传“1”或传“0”。

载波信号为

$$f_c(t)=A_0\cos\omega_c t$$

数字基带信号为

$$S(t)=\begin{cases}1 & 发“1”码\\ -1 & 发“0”码\end{cases}$$

$S_{2ASK}(t)$的时域数学表达式为

$$S_{2ASK}(t)=\frac{A_0}{2}[1+S(t)]\cos\omega t \tag{8-1}$$

实现 2ASK 信号的方法有两种，即通断键控法和乘积法，现分述如下。

1. 通断键控法

通断键控法用数字基带信号 $S(t)$来控制载波信号 $f_c(t)$，如图 8–2 所示。当数字基带信号 $S(t)$=1 时，开关 S 接通载波信号 $f_c(t)$，输出为正弦载波；当数字基带信号 $S(t)$=0 时，开关 S 接地，则输出为零。例如，当数字基带信号为 10110 时，产生的 2ASK 信号波形如图 8–3 所示。

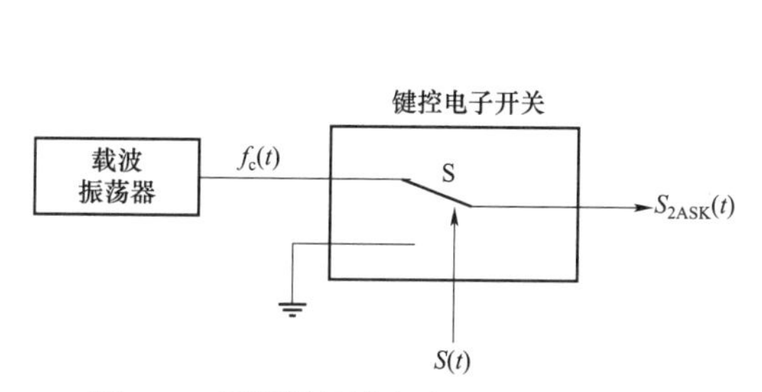

图 8–2　通断键控法产生 2ASK 信号原理

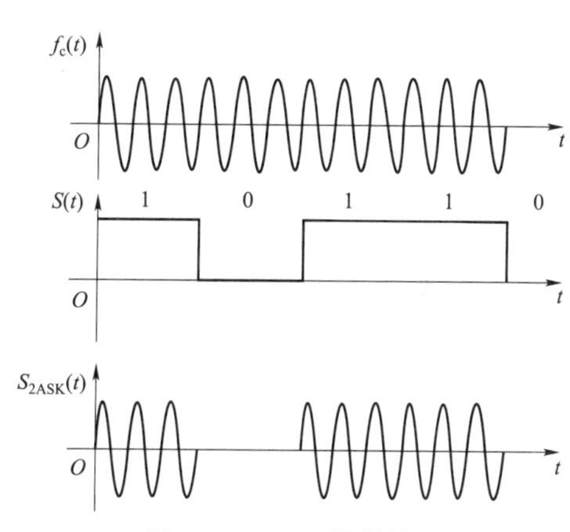

图 8–3　2ASK 信号波形

2. 乘积法

乘积法采用模拟乘法器实现幅度键控，其原理模型如图 8–4 所示。将载波 $f_c(t)$和数字基带信号 $S(t)$输入乘法器中，乘法器输出即是 2ASK 信号波形，如图 8–5 所示。

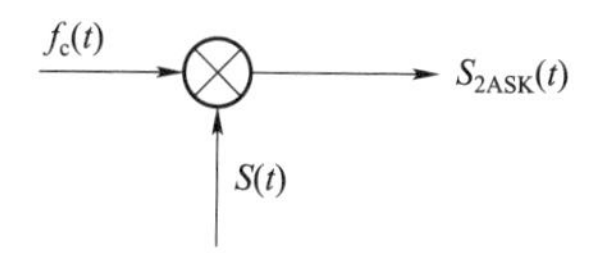

图 8–4　乘积法产生 2ASK 信号原理模型

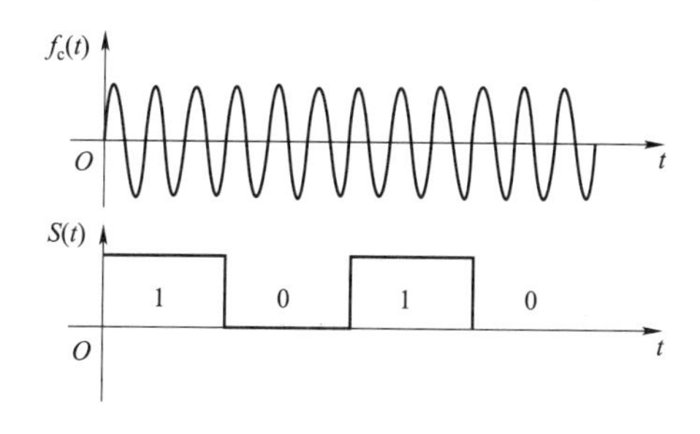

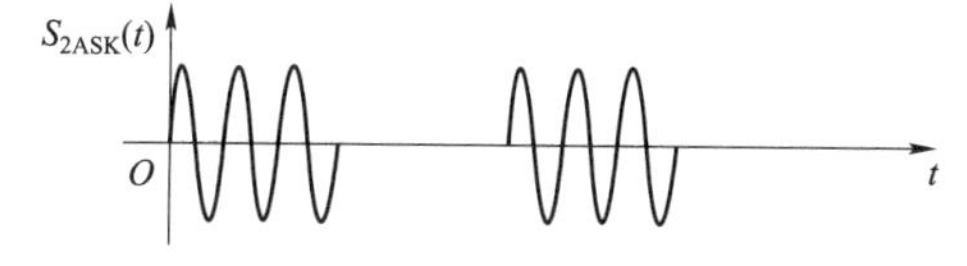

图 8–5　乘积法产生 2ASK 信号波形

载波信号为

$$f_c(t)=A_0\cos\omega_c t$$

数字基带信号为

$$S(t)=\begin{cases}1 & 发“1”码 \\ -1 & 发“0”码\end{cases}$$

乘法器输出已调波 $S_{2ASK}(t)$的时域数学表达式为

$$S_{2ASK}(t)=S(t)A_0\cos\omega_c t$$

为了深入了解 2ASK 信号的性质，除时域分析外，还应进行频域分析。由于二进制序列为随机序列，其频域分析的对象应为信号功率谱密度。2ASK 信号的功率谱由两部分组成，即线性幅度调制所形成的双边带连续谱和由被调载波分量确定的载频离散谱。

图 8–6 所示为 2ASK 信号的单边功率谱示意图。

对 2ASK 信号进行频域分析的主要目的之一就是确定信号的带宽。在不同应用场合，信号带宽有多种度量定义，但最常用和最简单的带宽定义是以功率谱主瓣宽度为度量的“谱零点带宽”，这种带宽定义特别适用于功率谱主瓣包含大部分功率信号的情况。显然，2ASK 信号的谱零点带宽为

$$B_{ASK}=(f_c+R_s)-(f_c-R_s)=2R_s=\frac{2}{T_s}\,(\mathrm{Hz}) \tag{8–2}$$

式中，R_s 为二进制序列的码元速率，它与二进制序列的信号信息率（比特率）R_b（b/s）数值上相等；T_s 为码元间隔，$T_s=1/R_s$。

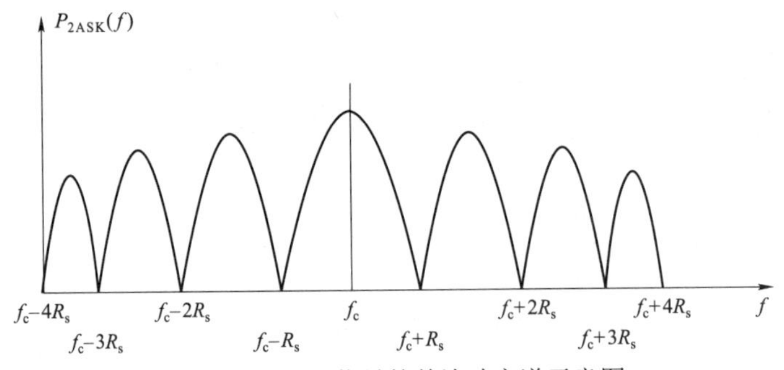

图 8–6　2ASK 信号的单边功率谱示意图

8.2.2　二进制幅度键控 2ASK 解调

2ASK 信号的解调通常有两种方式，即非相干解调和相干解调，现分述如下。

1. 非相干解调（包络检波）

2ASK 信号经过带通滤波器滤除带外噪声，经包络检波器取出包络后再经低通滤波器平滑恢复出基带信号，然后经取样判决得到标准基带信号，此过程如图 8–7 所示。

2. 相干解调（同步检波）

相干解调在接收端要采用与发送端载波同频、同相的本地信号 $A_0\cos\omega_c t$。解调过程如图 8–8 所示。

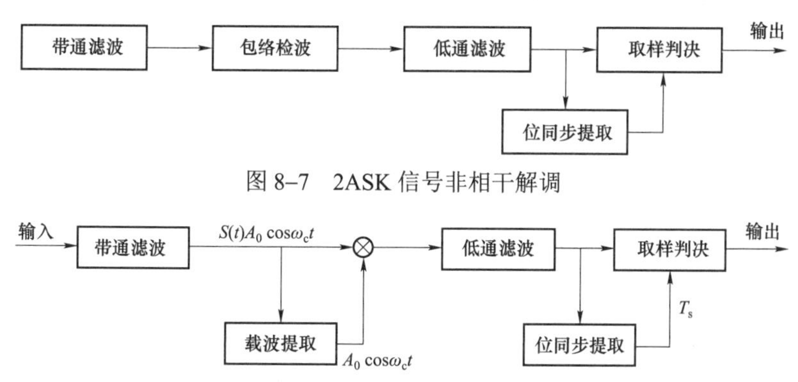

图 8–7　2ASK 信号非相干解调

图 8–8　2ASK 信号相干解调

已调 2ASK 信号为 $S(t)A_0\cos\omega_c t$，接收端将相干载波 $A_0\cos\omega_c t$ 与接收的已调波相乘，得到

$$\begin{aligned} S'(t) &= S(t)A_0\cos\omega_c t \cdot A_0\cos\omega_c t \\ &= S(t)A_0^2\left(\frac{1}{2}+\cos 2\omega_c t\right) \\ &= S(t)\frac{A_0^2}{2}+A_0^2 S(t)\cos 2\omega_c t \end{aligned}$$

经过低通滤波滤除 $2\omega_c$ 等高频分量后，输出为

$$S''(t)=\frac{A_0^2}{2}S(t)$$

再经取样判决就可恢复出标准基带信号。

8.3　二进制频移键控

8.3.1　二进制频移键控 2FSK（BFSK）

数字频率调制又称频移键控，二进制频移键控记作 2FSK。发射端采用两个不同频率的载波来表示数字信号的两种电平；而接收端则将收到的不同载波信号再变换为原数字信号，以完成信息的传送。

数字频移调制的基本原理是：用载波的频率传送数字信息，即以所传送的数字信息控制载波的频率，2FSK 信号便是符号“1”对应于某一载频，而符号“0”对应于另一载频的已调波形。

数字信号的频移键控是利用载波的频率变化来传递数字信息的。在二进制情况下，利用两个不同频率 ω_1 与 ω_2 分别代表数字二进制码的“1”与“0”来传输信息，其时域表达式为

$$S_{2\text{FSK}}(t)=\begin{cases} A_0\cos\omega_1 t & \text{发“1”码} \\ A_0\cos\omega_2 t & \text{发“0”码} \end{cases}$$

由于二进制频移键控信号如同两个交替的 2ASK 信号的叠加，根据式（8–1）可得

$$S_{2FSK}(t)=\frac{A_0}{2}[1+S(t)]\cos\omega_1 t+\frac{A_0}{2}[1-S(t)]\cos\omega_2 t \tag{8–3}$$

式中，$S(t)$为数字基带信号，且

$$S(t)=\begin{cases}1 & 发“1”码\\ -1 & 发“0”码\end{cases}$$

2FSK 信号的产生通常可采用键控法和调频法，现分述如下。

1. 键控法

键控法产生 2FSK 信号时使用数字基带信号 $S(t)$来控制载波信号 f_1 与 f_2，如图 8–9（a）所示。当数字基带信号 $S(t)$=0 时，开关 S 接通载波信号 f_1，输出频率为 f_1 的正弦载波；当数字基带信号 $S(t)$=1 时，开关 S 接通载波信号 f_2，输出频率为 f_2 的正弦载波。

例如，当数字基带信号为 10110 时，产生的 2FSK 信号波形如图 8–9（b）所示。

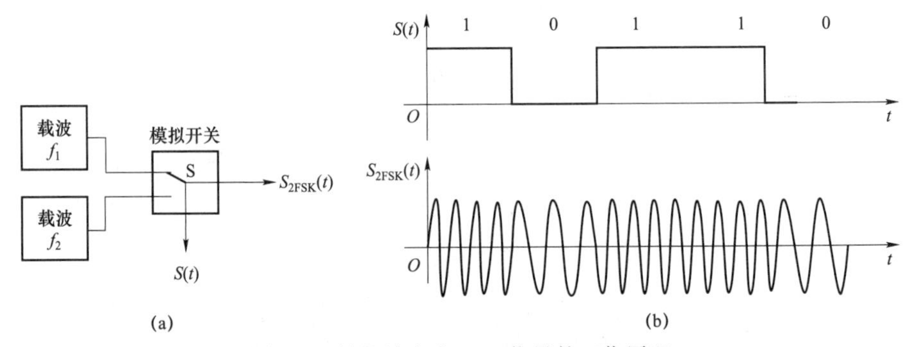

图 8–9　键控法产生 FSK 信号的工作原理

要注意的是，由于采用两个独立频率源实现键控法，所以，频率变换过渡点处两个独立源的相位不连续，因而这种方法很少被采用。

2. 调频法

调频法利用数字基带信号控制正弦振荡器的谐振回路参数，其工作原理如图 8–10 所示。

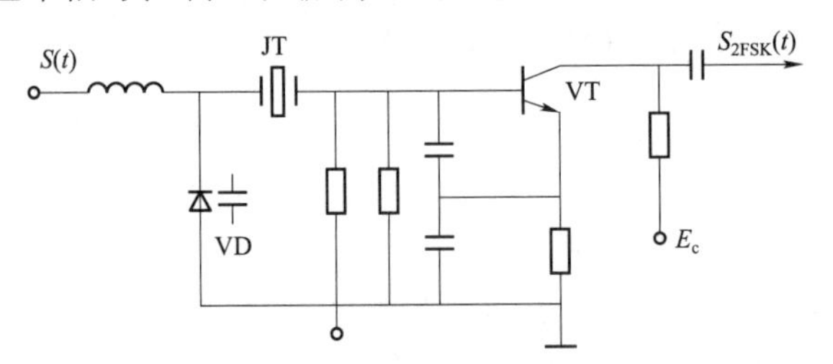

图 8–10　调频法产生 FSK 信号的工作原理

图 8–10 中，由晶体管 VT、晶振 JT 和变容二极管 VD 组成晶体压控振荡器。通过数字基带信号的高电平“1”或低电平“0”控制变容二极管端电压，并改变变容二极管的电容量，从而改变振荡频率。这种调频方法产生的 2FSK 信号，由同一振荡器产生两个不同的频率，在频率变换过程中其相位是连续的。但由于晶体振荡器的频率可调范围很小，因而所产生的 2FSK 信号的频率偏移不能太大。

为了深入了解 2FSK 信号的性质，除时域分析外，还应进行频域分析。由于二进制序列为随机序列，因此其频域分析的对象为信号功率谱密度。

2FSK 功率谱密度示意图如图 8–11 所示。

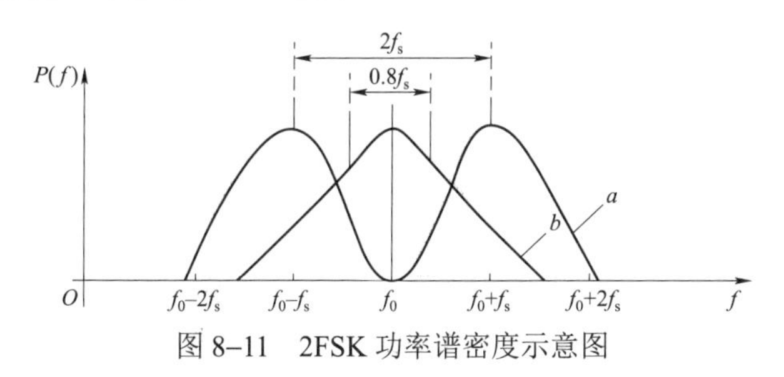

图 8–11　2FSK 功率谱密度示意图

图 8–11 中，

$$f_0=\frac{f_1-f_2}{2},\quad f_s=\frac{1}{T_s}$$

从图 8–11 可看出：

（1）2FSK 信号的功率谱由连续谱和离散谱组成。其中，连续谱由两个双边谱叠加而成，而离散谱出现在两个载频位置上。

（2）若两个载频之差较小，比如小于 f_s，则连续谱出现单峰；若载频之差逐步增大，即 f_1 与 f_2 的距离增加，则连续谱将出现双峰。

（3）由上面两个特点看到，传输 2FSK 信号所需的第一零点带宽 B 约为

$$B_{FSK}=|f_2-f_1|+2f_s \tag{8–4}$$

图 8–11 画出了 2FSK 信号的功率谱示意图，该图中的谱高是示意的，并且是单边的。曲线 a 对应的 $f_1=f_0+f_s$，$f_2=f_0-f_s$；曲线 b 对应的 $f_1=f_0+0.4f_s$，$f_2=f_0-0.4f_s$。

8.3.2　二进制频移键控 2FSK 解调

2FSK 信号同样有相干解调和非相干解调两种方式，如图 8–12（a）、（b）所示，其解调

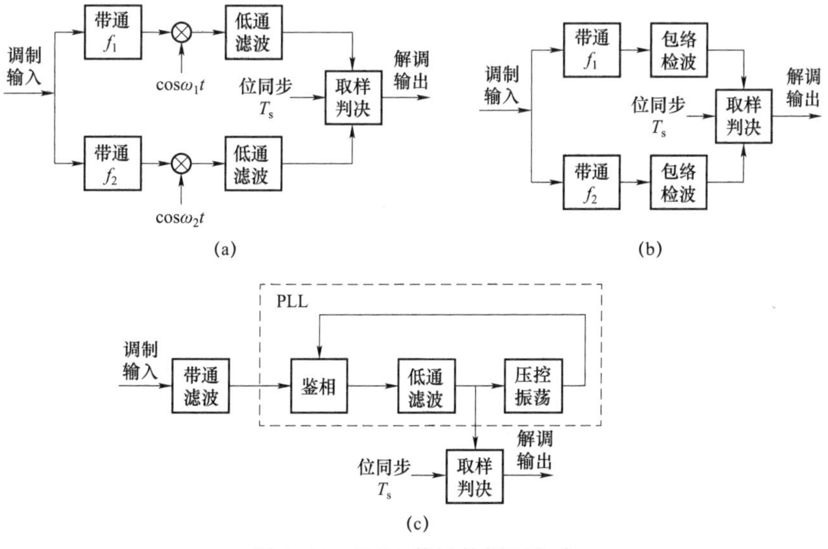

图 8–12　2FSK 信号的解调方式

原理与 2ASK 信号基本相同，只是使用了两套电路。另外，目前许多具有 2FSK 解调功能的集成芯片几乎都是利用锁相环路的鉴频功能进行非相干解调的，其基本原理如图 8–12（c）所示。

8.4 二进制相移键控

8.4.1 二进制相移键控 2PSK（BPSK）

二进制相移键控称作 2PSK，也可记作 BPSK，由二进制数据“+1”和“–1”对载波进行相位调制，是利用载波的相位（指初相）直接表示数字信号的相移方式。

所谓数字信号相移键控，就是指用数字“1”和“0”控制载波的相位。若“1”码对应载波的零相位，“0”码对应载波的π 相位，则 PSK 信号时域波形如图 8–13 所示。由此可写出二进制相移键控信号的时域表示式。

$$S_{2PSK}(t)=\begin{cases}A_0\cos\omega_0 t & 发“1”码\\ -A_0\cos\omega_0 t & 发“0”码\end{cases} \tag{8–5}$$

或写成

$$S_{2PSK}(t)=A_0 S(t)\cos\omega_0 t \tag{8–6}$$

式中，$S(t)$为数字基带信号，且

$$S_{2PSK}(t)=\begin{cases}+1 & 发“1”码\\ -1 & 发“0”码\end{cases}$$

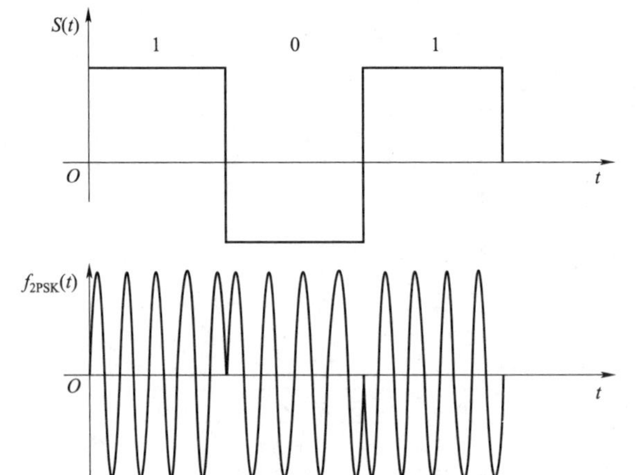

图 8–13　PSK 信号的典型时域波形

由式（8–5）和式（8–6）不难得到相移键控信号的产生框图，如图 8–14 所示。

2PSK 信号是一种双边带调制信号，其功率谱表达式与 2ASK 的近似相同，因此，2PSK 信号的谱零点带宽（Hz）与 2ASK 的相同，即

$$B_{PSK}=2R_s=\frac{2}{T_s} \tag{8-7}$$

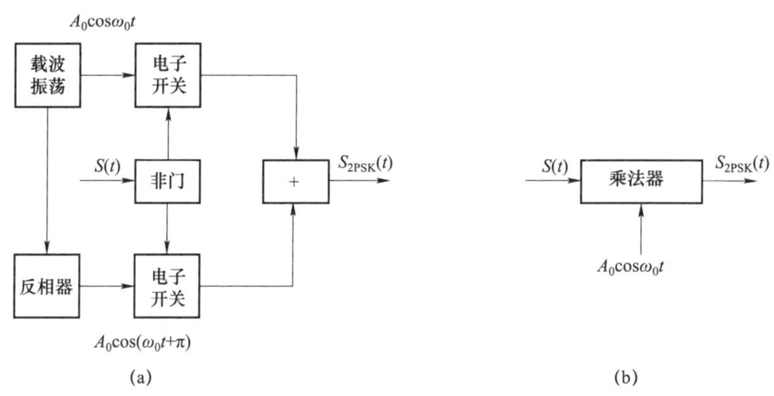

图 8–14　相移键控信号的产生

（a）产生框图；（b）等效电路

8.4.2　二进制相移键控 2PSK 解调

2PSK 信号为抑制载波的双边带调制信号，因此其解调应该采用相干解调方式，相干解调的前提是在接收端首先获得同步信号。

图 8–15 所示为 2PSK 信号相干解调器组成框图。

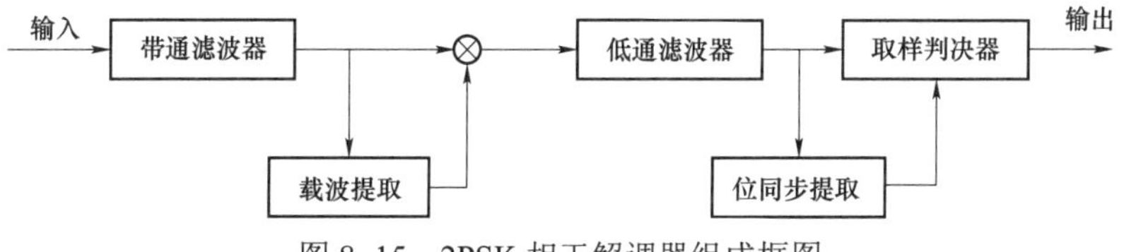

图 8–15　2PSK 相干解调器组成框图

本章小结

（1）数字调制则是用载波信号的某些离散状态来表征所传输的信息，在接收端解调时对信号的离散调制量进行检测。数字调制也有调幅、调频和调相三种方式，在二进制时数字信号的三种调制分别称为幅度键控（ASK）、频移键控（FSK）和相移键控（PSK）。

（2）数字调制的实现方法有两种：一是把数字信号当作模拟信号的特例，采用模拟调制的方法；二是利用数字信号具有离散值的特点采用键控载波实现调制，这种方法称为键控法。

（3）数字幅度调制 2ASK 的基本原理是：由二进制数据 1 和 0 组成的基带信号对载波进行幅度调制，而利用代表数字信息“0”或“1”的矩形脉冲序列去键控一个连续的载波，使载波时断时续地输出。有载波输出时表示发送“1”，无载波输出时表示发送“0”。

2ASK 信号解调的方法是：由接收机产生一个与发送载波同频同相的本机载波信号，利用此载波与收到的已调信号相乘，再经低通滤波器滤除第二项高频成分后，即可输出信号。

数字频移调制的基本原理是：用载波的频率传送数字信息，即以所传送的数字信息控制载波的频率，2FSK 信号便是符号“1”对应于某一载频，而符号“0”对应于另一载频的已调波形。

（4）数字信号的频移键控是利用载波的频率变化来传递数字信息的。在二进制情况下，利用两个不同频率ω_1与ω_2分别代表数字二进制码的“1”与“0”来传输信息。2FSK 信号的产生通常可采用键控法和调频法。

（5）二进制相移键控称作 2PSK，也可记作 BPSK，由二进制数据+1 和−1 对载波进行相位调制，是利用载波的相位（指初相）直接表示数字信号的相移方式。

所谓数字信号相移键控，就是指用数字“1”和“0”控制载波的相位。若“1”码对应载波的零相位，则“0”码对应载波的π 相位。

思考与练习题

8.1　设发送二进制序列为 1110011010110001，试画出其 2ASK、2FSK、2PSK 信号的示意波形。

8.2　画出实现上述调制的系统框图和解调框图。

8.3　设发送的二进制信息为 101100011，采用 2ASK 方式传输。已知码元传输速率为 1 200 波特/秒，载波频率为 2 400 Hz。

（1）画出 2ASK 信号调制器原理框图，并画出 2ASK 信号的时间波形；

（2）计算 2ASK 信号频谱带宽。

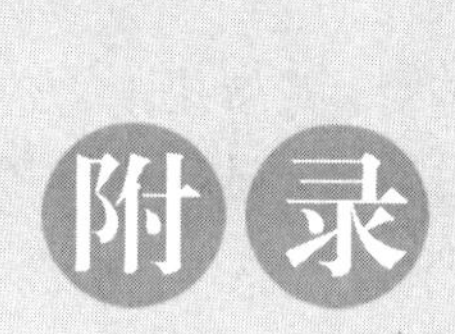

天煌 TKGPZ-1 型高频电子线路综合实训箱简介

为了配合“高频电子技术”教学的要求，杭州天煌科技实业有限公司设计了“TKGPZ-1型高频电子线路综合实训箱”。该实训箱紧密结合新编高校教材，以突出基本实训和新型电路为基本点，综合了 11 项基本实训。实训项目的编排以考虑调频、调幅高频发送，调频、调幅超外差接收两大部分联调为主。

1. *产品特点*

在电路的设计和选择上具有以下特点。

（1）采用原理性突出的典型电路，便于结合理论知识进行学习分析。

（2）工作频率采用几兆赫兹到几十兆赫兹，易于制作工艺和调试。

（3）采用分立元件、集成电路及专用集成电路相结合的原则，既便于学生深入掌握电路的基本工作原理，又能及时了解现代无线电通信的新技术。

（4）突出单元电路的性能测试和系统的频率变换过程，通过对波形的观测可使学生对高频非线性变换电路有一个清晰的感性认识。

（5）各个实训单元既自成完整系统，又便于互连成一个较大的系统进行联试、联调，以增加学习的综合性、系统性和趣味性。

（6）为了使学生较全面地掌握一些基本电路，在实训电路编排上尽量介绍一些具有相同功能的不同电路。例如，既有观察调制效果的 10 MHz 分立元件相位鉴频器和 10 MHz 集成模拟乘法检波器，又在接收部分设置二次变频后的 455 kHz 集成乘积型相位鉴频器和二极管幅度检波器。

（7）采用单板整体构成形式；三路直流电源采用内置式的开关电源；电路的连接或改接采用按键切换，单线短接。

2. *实训箱功能设置*

（1）开关电源：±12 V/1 A，＋5 V/2 A，三路，具有短路保护功能。

（2）模拟信号源：输出正弦波、三角波、方波三种波形，频率（9.6～11.4 Hz，分三段连续可调）、幅度（正弦波 0～12 V_{P-P} 连续可调；三角波 0～20 V_{P-P} 连续可调；方波 0～22 V_{P-P} 连续可调）可变的信号。

（3）实训采用频率不超过数十兆赫兹。

（4）具有性能稳定、使用方便、适应性强等特点。

3. 实训项目

（1）*LC* 与晶体振荡器应用实训。

（2）函数信号发生实训。

（3）幅度调制与解调实训。

（4）变容二极管调频器与相位鉴频器应用实训。

（5）高频功率放大与发射实训。

（6）接收与小信号调谐放大实训。

（7）本机振荡发生实训。

（8）集成乘法器混频实训。

（9）晶体三极管混频实训。

（10）二次变频与鉴频实训。

（11）晶体二极管检波实训。

（12）接收部分的联试实训。

（13）发送部分的联试实训。

参 考 文 献

［1］申功迈. 高频电子线路［M］. 西安：西安电子科技大学出版社，2003.
［2］曾兴文. 高频电子线路［M］. 西安：西安电子科技大学出版社，2000.
［3］沈伟慈. 高频电路［M］. 西安：西安电子科技大学出版社，2004.
［4］胡宴如. 高频电子线路［M］. 北京：高等教育出版社，2005.
［5］钱聪. 通信电子线路［M］. 北京：人民邮电出版社，2006.
［6］高吉祥. 高频电子线路［M］. 北京：电子工业出版社，2006.
［7］张建国. 高频电子技术［M］. 北京：北京理工大学出版社，2008.